陕西省城市地下
综合管廊工程基价表
（2025）

批准部门：陕 西 省 住 房 和 城 乡 建 设 厅
主编单位：陕西省建设工程造价服务中心
软件支持：广 联 达 西 安 科 技 有 限 公 司
实施日期：2 0 2 5 年 7 月 1 日

中国计划出版社
北 京

图书在版编目（CIP）数据
陕西省城市地下综合管廊工程基价表. 2025 / 陕西省建设工程造价服务中心主编. -- 北京 : 中国计划出版社, 2025. 6. -- ISBN 978-7-5182-1861-5
Ⅰ. TU723.34
中国国家版本馆 CIP 数据核字第 2025QD8866 号

陕西省城市地下综合管廊工程基价表（2025）
SHAANXI SHENG CHENGSHI DIXIA ZONGHE GUANLANG GONGCHENG JIJIABIAO（2025）
陕西省建设工程造价服务中心　主编

责任编辑：高　明　　封面设计：韩可斌

中国计划出版社出版发行
网址：www.jhpress.com
地址：北京市西城区木樨地北里甲 11 号国宏大厦 C 座 4 层
邮政编码：100038　电话：（010）63906433（发行部）
北京厚诚则铭印刷科技有限公司印刷

880mm × 1230mm　1/16　15.75 印张　507 千字
2025 年 6 月第 1 版　2025 年 6 月第 1 次印刷

定价：63.00 元

本书编委会

总　　编： 李卫军

副 总 编： 张　丹　陈永兵　崔建明　杜产阳

本书编写人员名单

主　　编： 王　萍　张大道　曹　方

编写人员： 战忠林　王景垚　桂亚龙　林雷斌　张义林

软件操作： 任全龙　郭继庆　路燚桓

陕西省住房和城乡建设厅关于印发2025陕西省建设工程费用规则等计价依据的通知

陕建管发〔2025〕10号

各设区市住房和城乡建设局，杨凌示范区住房和城乡建设局，各相关企业：

为贯彻落实《住房和城乡建设部办公厅关于印发工程造价改革工作方案的通知》（建办标〔2020〕38号）及《陕西省住房和城乡建设厅关于印发〈陕西省建设工程造价改革工作实施方案〉的通知》（陕建发〔2020〕1109号）精神，依据《陕西省建设工程造价管理办法》，我厅组织修编了《陕西省建设工程费用规则》及6个专业配套基价表、《陕西省房屋建筑与装饰工程消耗量定额》等6个专业消耗量定额、施工机械台班费用定额、仪器仪表台班费用定额（详见附件），现予以印发，自2025年7月1日起实施，并提出以下意见，请一并贯彻执行：

一、2025年7月1日起新开工的建设工程执行新的计价依据；2025年7月1日前的在建工程（包括已招投标或已签订合同的工程）仍按原约定的计价依据执行。

二、原2004《陕西省建筑装饰工程消耗量定额》《陕西省安装工程消耗量定额》《陕西省市政工程消耗量定额》《陕西省园林绿化工程消耗量定额》、2009《陕西省建设工程工程量清单计价规则》、2009《陕西省建设工程工程量清单计价费率》、《陕西省建设工程消耗量定额（2004）补充定额》、2009《陕西省建筑装饰市政园林绿化工程价目表》《陕西省安装工程价目表》于2025年7月1日起停止使用。

三、上述计价依据的日常管理及技术内容解释由陕西省建设工程造价服务中心具体负责。

附件：2025陕西省建设工程计价依据汇总表

陕西省住房和城乡建设厅

2025年3月17日

附　　件

2025陕西省建设工程计价依据汇总表

序　　号	名　　称
1	陕西省建设工程费用规则（2025）
2	陕西省房屋建筑与装饰工程基价表（2025）
3	陕西省通用安装工程基价表（2025）
4	陕西省市政工程基价表（2025）
5	陕西省园林绿化工程基价表（2025）
6	陕西省城市地下综合管廊工程基价表（2025）
7	陕西省绿色建筑工程基价表（2025）
8	陕西省房屋建筑与装饰工程消耗量定额（2025）
9	陕西省通用安装工程消耗量定额（2025）
10	陕西省市政工程消耗量定额（2025）
11	陕西省园林绿化工程消耗量定额（2025）
12	陕西省城市地下综合管廊工程消耗量定额（2025）
13	陕西省绿色建筑工程消耗量定额（2025）
14	陕西省建设工程施工机械台班费用定额（2025）
15	陕西省建设工程施工仪器仪表台班费用定额（2025）

使用说明

为配合陕西省工程建设标准《建设工程工程量清单计价标准》DB 61/T 5126—2025 实施，规范建设工程计价活动，编制了《陕西省城市地下综合管廊工程基价表（2025）》（以下简称基价表）。

一、基价表是以《陕西省城市地下综合管廊工程消耗量定额（2025）》为基础编制，是《陕西省城市地下综合管廊工程消耗量定额（2025）》的价格表现形式。基价表中只反映价格，不反映消耗量，需与消耗量定额配套使用。

二、基价表适用于陕西省行政区域内的新建、扩建、改建的城市地下综合管廊工程计价。

三、基价表与《陕西省城市地下综合管廊工程消耗量定额（2025）》《陕西省建设工程费用规则（2025）》等计价文件配套使用。

四、基价表是编制投标最高限价、施工图预算的依据。也可以作为施工企业编制投标报价和企业定额的参考依据。

五、基价表是按正常的施工条件、大多数建筑企业的施工机械装备程度、合理施工工期、施工工艺、劳动组织为基础，并充分考虑我省目前建筑市场实际情况编制，反映了我省建筑企业的社会平均水平。

编制最高投标限价和施工图预算时，除《陕西省城市地下综合管廊工程消耗量定额（2025）》和本基价表中规定允许调整、换算的项目外，均不得因具体的施工条件、方法不同而进行换算。

六、基价表表现形式

基价表包含基价、人工费、材料费、施工机具使用费、企业管理费、利润；材料费中未包含未计价材料费；计量单位执行《陕西省城市地下综合管廊工程消耗量定额（2025）》规定，费用组成以“元”计价。基价表编号、项目名称与《陕西省城市地下综合管廊工程消耗量定额（2025）》是对应一致的。人工费中的人工工日消耗量、材料费的材料规格及消耗量（包括未计价材料）、施工机具使用费中的施工机具台班消耗量与《陕西省城市地下综合管廊工程消耗量定额（2025）》是对应一致的。

七、人工费

人工费综合工种人工工日消耗量按照《陕西省城市地下综合管廊工程消耗量定额（2025）》计算，一类工日单价 155 元/工日，二类工日单价为 185 元/工日，三类工日单价 215 元/工日。人工工日单价含个人缴纳的社会保障保险费用，未包含用人单位缴纳的建筑工人社保费用。

八、材料费

1. 基价表所采用的建筑装饰材料、安装材料、半成品、成品等材料均为符合国家相关质量标准和相应设计要求的合格产品。

2. 材料费包括：材料原价（或供应价格）、材料运杂费、运输损耗费、采购及保管费等费用。

3. 材料基期价格是按 2024 年 11 月份市场价综合取定的，单价详见附录：材料价格明细表。

4. 未计价材料数量应按《陕西省城市地下综合管廊工程消耗量定额（2025）》中带括号“（ × × × ）”的数量计算，按设计图纸要求的类型、规格、型号和陕西省工程建设标准《建设工程工程量清单计价标准》DB 61/T 5126—2025 规定确定单价，计入材料费。

5. 基价表中的混凝土、砌筑砂浆、抹灰砂浆、装配式构件、金属构件等单价，均为到施工现场价格。

6. 基价表中的混凝土、砌筑砂浆、抹灰砂浆和各种胶泥等，均按消耗量定额取定的强度等级考虑，使用时，可按设计图纸要求的强度等级进行换算。

7. 基价表中木材种类和规格是按照消耗量定额规定计取的，如施工图设计种类和规格与基价表不符时，可按《陕西省城市地下综合管廊工程消耗量定额（2025）》换算系数调整。

8. 基价表中材料费包含其他零星材料费用。

9. 本基价表中的材料（包括计价材料和未计价材料）单价，是建安工程费用计价的基本价格，在计算工程造价时，对所有材料的单价（包括计价材料和未计价材料）均实行市场化运作，可参照市场的价格执行。

九、施工机械使用费

基价表中施工机具使用费台班单价是按《陕西省建设工程施工机械台班费用定额（2025）》、《陕西省建设工程施工仪器仪表台班费用定额（2025）》计算的，机上人工执行综合三类工日单价。

十、企业管理费

基价表中企业管理费是按照《陕西省建设工程费用规则（2025）》的费率计取，城市综合管廊的建筑和装饰工程计费基础为人工费与施工机具使用费之和，城市综合管廊的安装工程计费基础为人工费。

十一、利润

基价表中利润是按照《陕西省建设工程费用规则（2025）》的费率计取，城市综合管廊的建筑和装饰工程计费基础为人工费与施工机具使用费之和，城市综合管廊的安装工程计费基础为人工费。

十二、《陕西省城市地下综合管廊工程消耗量定额》的说明、工程量计算规则、工作内容均适用于本基价表。

十三、本基价表内容：

第一册建筑与装饰工程包括：第一章 土石方工程；第二章 地基处理与基坑支护工程；第三章 桩基础工程；第四章 砌筑工程；第五章 混凝土及钢筋混凝土工程；第六章 门窗工程；第七章 防水工程；第八章 装饰工程；第九章 排管工程；第十章 措施项目。

第二册安装工程包括：第一章 机械设备安装工程；第二章 电气设备安装工程；第三章 消防工程；第四章 给排水工程；第五章 通风工程；第六章 自动化控制装置及仪表安装工程。

十四、本基价表中注有“×××以内”或“×××以下”者，除有注明外，均包括“×××”本身；“×××以外”或“×××以上”者，除有注明外，均不包括“×××”本身。

十五、本说明未尽事宜，详见《陕西省城市地下综合管廊工程消耗量定额（2025）》说明。如本基价表说明与消耗量定额各章节说明不符时，应以本基价表说明为准。

十六、本基价表由陕西省建设工程造价服务中心负责解释和日常管理工作。

目　录

第一册

建筑和装饰工程

第一章　土石方工程

一、土 方 工 程

编号	项目名称	单位	基价	人工费	材料费	施工机具使用费	管理费	利润
1-1-1	人工挖一般土方 一、二类土深度（m以内） 2	100m³	3451.66	2718.70	0.00	0.00	427.65	305.31
1-1-2	人工挖一般土方 一、二类土深度（m以内） 4	100m³	6059.11	4772.45	0.00	0.00	750.71	535.95
1-1-3	人工挖一般土方 一、二类土深度（m以内） 6	100m³	8680.91	6837.52	0.00	0.00	1075.54	767.85
1-1-4	人工挖一般土方 三类土深度（m以内） 2	100m³	6100.43	4805.00	0.00	0.00	755.83	539.60
1-1-5	人工挖一般土方 三类土深度（m以内） 4	100m³	10171.97	8011.95	0.00	0.00	1260.28	899.74
1-1-6	人工挖一般土方 三类土深度（m以内） 6	100m³	11381.04	8964.27	0.00	0.00	1410.08	1006.69
1-1-7	人工挖一般土方 四类土深度（m以内） 2	100m³	8851.52	6971.90	0.00	0.00	1096.68	782.94
1-1-8	人工挖一般土方 四类土深度（m以内） 4	100m³	12698.73	10002.15	0.00	0.00	1573.34	1123.24
1-1-9	人工挖一般土方 四类土深度（m以内） 6	100m³	14654.01	11542.23	0.00	0.00	1815.59	1296.19
1-1-10	人工挖沟、槽土方 一、二类土深度（m以内） 2	100m³	3760.62	2962.05	0.00	0.00	465.93	332.64
1-1-11	人工挖沟、槽土方 一、二类土深度（m以内） 4	100m³	6541.23	5152.20	0.00	0.00	810.44	578.59
1-1-12	人工挖沟、槽土方 一、二类土深度（m以内） 6	100m³	9899.42	7797.28	0.00	0.00	1226.51	875.63
1-1-13	人工挖沟、槽土方 三类土深度（m以内） 2	100m³	9319.88	7340.80	0.00	0.00	1154.71	824.37
1-1-14	人工挖沟、槽土方 三类土深度（m以内） 4	100m³	12240.21	9641.00	0.00	0.00	1516.53	1082.68
1-1-15	人工挖沟、槽土方 三类土深度（m以内） 6	100m³	14337.98	11293.30	0.00	0.00	1776.44	1268.24
1-1-16	人工挖沟、槽土方 四类土深度（m以内） 2	100m³	13895.20	10944.55	0.00	0.00	1721.58	1229.07
1-1-17	人工挖沟、槽土方 四类土深度（m以内） 4	100m³	17352.77	13667.90	0.00	0.00	2149.96	1534.91

续前

编号	项目名称	单位	基价	人工费	材料费	施工机具使用费	管理费	利润
1-1-18	人工挖沟、槽土方 四类土深度（m 以内） 6	100m^3	19726.24	15537.36	0.00	0.00	2444.03	1744.85
1-1-19	人工挖基坑土方 一、二类土深度（m 以内） 2	100m^3	4504.47	3547.95	0.00	0.00	558.09	398.43
1-1-20	人工挖基坑土方 一、二类土深度（m 以内） 4	100m^3	6891.52	5428.10	0.00	0.00	853.84	609.58
1-1-21	人工挖基坑土方 一、二类土深度（m 以内） 6	100m^3	10238.88	8064.65	0.00	0.00	1268.57	905.66
1-1-22	人工挖基坑土方 三类土深度（m 以内） 2	100m^3	10122.77	7973.20	0.00	0.00	1254.18	895.39
1-1-23	人工挖基坑土方 三类土深度（m 以内） 4	100m^3	13786.97	10859.30	0.00	0.00	1708.17	1219.50
1-1-24	人工挖基坑土方 三类土深度（m 以内） 6	100m^3	15075.14	11873.93	0.00	0.00	1867.77	1333.44
1-1-25	人工挖基坑土方 四类土深度（m 以内） 2	100m^3	15115.28	11905.55	0.00	0.00	1872.74	1336.99
1-1-26	人工挖基坑土方 四类土深度（m 以内） 4	100m^3	18576.78	14632.00	0.00	0.00	2301.61	1643.17
1-1-27	人工挖基坑土方 四类土深度（m 以内） 6	100m^3	20893.19	16456.51	0.00	0.00	2588.61	1848.07
1-1-28	人工运土 运距 20m 内	100m^3	2511.02	1977.80	0.00	0.00	311.11	222.11
1-1-29	人工运土 100m 内每增加 20m	100m^3	480.16	378.20	0.00	0.00	59.49	42.47
1-1-30	双（单）轮车运土 运距 50m 内	100m^3	2259.13	1779.40	0.00	0.00	279.90	199.83
1-1-31	双（单）轮车运土 500m 内每增加 50m	100m^3	480.16	378.20	0.00	0.00	59.49	42.47
1-1-32	机动翻斗车运土 运距 200m 内	100m^3	5333.50	2028.95	0.00	2171.98	660.81	471.76
1-1-33	机动翻斗车运土 3000m 以内每增加 200m	100m^3	407.41	0.00	0.00	320.89	50.48	36.04
1-1-34	人工装汽车土方	100m^3	2389.00	1881.70	0.00	0.00	295.99	211.31
1-1-35	人工挖淤泥、流砂（深度 m 以内） 2	100m^3	14055.38	11070.72	0.00	0.00	1741.42	1243.24
1-1-36	人工挖淤泥、流砂（深度 m 以内） 4	100m^3	16715.77	13166.17	0.00	0.00	2071.04	1478.56
1-1-37	人工挖淤泥、流砂（深度 m 以内） 6	100m^3	20586.39	16214.86	0.00	0.00	2550.60	1820.93
1-1-38	人工挖沟槽淤泥、流砂（深度 m 以内） 2	100m^3	18272.16	14392.06	0.00	0.00	2263.87	1616.23
1-1-39	人工挖沟槽淤泥、流砂（深度 m 以内） 4	100m^3	21730.72	17116.19	0.00	0.00	2692.38	1922.15
1-1-40	人工挖沟槽淤泥、流砂（深度 m 以内） 6	100m^3	26762.38	21079.38	0.00	0.00	3315.79	2367.21
1-1-41	人工挖基坑淤泥、流砂（深度 m 以内） 2	100m^3	19677.62	15499.07	0.00	0.00	2438.00	1740.55
1-1-42	人工挖基坑淤泥、流砂（深度 m 以内） 4	100m^3	23402.23	18432.76	0.00	0.00	2899.47	2070.00

续前

编号	项目名称	单位	基价	人工费	材料费	施工机具使用费	管理费	利润
1-1-43	人工挖基坑淤泥、流砂(深度 m 以内) 6	100m³	28820.98	22700.84	0.00	0.00	3570.84	2549.30
1-1-44	人工运淤泥、流砂 运距 20m 以内	100m³	4770.14	3757.20	0.00	0.00	591.01	421.93
1-1-45	人工运淤泥、流砂 200m 以内每增加 20m	100m³	911.13	717.65	0.00	0.00	112.89	80.59
1-1-46	双(单)轮车运淤泥、流砂 运距 50m 以内	100m³	3752.75	2955.85	0.00	0.00	464.96	331.94
1-1-47	双(单)轮车运淤泥、流砂 500m 以内每增加 50m	100m³	909.16	716.10	0.00	0.00	112.64	80.42
1-1-48	人工挖冻土基深 ≤ 2m 人工开挖	10m³	2039.72	1606.58	0.00	0.00	252.72	180.42
1-1-49	人工挖冻土基深 ≤ 2m 爆破后人工开挖	10m³	1084.42	812.05	53.44	0.00	127.74	91.19
1-1-50	推土机推土 90kW 内推土机推距 20m 以内 一、二类土	1000m³	3650.63	310.00	0.00	2565.42	452.30	322.91
1-1-51	推土机推土 90kW 内推土机推距 20m 以内 三类土	1000m³	4267.90	310.00	0.00	3051.61	528.78	377.51
1-1-52	推土机推土 90kW 内推土机推距 20m 以内 四类土	1000m³	4969.76	310.00	0.00	3604.43	615.74	439.59
1-1-53	推土机推土 90kW 内推土机推距 40m 以内 一、二类土	1000m³	5362.98	310.00	0.00	3914.15	664.46	474.37
1-1-54	推土机推土 90kW 内推土机推距 40m 以内 三类土	1000m³	6302.97	310.00	0.00	4654.53	780.92	557.52
1-1-55	推土机推土 90kW 内推土机推距 40m 以内 四类土	1000m³	7369.87	310.00	0.00	5494.87	913.11	651.89
1-1-56	推土机推土 90kW 内推土机推距 60m 以内 一、二类土	1000m³	7581.35	310.00	0.00	5661.45	939.31	670.59
1-1-57	推土机推土 90kW 内推土机推距 60m 以内 三类土	1000m³	8956.87	310.00	0.00	6744.88	1109.73	792.26
1-1-58	推土机推土 90kW 内推土机推距 60m 以内 四类土	1000m³	10500.02	310.00	0.00	7960.34	1300.92	928.76
1-1-59	推土机推土 90kW 内推土机推距 80m 以内 一、二类土	1000m³	10415.43	310.00	0.00	7893.71	1290.44	921.28
1-1-60	推土机推土 90kW 内推土机推距 80m 以内 三类土	1000m³	12325.18	310.00	0.00	9397.92	1527.06	1090.20
1-1-61	推土机推土 90kW 内推土机推距 80m 以内 四类土	1000m³	14473.05	310.00	0.00	11089.69	1793.17	1280.19
1-1-62	推土机推土 105kW 内推土机推距 20m 以内 一、二类土	1000m³	3142.15	310.00	0.00	2164.92	389.30	277.93
1-1-63	推土机推土 105kW 内推土机推距 20m 以内 三类土	1000m³	3669.34	310.00	0.00	2580.16	454.62	324.56
1-1-64	推土机推土 105kW 内推土机推距 20m 以内 四类土	1000m³	4253.67	310.00	0.00	3040.40	527.02	376.25
1-1-65	推土机推土 105kW 内推土机推距 40m 以内 一、二类土	1000m³	4547.46	310.00	0.00	3271.80	563.42	402.24

续前

编号	项目名称	单位	基价	人工费	材料费	施工机具使用费	管理费	利润
1-1-66	推土机推土 105kW 内推土机推距 40m 以内 三类土	$1000m^3$	5335.80	310.00	0.00	3892.74	661.09	471.97
1-1-67	推土机推土 105kW 内推土机推距 40m 以内 四类土	$1000m^3$	6228.60	310.00	0.00	4595.95	771.71	550.94
1-1-68	推土机推土 105kW 内推土机推距 60m 以内 一、二类土	$1000m^3$	6053.95	310.00	0.00	4458.39	750.07	535.49
1-1-69	推土机推土 105kW 内推土机推距 60m 以内 三类土	$1000m^3$	7136.08	310.00	0.00	5310.73	884.14	631.21
1-1-70	推土机推土 105kW 内推土机推距 60m 以内 四类土	$1000m^3$	8348.79	310.00	0.00	6265.92	1034.39	738.48
1-1-71	推土机推土 105kW 内推土机推距 80m 以内 一、二类土	$1000m^3$	7808.54	310.00	0.00	5840.39	967.46	690.69
1-1-72	推土机推土 105kW 内推土机推距 80m 以内 三类土	$1000m^3$	9226.90	310.00	0.00	6957.56	1143.19	816.15
1-1-73	推土机推土 105kW 内推土机推距 80m 以内 四类土	$1000m^3$	10819.90	310.00	0.00	8212.29	1340.56	957.05
1-1-74	反铲挖掘机挖土（斗容量 $1.0m^3$）不装车 一、二类土	$1000m^3$	4135.68	310.00	0.00	2947.47	512.40	365.81
1-1-75	反铲挖掘机挖土（斗容量 $1.0m^3$）不装车 三类土	$1000m^3$	4847.88	310.00	0.00	3508.43	600.64	428.81
1-1-76	反铲挖掘机挖土（斗容量 $1.0m^3$）不装车 四类土	$1000m^3$	5471.69	310.00	0.00	3999.77	677.93	483.99
1-1-77	反铲挖掘机挖土（斗容量 $1.0m^3$）装车 一、二类土	$1000m^3$	5362.70	310.00	0.00	3913.93	664.42	474.35
1-1-78	反铲挖掘机挖土（斗容量 $1.0m^3$）装车 三类土	$1000m^3$	6303.72	310.00	0.00	4655.13	781.01	557.58
1-1-79	反铲挖掘机挖土（斗容量 $1.0m^3$）装车 四类土	$1000m^3$	7122.16	310.00	0.00	5299.76	882.42	629.98
1-1-80	反铲挖掘机挖土（斗容量 1.2～$1.5m^3$）不装车 一、二类土	$1000m^3$	3995.11	310.00	0.00	2836.75	494.98	353.38
1-1-81	反铲挖掘机挖土（斗容量 1.2～$1.5m^3$）不装车 三类土	$1000m^3$	4670.82	310.00	0.00	3368.97	578.70	413.15
1-1-82	反铲挖掘机挖土（斗容量 1.2～$1.5m^3$）不装车 四类土	$1000m^3$	5271.65	310.00	0.00	3842.22	653.14	466.29
1-1-83	反铲挖掘机挖土（斗容量 1.2～$1.5m^3$）装车 一、二类土	$1000m^3$	5075.83	310.00	0.00	3687.98	628.88	448.97
1-1-84	反铲挖掘机挖土（斗容量 1.2～$1.5m^3$）装车 三类土	$1000m^3$	5979.90	310.00	0.00	4400.07	740.89	528.94
1-1-85	反铲挖掘机挖土（斗容量 1.2～$1.5m^3$）装车 四类土	$1000m^3$	6769.32	310.00	0.00	5021.85	838.70	598.77
1-1-86	长臂挖掘机挖土（不装车，一、二类土） 臂长（m） 13	$1000m^3$	4762.67	310.00	0.00	3441.32	590.08	421.27
1-1-87	长臂挖掘机挖土（不装车，一、二类土） 臂长（m） 16	$1000m^3$	5490.13	310.00	0.00	4014.30	680.21	485.62
1-1-88	长臂挖掘机挖土（不装车，一、二类土） 臂长（m） 18	$1000m^3$	6913.86	310.00	0.00	5135.70	856.61	611.55

续前

编号	项目名称	单位	基价	人工费	材料费	施工机具使用费	管理费	利润
1-1-89	长臂挖掘机挖土（不装车，一、二类土）臂长（m） 25	$1000m^3$	11261.50	310.00	0.00	8560.12	1395.27	996.11
1-1-90	长臂挖掘机挖土（不装车，三类土）臂长（m） 13	$1000m^3$	5592.80	310.00	0.00	4095.17	692.93	494.70
1-1-91	长臂挖掘机挖土（不装车，三类土）臂长（m） 16	$1000m^3$	6460.06	310.00	0.00	4778.27	800.38	571.41
1-1-92	长臂挖掘机挖土（不装车，三类土）臂长（m） 18	$1000m^3$	8152.72	310.00	0.00	6111.49	1010.10	721.13
1-1-93	长臂挖掘机挖土（不装车，三类土）臂长（m） 25	$1000m^3$	13324.70	310.00	0.00	10185.20	1650.89	1178.61
1-1-94	反铲挖掘机挖淤泥、流砂 斗容量 $0.6m^3$ 不装车	$1000m^3$	11329.50	679.83	0.00	8243.85	1403.69	1002.13
1-1-95	反铲挖掘机挖淤泥、流砂 斗容量 $0.6m^3$ 装车	$1000m^3$	12914.22	775.00	0.00	9396.88	1600.04	1142.30
1-1-96	反铲挖掘机挖淤泥、流砂 斗容量 $1.0m^3$ 不装车	$1000m^3$	9741.05	475.85	0.00	7196.68	1206.89	861.63
1-1-97	反铲挖掘机挖淤泥、流砂 斗容量 $1.0m^3$ 装车	$1000m^3$	11105.38	542.50	0.00	8204.65	1375.93	982.30
1-1-98	装载机装运土方（斗容量 $1m^3$ 以内）运距（m 以内） 20	$1000m^3$	3787.58	310.00	0.00	2673.29	469.27	335.02
1-1-99	装载机装运土方（斗容量 $1m^3$ 以内）运距（m 以内） 60	$1000m^3$	6482.05	310.00	0.00	4795.58	803.11	573.36
1-1-100	装载机装运土方（斗容量 $1m^3$ 以内）运距（m 以内） 80	$1000m^3$	7369.09	310.00	0.00	5494.26	913.01	651.82
1-1-101	装载机装运土方（斗容量 $1m^3$ 以内）运距（m 以内） 100	$1000m^3$	8060.07	310.00	0.00	6038.51	998.62	712.94
1-1-102	装载机装运土方（斗容量 $1m^3$ 以内）运距（m 以内） 150	$1000m^3$	10081.63	310.00	0.00	7630.79	1249.09	891.75
1-1-103	装载机装运土方（斗容量 $1.5m^3$ 以内）运距（m 以内） 20	$1000m^3$	3473.28	310.00	0.00	2425.73	430.33	307.22
1-1-104	装载机装运土方（斗容量 $1.5m^3$ 以内）运距（m 以内） 60	$1000m^3$	5527.15	310.00	0.00	4043.46	684.80	488.89
1-1-105	装载机装运土方（斗容量 $1.5m^3$ 以内）运距（m 以内） 80	$1000m^3$	6211.42	310.00	0.00	4582.42	769.58	549.42
1-1-106	装载机装运土方（斗容量 $1.5m^3$ 以内）运距（m 以内） 100	$1000m^3$	6729.79	310.00	0.00	4990.72	833.80	595.27
1-1-107	装载机装运土方（斗容量 $1.5m^3$ 以内）运距（m 以内） 150	$1000m^3$	8324.22	310.00	0.00	6246.57	1031.35	736.30
1-1-108	自卸汽车运土（载重 6t 以内）运距（km） 1	$1000m^3$	10540.86	0.00	67.56	8249.29	1297.61	926.40
1-1-109	自卸汽车运土（载重 6t 以内）运距（km） 每增运 1	$1000m^3$	2869.42	0.00	0.00	2260.10	355.51	253.81
1-1-110	自卸汽车运土（载重 8t 以内）运距（km） 1	$1000m^3$	10301.34	0.00	67.56	8060.63	1267.94	905.21
1-1-111	自卸汽车运土（载重 8t 以内）运距（km） 每增运 1	$1000m^3$	2564.12	0.00	0.00	2019.63	317.69	226.80

续前

编号	项目名称	单位	基价	人工费	材料费	施工机具使用费	管理费	利润
1-1-112	自卸汽车运土（载重 10t 以内）运距（km） 1	$1000m^3$	9145.01	0.00	67.56	7149.85	1124.67	802.93
1-1-113	自卸汽车运土（载重 10t 以内）运距（km） 每增运 1	$1000m^3$	2178.19	0.00	0.00	1715.65	269.87	192.67
1-1-114	自卸汽车运土（载重 12t 以内）运距（km） 1	$1000m^3$	11981.91	0.00	67.56	9384.33	1476.16	1053.86
1-1-115	自卸汽车运土（载重 12t 以内）运距（km） 每增运 1	$1000m^3$	2481.07	0.00	0.00	1954.21	307.40	219.46
1-1-116	自卸汽车运土（载重 15t 以内）运距（km） 1	$1000m^3$	11749.35	0.00	67.56	9201.16	1447.34	1033.29
1-1-117	自卸汽车运土（载重 15t 以内）运距（km） 每增运 1	$1000m^3$	2187.73	0.00	0.00	1723.17	271.05	193.51
1-1-118	大型支撑基坑土方宽 15m 以内深 3.5m 以内	$100m^3$	3535.11	832.66	14.87	1940.05	436.15	311.38
1-1-119	大型支撑基坑土方宽 15m 以内深 7m 以内	$100m^3$	4306.43	992.16	14.20	2388.61	531.80	379.66
1-1-120	大型支撑基坑土方宽 15m 以内深 11m 以内	$100m^3$	5358.53	1304.33	13.33	2905.81	662.26	472.80
1-1-121	大型支撑基坑土方宽 15m 以内深 15m 以内	$100m^3$	6213.65	1832.72	12.92	3051.29	768.25	548.47
1-1-122	大型支撑基坑土方宽 15m 以外深 7m 以内	$100m^3$	4370.15	973.71	13.33	2457.94	539.80	385.37
1-1-123	大型支撑基坑土方宽 15m 以外深 11m 以内	$100m^3$	5474.99	1291.15	12.95	3011.03	676.73	483.13
1-1-124	大型支撑基坑土方宽 15m 以外深 15m 以内	$100m^3$	6369.44	1830.09	12.35	3177.07	787.63	562.30
1-1-125	泥浆罐车运淤泥流砂 运距 ≤ 1km	$10m^3$	1641.91	532.27	0.00	760.98	203.43	145.23
1-1-126	泥浆罐车运淤泥流砂 每增运 1km	$10m^3$	130.70	0.00	0.00	102.95	16.19	11.56

二、石 方 工 程

编号	项目名称	单位	基价	人工费	材料费	施工机具使用费	管理费	利润
1-1-127	人工凿平基（一般石方）极软岩	$100m^3$	11571.13	9114.00	0.00	0.00	1433.63	1023.50
1-1-128	人工凿平基（一般石方） 软岩	$100m^3$	14616.83	11512.94	0.00	0.00	1810.99	1292.90
1-1-129	人工凿平基（一般石方）较软岩	$100m^3$	18468.36	14546.60	0.00	0.00	2288.18	1633.58
1-1-130	人工凿沟槽 极软岩（深度 m 以内） 2	$100m^3$	12617.46	9938.14	0.00	0.00	1563.27	1116.05

续前

编号	项目名称	单位	基价	人工费	材料费	施工机具使用费	管理费	利润
1-1-131	人工凿沟槽 极软岩（深度 m 以内） 4	$100m^3$	15561.21	12256.78	0.00	0.00	1927.99	1376.44
1-1-132	人工凿沟槽 软岩（深度 m 以内）2	$100m^3$	16828.52	13254.98	0.00	0.00	2085.01	1488.53
1-1-133	人工凿沟槽 软岩（深度 m 以内）4	$100m^3$	19922.81	15692.20	0.00	0.00	2468.38	1762.23
1-1-134	人工凿沟槽 较软岩（深度 m 以内） 2	$100m^3$	23198.55	18272.33	0.00	0.00	2874.24	2051.98
1-1-135	人工凿沟槽 较软岩（深度 m 以内） 4	$100m^3$	26946.18	21224.15	0.00	0.00	3338.56	2383.47
1-1-136	人工凿基坑 极软岩（深度 m 以内） 2	$100m^3$	15140.87	11925.70	0.00	0.00	1875.91	1339.26
1-1-137	人工凿基坑 极软岩（深度 m 以内） 4	$100m^3$	18673.42	14708.11	0.00	0.00	2313.59	1651.72
1-1-138	人工凿基坑 软岩（深度 m 以内）2	$100m^3$	20194.20	15905.95	0.00	0.00	2502.01	1786.24
1-1-139	人工凿基坑 软岩（深度 m 以内）4	$100m^3$	23907.19	18830.49	0.00	0.00	2962.04	2114.66
1-1-140	人工凿基坑 较软岩（深度 m 以内） 2	$100m^3$	28035.59	22082.23	0.00	0.00	3473.53	2479.83
1-1-141	人工凿基坑 较软岩（深度 m 以内） 4	$100m^3$	32051.65	25245.47	0.00	0.00	3971.11	2835.07
1-1-142	明挖石碴运输 人工运 20m 以内	$100m^3$	6119.72	4820.19	0.00	0.00	758.22	541.31
1-1-143	明挖石碴运输 人工运 每增 20m	$100m^3$	1024.87	807.24	0.00	0.00	126.98	90.65
1-1-144	明挖石碴运输 双（单）轮车运 50m 以内	$100m^3$	3818.29	3007.47	0.00	0.00	473.08	337.74
1-1-145	明挖石碴运输 双（单）轮车运 每增 50m	$100m^3$	757.64	596.75	0.00	0.00	93.87	67.02
1-1-146	明挖石碴运输 人力装、机动翻斗车运 1000m 以内	$100m^3$	13328.75	3344.59	0.00	7153.79	1651.40	1178.97
1-1-147	明挖石碴运输 人力装、机动翻斗车运 3000m 内每增 200m	$100m^3$	788.07	0.00	0.00	620.72	97.64	69.71
1-1-148	人工清理爆破基底 一般石方 极软岩	$100m^2$	1701.82	1340.44	0.00	0.00	210.85	150.53
1-1-149	人工清理爆破基底 一般石方 软岩	$100m^2$	2115.47	1666.25	0.00	0.00	262.10	187.12
1-1-150	人工清理爆破基底 一般石方 较软岩	$100m^2$	2631.84	2072.97	0.00	0.00	326.08	232.79
1-1-151	人工清理爆破基底 一般石方 较硬岩	$100m^2$	5961.89	4695.88	0.00	0.00	738.66	527.35
1-1-152	人工清理爆破基底 一般石方 坚硬岩	$100m^2$	10243.02	8067.91	0.00	0.00	1269.08	906.03
1-1-153	人工清理爆破基底 槽坑石方 极软岩	$100m^2$	1877.36	1478.70	0.00	0.00	232.60	166.06

续前

编号	项目名称	单位	基价	人工费	材料费	施工机具使用费	管理费	利润
1-1-154	人工清理爆破基底 槽坑石方 软岩	100m²	2808.37	2212.01	0.00	0.00	347.95	248.41
1-1-155	人工清理爆破基底 槽坑石方 较软岩	100m²	5162.53	4066.27	0.00	0.00	639.62	456.64
1-1-156	人工清理爆破基底 槽坑石方 较硬岩	100m²	11646.51	9173.37	0.00	0.00	1442.97	1030.17
1-1-157	人工清理爆破基底 槽坑石方 坚硬岩	100m²	23288.49	18343.17	0.00	0.00	2885.38	2059.94
1-1-158	人工修整爆破边坡 极软岩	100m²	1414.12	1113.83	0.00	0.00	175.21	125.08
1-1-159	人工修整爆破边坡 软岩	100m²	1829.74	1441.19	0.00	0.00	226.70	161.85
1-1-160	人工修整爆破边坡 较软岩	100m²	2912.66	2294.16	0.00	0.00	360.87	257.63
1-1-161	人工修整爆破边坡 较硬岩	100m²	6589.06	5189.87	0.00	0.00	816.37	582.82
1-1-162	人工修整爆破边坡 坚硬岩	100m²	12665.27	9975.80	0.00	0.00	1569.19	1120.28
1-1-163	人工清石碴 一般石方	10m³	373.89	294.50	0.00	0.00	46.32	33.07
1-1-164	人工清石碴 槽坑	10m³	549.82	433.07	0.00	0.00	68.12	48.63
1-1-165	切割机切割平基（一般）石方 软质岩	100m³	13465.33	10362.68	186.10	96.70	1645.26	1174.59
1-1-166	切割机切割平基（一般）石方 较硬岩	100m³	29055.27	22583.81	229.57	120.74	3571.43	2549.72
1-1-167	切割机切割平基（一般）石方 坚硬岩	100m³	46384.36	36177.78	271.86	142.72	5713.21	4078.79
1-1-168	切割机切割坑（槽）石方 软质岩	100m³	20545.55	15841.47	254.80	140.53	2513.97	1794.78
1-1-169	切割机切割坑（槽）石方 较硬岩	100m³	42316.29	32906.50	315.19	175.65	5203.82	3715.13
1-1-170	切割机切割坑（槽）石方 坚硬岩	100m³	70027.28	54610.07	404.44	228.34	8626.08	6158.35
1-1-171	液压岩石破碎机破碎岩石（HB20G） 极软岩	1000m³	7983.32	295.90	16.39	5979.25	987.08	704.70
1-1-172	液压岩石破碎机破碎岩石（HB20G） 软质岩	1000m³	11800.99	295.90	27.04	8977.85	1458.76	1041.44
1-1-173	液压岩石破碎机破碎岩石（HB20G） 较硬岩	1000m³	19432.86	295.90	67.65	14957.10	2399.30	1712.91
1-1-174	液压岩石破碎机破碎岩石（HB20G） 坚硬岩	1000m³	24515.62	295.90	135.18	18907.35	3020.67	2156.52
1-1-175	液压岩石破碎机破碎岩石（HB30G） 极软岩	1000m³	7273.35	295.90	23.29	5414.61	898.26	641.29
1-1-176	液压岩石破碎机破碎岩石（HB30G） 软质岩	1000m³	11350.63	295.90	38.43	8614.15	1401.55	1000.60

续前

编号	项目名称	单位	基价	人工费	材料费	施工机具使用费	管理费	利润
1-1-177	液压岩石破碎机破碎岩石（HB30G） 较硬岩	$1000m^3$	16504.06	295.90	96.16	12627.78	2032.89	1451.33
1-1-178	液压岩石破碎机破碎岩石（HB30G） 坚硬岩	$1000m^3$	20590.09	295.90	192.16	15770.52	2527.25	1804.26
1-1-179	液压岩石破碎机破碎岩石（HB40G） 极软岩	$1000m^3$	5939.89	295.90	29.86	4359.13	732.24	522.76
1-1-180	液压岩石破碎机破碎岩石（HB40G） 软质岩	$1000m^3$	6981.40	295.90	49.27	5164.19	858.87	613.17
1-1-181	液压岩石破碎机破碎岩石（HB40G） 较硬岩	$1000m^3$	10470.74	295.90	123.27	7854.28	1282.02	915.27
1-1-182	液压岩石破碎机破碎岩石（HB40G） 坚硬岩	$1000m^3$	14482.80	295.90	246.33	10917.45	1763.86	1259.26
1-1-183	液压锤破碎石方 极软岩	$10m^3$	471.02	24.49	0.00	346.51	58.36	41.66
1-1-184	液压锤破碎石方 软岩	$10m^3$	602.89	31.47	0.00	443.39	74.70	53.33
1-1-185	液压锤破碎石方 较软岩	$10m^3$	916.83	47.74	0.00	674.40	113.59	81.10
1-1-186	液压锤破碎石方 较硬岩	$10m^3$	1301.73	67.74	0.00	957.57	161.28	115.14
1-1-187	液压锤破碎石方 坚硬岩	$10m^3$	1853.74	96.41	0.00	1363.69	229.67	163.97
1-1-188	推土机推石碴 90kW 推土机推碴运距 10m 以内	$1000m^3$	7312.46	591.79	0.00	5167.87	905.99	646.81
1-1-189	推土机推石碴 90kW 推土机推碴运距 20m 以内	$1000m^3$	10148.09	591.79	0.00	7401.35	1257.32	897.63
1-1-190	推土机推石碴 90kW 推土机推碴运距 30m 以内	$1000m^3$	13315.86	591.79	0.00	9896.44	1649.80	1177.83
1-1-191	推土机推石碴 90kW 推土机推碴运距 40m 以内	$1000m^3$	16027.72	591.79	0.00	12032.44	1985.79	1417.70
1-1-192	推土机推石碴 105kW 推土机推碴运距 10m 以内	$1000m^3$	7266.98	591.79	0.00	5132.04	900.36	642.79
1-1-193	推土机推石碴 105kW 推土机推碴运距 20m 以内	$1000m^3$	9787.04	591.79	0.00	7116.97	1212.59	865.69
1-1-194	推土机推石碴 105kW 推土机推碴运距 30m 以内	$1000m^3$	12640.07	591.79	0.00	9364.16	1566.07	1118.05
1-1-195	推土机推石碴 105kW 推土机推碴运距 40m 以内	$1000m^3$	15347.85	591.79	0.00	11496.94	1901.56	1357.56
1-1-196	履带式反铲液压挖掘机挖石碴不装车 斗容 $0.6m^3$	$1000m^3$	9788.33	591.79	0.00	7117.98	1212.75	865.81
1-1-197	履带式反铲液压挖掘机挖石碴不装车 斗容 $1.0m^3$	$1000m^3$	8462.33	591.79	0.00	6073.56	1048.46	748.52
1-1-198	履带式反铲液压挖掘机挖石碴装车 斗容 $0.6m^3$	$1000m^3$	12745.79	591.79	0.00	9447.43	1579.17	1127.40
1-1-199	履带式反铲液压挖掘机挖石碴装车 斗容 $1.0m^3$	$1000m^3$	10431.16	591.79	0.00	7624.31	1292.39	922.67
1-1-200	10t 自卸汽车运石碴运距（km）1	$1000m^3$	16222.89	0.00	67.56	12724.74	2001.60	1428.99
1-1-201	10t 自卸汽车运石碴运距（km）每增运 1	$1000m^3$	3235.98	0.00	0.00	2548.82	400.93	286.23

续前

编号	项目名称	单位	基价	人工费	材料费	施工机具使用费	管理费	利润
1-1-202	12t 自卸汽车运石碴运距(km)1	1000m³	19205.85	0.00	67.56	15074.27	2371.18	1692.84
1-1-203	12t 自卸汽车运石碴运距（km）每增运 1	1000m³	3672.99	0.00	0.00	2893.03	455.07	324.89
1-1-204	15t 自卸汽车运石碴运距(km)1	1000m³	18815.50	0.00	67.56	14766.81	2322.82	1658.31
1-1-205	15t 自卸汽车运石碴运距（km）每增运 1	1000m³	3248.60	0.00	0.00	2558.76	402.49	287.35
1-1-206	风镐破碎石方 孤石	10m³	6993.04	4333.18	3.57	1172.07	865.98	618.24

三、回填及其他

编号	项目名称	单位	基价	人工费	材料费	施工机具使用费	管理费	利润
1-1-207	人工平整场地	100m²	578.37	455.55	0.00	0.00	71.66	51.16
1-1-208	机械平整场地 推土机 75kW	1000m²	1017.29	148.03	0.00	653.24	126.04	89.98
1-1-209	机械平整场地 拖式铲运机 7m³	1000m²	791.15	148.03	0.00	475.12	98.02	69.98
1-1-210	人工原土夯实 平地	100m²	243.83	192.05	0.00	0.00	30.21	21.57
1-1-211	人工原土夯实 槽、坑	100m²	295.57	232.81	0.00	0.00	36.62	26.14
1-1-212	机械原土夯实 平地	100m²	202.25	145.86	0.00	13.44	25.06	17.89
1-1-213	机械原土夯实 槽、坑	100m²	220.32	158.88	0.00	14.65	27.30	19.49
1-1-214	机械原土碾压 拖式双筒羊足碾	1000m²	265.16	148.03	0.00	60.83	32.85	23.45
1-1-215	机械原土碾压 内燃压路机 15t 以内	1000m²	309.18	148.03	0.00	95.49	38.31	27.35
1-1-216	人工填土 松填土 槽、坑	100m³	1132.92	892.34	0.00	0.00	140.37	100.21
1-1-217	人工填土 松填土 平地	100m³	968.20	762.60	0.00	0.00	119.96	85.64
1-1-218	人工填土夯实 平地	100m³	3663.29	2878.51	8.73	0.00	452.79	323.26
1-1-219	人工填土夯实 槽、坑	100m³	4408.51	3465.49	8.73	0.00	545.12	389.17
1-1-220	机械填土夯实 平地	100m³	2522.33	1839.39	0.00	147.32	312.51	223.11
1-1-221	机械填土夯实 槽、坑	100m³	2882.63	2079.02	0.00	191.48	357.15	254.98
1-1-222	机械填土碾压 拖式双筒羊足碾 75kW	1000m³	5366.26	310.00	84.45	3850.22	654.40	467.19
1-1-223	机械填土碾压 内燃压路机 6t 以内	1000m³	5934.36	310.00	84.45	4297.68	724.79	517.44
1-1-224	机械填土碾压 内燃压路机 15t 以内	1000m³	9216.29	310.00	84.45	6882.69	1131.41	807.74
1-1-225	机械填土碾压 振动压路机 10t内	1000m³	6164.08	310.00	84.45	4478.62	753.25	537.76

续前

编号	项目名称	单位	基价	人工费	材料费	施工机具使用费	管理费	利润
1-1-226	机械填土碾压 振动压路机15t内	$1000m^3$	7745.36	310.00	84.45	5724.11	949.17	677.63
1-1-227	基底钎探	$100m^2$	888.71	553.35	130.13	44.14	93.99	67.10
1-1-228	筛土	$10m^3$	618.51	487.17	0.00	0.00	76.63	54.71

第二章　地基处理及基坑支护工程

一、地 基 处 理

编号	项目名称	单位	基价	人工费	材料费	施工机具使用费	管理费	利润
1-2-1	填料加固 毛石灌浆	$10m^3$	5680.11	1741.59	3412.40	44.57	280.96	200.59
1-2-2	填料加固 碎石灌浆	$10m^3$	5202.74	1414.88	3354.69	40.73	228.97	163.47
1-2-3	填料加固 碎石干铺	$10m^3$	4237.61	1379.55	2448.06	29.99	221.72	158.29
1-2-4	填料加固 混凝土	$10m^3$	4474.22	647.50	3652.16	0.00	101.85	72.71
1-2-5	填料加固 炉渣	$10m^3$	3213.06	937.03	1999.04	19.20	150.41	107.38
1-2-6	填料加固 砂砾石	$10m^3$	4976.63	1208.61	3408.34	26.65	194.31	138.72
1-2-7	填料加固 砂	$10m^3$	3889.81	912.05	2707.49	19.20	146.49	104.58
1-2-8	填料加固 砾石	$10m^3$	4830.78	1244.68	3216.68	26.67	199.98	142.77
1-2-9	填料加固 夯填灰土 2：8	$10m^3$	4734.42	2801.83	1093.75	65.74	451.07	322.03
1-2-10	填料加固 夯填灰土 3：7	$10m^3$	5279.84	2950.75	1447.65	67.67	474.80	338.97
1-2-11	填料桩 振冲碎石桩	$10m^3$	6941.91	802.90	5062.71	677.25	232.83	166.22
1-2-12	填料桩 振动砂石桩 桩径（mm以内） ϕ500	$10m^3$	7021.59	2130.83	2950.37	1075.87	504.41	360.11
1-2-13	填料桩 振动砂石桩 桩径（mm以内） ϕ600	$10m^3$	7776.30	2556.70	2991.23	1212.26	592.86	423.25
1-2-14	填料桩 水泥粉煤灰碎石桩（CFG） 桩径（mm以内） ϕ300	10m	1003.91	222.00	431.75	228.66	70.89	50.61
1-2-15	填料桩 水泥粉煤灰碎石桩（CFG） 桩径（mm以内） ϕ400	10m	1759.37	389.06	766.54	392.94	123.01	87.82
1-2-16	填料桩 水泥粉煤灰碎石桩（CFG） 桩径（mm以内） ϕ450	10m	2158.36	485.07	969.37	451.44	147.31	105.17
1-2-17	填料桩 水泥粉煤灰碎石桩（CFG） 桩径（mm以内） ϕ500	10m	2633.78	589.97	1196.25	542.30	178.11	127.15
1-2-18	填料桩 水泥粉煤灰碎石桩（CFG） 桩径（mm以内） ϕ600	10m	3757.35	844.71	1721.90	758.51	252.19	180.04
1-2-19	填料桩 水泥粉煤灰碎石桩（CFG） 桩径（mm以内） ϕ700	10m	4887.14	1105.01	2343.50	898.49	315.15	224.99
1-2-20	填料桩 水泥粉煤灰碎石桩（CFG） 桩径（mm以内） ϕ800	10m	6259.39	1398.79	3061.04	1120.39	396.27	282.90
1-2-21	填料桩 钻孔压浆碎石桩	$10m^3$	9263.13	2043.70	4980.06	1329.86	530.66	378.85
1-2-22	填料桩 灰土挤密桩 桩长≤6m	$10m^3$	5707.63	1765.09	2132.86	1050.58	442.90	316.20

续前

编号	项目名称	单位	基价	人工费	材料费	施工机具使用费	管理费	利润
1-2-23	填料桩 灰土挤密桩 桩长＞6m	10m^3	4596.35	1157.73	2132.86	782.64	305.22	217.90
1-2-24	水泥搅拌桩 深层搅拌法 单头	10m^3	3000.28	829.91	1342.97	475.47	205.34	146.59
1-2-25	水泥搅拌桩 深层搅拌法 双头	10m^3	2381.57	441.41	1342.97	376.64	128.68	91.87
1-2-26	水泥搅拌桩 深层搅拌法 三轴	10m^3	2316.55	436.23	1297.70	366.27	126.23	90.12
1-2-27	水泥搅拌桩 粉体喷搅法 单头	10m^3	2916.27	829.91	1323.12	424.93	197.39	140.92
1-2-28	水泥搅拌桩 水泥掺量（每增减1%）	10m^3	106.50	0.00	106.50	0.00	0.00	0.00
1-2-29	石灰桩 粉体喷射石灰搅拌桩（mm） ϕ500 桩长（m 以内） 10	10m	969.31	203.50	571.74	109.64	49.26	35.17
1-2-30	石灰桩 粉体喷射石灰搅拌桩（mm） ϕ500 桩长（m 以内） 20	10m	1010.51	222.00	571.74	123.60	54.36	38.81
1-2-31	高压水泥旋喷桩 钻孔	10m	671.98	211.83	11.40	308.48	81.84	58.43
1-2-32	高压水泥旋喷桩 喷浆 单重管法	10m^3	6382.55	1465.76	3375.82	902.49	372.53	265.95
1-2-33	高压水泥旋喷桩 喷浆 双重管法	10m^3	6870.19	1571.58	3411.82	1152.41	428.48	305.90
1-2-34	高压水泥旋喷桩 喷浆 三重管法	10m^3	6898.60	1695.34	3081.10	1311.51	472.98	337.67
1-2-35	压密注浆 钻孔	100m	5498.97	3956.97	475.20	0.00	622.43	444.37
1-2-36	压密注浆 注浆	10m^3	1092.40	446.04	382.23	113.32	87.99	62.82
1-2-37	分层注浆 钻孔	100m	6691.74	1495.73	2165.66	2069.23	560.77	400.35
1-2-38	分层注浆 注浆	10m^3	1848.96	476.01	1231.94	9.98	76.45	54.58
1-2-39	凿桩头	10m^3	2374.19	1731.05	0.00	138.98	294.16	210.00

二、基坑及边坡支护

编号	项目名称	单位	基价	人工费	材料费	施工机具使用费	管理费	利润
1-2-40	咬合灌注桩 成孔	10m^3	5117.75	1317.76	131.41	2609.73	617.79	441.06
1-2-41	咬合灌注桩 灌注混凝土	10m^3	7617.41	853.78	4379.00	1696.95	401.23	286.45
1-2-42	型钢水泥土搅拌墙 三轴水泥土搅拌墙 水泥掺量 20%	10m^3	2481.30	340.77	1726.14	254.03	93.56	66.80
1-2-43	型钢水泥土搅拌墙 五轴水泥土搅拌墙 水泥掺量 20%	10m^3	2479.14	397.75	1726.14	195.35	93.29	66.61
1-2-44	型钢水泥土搅拌墙 水泥掺量每增减 1%	10m^3	87.39	0.00	87.39	0.00	0.00	0.00

续前

编号	项目名称	单位	基价	人工费	材料费	施工机具使用费	管理费	利润
1-2-45	型钢水泥土搅拌墙 插拔型钢	t	1475.89	220.15	941.16	201.03	66.25	47.30
1-2-46	简易桩架打拔槽型钢板桩 打 8m 以内 一、二类土	10t	4856.81	2997.00	488.25	443.90	541.25	386.41
1-2-47	简易桩架打拔槽型钢板桩 打 8m 以内 三类土	10t	6112.87	3812.85	488.20	617.42	696.88	497.52
1-2-48	简易桩架打拔槽型钢板桩 打 12m 以内 一、二类土	10t	4346.53	2690.64	446.31	381.36	483.23	344.99
1-2-49	简易桩架打拔槽型钢板桩 打 12m 以内 三类土	10t	5432.09	3394.94	446.31	532.11	617.72	441.01
1-2-50	简易桩架打拔槽型钢板桩 拔 8m 以内 一、二类土	10t	5407.04	3228.44	490.39	644.16	609.16	434.89
1-2-51	简易桩架打拔槽型钢板桩 拔 8m 以内 三类土	10t	6948.06	4167.50	490.39	918.88	800.09	571.20
1-2-52	简易桩架打拔槽型钢板桩 拔 12m 以内 一、二类土	10t	4665.70	2802.20	446.55	521.01	522.74	373.20
1-2-53	简易桩架打拔槽型钢板桩 拔 12m 以内 三类土	10t	5942.62	3578.09	446.55	750.89	680.95	486.14
1-2-54	柴油打桩机打槽型钢板桩 打 8m 以内 一、二类土	10t	5252.53	3215.12	395.83	610.26	601.73	429.59
1-2-55	柴油打桩机打槽型钢板桩 打 8m 以内 三类土	10t	5955.14	3524.81	391.98	857.01	689.26	492.08
1-2-56	柴油打桩机打槽型钢板桩 打 12m 以内 一、二类土	10t	4420.86	2615.72	387.81	560.91	499.68	356.74
1-2-57	柴油打桩机打槽型钢板桩 打 12m 以内 三类土	10t	5727.96	3416.58	387.81	789.59	661.63	472.35
1-2-58	大型支撑安装 宽 15m 以内	t	998.69	330.23	252.56	257.46	92.44	66.00
1-2-59	大型支撑拆除 宽 15m 以内	t	875.51	451.40	0.00	238.20	108.47	77.44
1-2-60	大型支撑安装 宽 15m 以外	t	1123.17	312.84	179.48	430.46	116.92	83.47
1-2-61	大型支撑拆除 宽 15m 以外	t	932.55	380.55	0.00	353.97	115.54	82.49
1-2-62	锚杆 钻孔、压浆	10m	1877.40	678.40	89.76	729.64	221.48	158.12
1-2-63	锚杆 制作、安装	t	10189.88	4469.42	4366.50	117.36	721.50	515.10
1-2-64	锚索 钻孔、压浆	10m	2500.55	768.12	132.14	1097.36	293.44	209.49
1-2-65	锚索 制作、安装	t	17194.77	6676.84	7228.40	1173.16	1234.81	881.56
1-2-66	锚索 锚墩、承压板制作、安装	10 个	4093.58	2593.33	801.09	0.00	407.93	291.23
1-2-67	砂浆土钉	10m	530.86	245.87	175.52	34.01	44.03	31.43
1-2-68	钢管护坡土钉	10m	857.95	356.87	332.89	56.70	65.05	46.44
1-2-69	喷射混凝土挂网 制作、安装	t	6543.98	2073.85	3596.23	247.94	365.22	260.74

续前

编号	项目名称	单位	基价	人工费	材料费	施工机具使用费	管理费	利润
1-2-70	喷射混凝土支护无筋（斜面）初喷 5cm	$100m^2$	6751.73	2935.03	2124.29	709.77	573.33	409.31
1-2-71	喷射混凝土支护无筋（斜面）每增 1cm	$100m^2$	983.57	316.35	401.61	142.03	72.10	51.48
1-2-72	喷射混凝土支护有筋（斜面）初喷 5cm	$100m^2$	8045.15	3668.74	2260.84	887.27	716.66	511.64
1-2-73	喷射混凝土支护有筋（斜面）每增 1cm	$100m^2$	1127.72	394.42	401.61	177.50	89.96	64.23

三、补 充 项 目

1. 静压植桩机打拔钢板桩

编号	项目名称	单位	基价	人工费	材料费	施工机具使用费	管理费	利润
1-2-74	静压植桩机打钢板桩 15m 以内	t	701.60	77.89	0.00	474.72	86.93	62.06
1-2-75	静压植桩机拔钢板桩 15m 以内	t	732.88	71.23	0.00	506.02	90.80	64.83

第三章　桩基础工程

一、打　　桩

编号	项目名称	单位	基价	人工费	材料费	施工机具使用费	管理费	利润
1-3-1	打钢筋混凝土方桩 $L \leqslant 8m$	$10m^3$	11672.54	2172.64	6929.80	1562.98	587.61	419.51
1-3-2	打钢筋混凝土方桩 $L \leqslant 16m$	$10m^3$	9158.57	1017.50	6938.67	731.00	275.04	196.36
1-3-3	打钢筋混凝土方桩 $L \leqslant 24m$	$10m^3$	9952.41	1270.58	6967.43	1080.54	369.83	264.03
1-3-4	打钢筋混凝土方桩 $L \leqslant 28m$	$10m^3$	9339.68	820.85	6996.22	1024.97	290.35	207.29
1-3-5	打钢筋混凝土方桩 $L \leqslant 32m$	$10m^3$	8886.44	654.35	7013.89	820.57	232.00	165.63
1-3-6	打钢筋混凝土方桩 $L \leqslant 40m$	$10m^3$	8921.24	635.29	7031.64	853.05	234.12	167.14
1-3-7	方桩接桩 浆锚接桩	个	324.39	86.58	33.13	142.83	36.09	25.76
1-3-8	方桩接桩 焊接桩	个	635.62	186.85	238.04	126.30	49.26	35.17
1-3-9	方桩接桩 法兰接桩	个	428.24	154.85	104.34	100.27	40.13	28.65
1-3-10	方桩送桩 $L \leqslant 8m$	$10m^3$	9673.63	3462.65	90.79	4085.27	1187.29	847.63
1-3-11	方桩送桩 $L \leqslant 16m$	$10m^3$	8781.38	3135.75	124.48	3682.85	1072.57	765.73
1-3-12	方桩送桩 $L \leqslant 24m$	$10m^3$	11831.81	3818.03	178.09	5361.02	1443.86	1030.81
1-3-13	方桩送桩 $L \leqslant 28m$	$10m^3$	15130.46	3816.55	207.14	7937.80	1848.96	1320.01
1-3-14	方桩送桩 $L \leqslant 32m$	$10m^3$	14957.29	3870.20	264.71	7702.41	1820.37	1299.60
1-3-15	方桩送桩 $L \leqslant 40m$	$10m^3$	20063.00	5009.99	322.27	10538.79	2445.82	1746.13
1-3-16	打钢筋混凝土管桩 $\phi400$ $L \leqslant 24m$	$10m^3$ 实体	9890.35	1226.55	6153.74	1716.59	462.96	330.51
1-3-17	打钢筋混凝土管桩 $\phi550$ $L \leqslant 24m$	$10m^3$ 实体	9842.41	943.50	6171.49	1947.90	454.82	324.70
1-3-18	打钢筋混凝土管桩 $\phi600$ $L \leqslant 25m$	$10m^3$ 实体	11830.01	967.00	8165.66	1919.23	454.00	324.12
1-3-19	打钢筋混凝土管桩 $\phi600$ $L \leqslant 50m$	$10m^3$ 实体	12727.09	1158.66	8165.66	2434.15	565.15	403.47
1-3-20	打钢筋混凝土管桩 $\phi800$ $L \leqslant 25m$	$10m^3$ 实体	11148.76	781.44	8201.08	1540.30	365.21	260.73
1-3-21	打钢筋混凝土管桩 $\phi800$ $L \leqslant 50m$	$10m^3$ 实体	12212.58	1012.69	8201.08	2146.97	497.01	354.83
1-3-22	打钢筋混凝土管桩 $\phi1000$ $L \leqslant 25m$	$10m^3$ 实体	10811.97	654.35	8236.50	1374.22	319.09	227.81
1-3-23	打钢筋混凝土管桩 $\phi1000$ $L \leqslant 50m$	$10m^3$ 实体	11674.84	852.30	8236.50	1855.91	426.00	304.13

续前

编号	项目名称	单位	基价	人工费	材料费	施工机具使用费	管理费	利润
1-3-24	钢筋混凝土管桩电焊接桩 ϕ400	个	202.61	32.75	21.16	110.17	22.48	16.05
1-3-25	钢筋混凝土管桩电焊接桩 ϕ550	个	341.72	44.77	29.10	201.47	38.73	27.65
1-3-26	钢筋混凝土管桩电焊接桩 ϕ600	个	471.95	48.66	31.51	298.25	54.57	38.96
1-3-27	钢筋混凝土管桩电焊接桩 ϕ800	个	594.70	64.94	42.09	370.32	68.47	48.88
1-3-28	钢筋混凝土管桩电焊接桩 ϕ1000	个	769.46	81.40	52.67	483.18	88.81	63.40
1-3-29	钢筋混凝土管桩送桩 ϕ400 $L \leqslant 24$m	$10m^3$实体	12921.45	4557.11	296.34	5387.05	1564.22	1116.73
1-3-30	钢筋混凝土管桩送桩 ϕ550 $L \leqslant 24$m	$10m^3$实体	18856.86	5099.90	359.58	9469.48	2291.76	1636.14
1-3-31	钢筋混凝土管桩送桩 ϕ600 $L \leqslant 25$m	$10m^3$实体	18660.00	4792.98	462.70	9540.11	2254.60	1609.61
1-3-32	钢筋混凝土管桩送桩 ϕ600 $L \leqslant 50$m	$10m^3$实体	19382.49	4792.98	462.70	10109.19	2344.11	1673.51
1-3-33	钢筋混凝土管桩送桩 ϕ800 $L \leqslant 25$m	$10m^3$实体	18152.45	4629.26	609.18	9188.69	2173.56	1551.76
1-3-34	钢筋混凝土管桩送桩 ϕ800 $L \leqslant 50$m	$10m^3$实体	18848.43	4629.26	609.18	9736.88	2259.79	1613.32
1-3-35	钢筋混凝土管桩送桩 ϕ1000 $L \leqslant 25$m	$10m^3$实体	16811.85	4069.82	735.71	8592.55	1991.79	1421.98
1-3-36	钢筋混凝土管桩送桩 ϕ1000 $L \leqslant 50$m	$10m^3$实体	17120.59	4069.82	735.71	8835.73	2030.04	1449.29
1-3-37	打钢管桩ϕ406.40 $L \leqslant 30$m	10t	73937.75	2963.89	65720.57	3508.37	1018.09	726.83
1-3-38	打钢管桩ϕ406.40 $L \leqslant 50$m	10t	72885.50	2068.30	65748.39	3553.24	884.27	631.30
1-3-39	打钢管桩ϕ406.40 $L \leqslant 70$m	10t	72828.64	1968.77	65783.66	3580.21	872.85	623.15
1-3-40	打钢管桩ϕ609.60 $L \leqslant 30$m	10t	73018.28	2076.63	65788.04	3618.26	895.81	639.54
1-3-41	打钢管桩ϕ609.60 $L \leqslant 50$m	10t	71109.21	1480.19	65800.19	2701.46	657.77	469.60
1-3-42	打钢管桩ϕ609.60 $L \leqslant 70$m	10t	70990.61	1413.96	65835.46	2646.49	638.71	455.99
1-3-43	打钢管桩ϕ914.40 $L \leqslant 30$m	10t	71071.64	1473.34	65915.72	2587.72	638.80	456.06
1-3-44	打钢管桩ϕ914.40 $L \leqslant 50$m	10t	69850.04	1063.01	65950.99	2008.08	483.08	344.88
1-3-45	打钢管桩ϕ914.40 $L \leqslant 70$m	10t	69800.22	1017.32	65994.23	1980.47	471.55	336.65
1-3-46	钢管桩电焊接桩 ϕ406.40	个	294.38	121.36	33.18	84.38	32.36	23.10
1-3-47	钢管桩电焊接桩 ϕ609.60	个	397.05	130.80	47.40	144.60	43.32	30.93
1-3-48	钢管桩电焊接桩 ϕ914.40	个	522.90	140.60	68.92	216.97	56.25	40.16
1-3-49	钢管桩内切割 ϕ406.40	根	442.01	191.66	34.42	129.38	50.50	36.05
1-3-50	钢管桩内切割 ϕ609.60	根	479.12	207.39	35.12	142.33	55.01	39.27
1-3-51	钢管桩内切割 ϕ914.40	根	524.90	223.30	42.21	156.89	59.80	42.70
1-3-52	钢管桩精割盖帽 ϕ406.40	根	527.52	295.45	51.05	79.84	59.03	42.15

续前

编号	项目名称	单位	基价	人工费	材料费	施工机具使用费	管理费	利润
1-3-53	钢管桩精割盖帽 ϕ609.60	根	647.08	353.35	62.73	106.91	72.40	51.69
1-3-54	钢管桩精割盖帽 ϕ914.40	根	844.26	448.07	83.25	151.34	94.29	67.31
1-3-55	钢管桩管内钻孔取土	$10m^3$	5050.88	1976.54	0.00	2001.78	625.79	446.77
1-3-56	管桩填芯 混凝土	$10m^3$	5472.16	1338.11	3771.05	1.77	210.76	150.47
1-3-57	管桩填芯 黄砂	$10m^3$	2067.86	194.44	1818.46	2.00	30.90	22.06
1-3-58	管桩填芯 碎石	$10m^3$	3344.44	322.64	2932.27	2.00	51.07	36.46
1-3-59	凿除桩顶钢筋混凝土 打入桩	$10m^3$	9161.11	5588.67	33.00	1601.08	1130.95	807.41
1-3-60	桩头钢筋整理	10 根	109.69	86.40	0.00	0.00	13.59	9.70

二、灌　注　桩

编号	项目名称	单位	基价	人工费	材料费	施工机具使用费	管理费	利润
1-3-61	埋设钢护筒 $\phi \leqslant 800$	10m	5874.06	3128.17	164.20	1369.20	707.44	505.05
1-3-62	埋设钢护筒 $\phi \leqslant 1000$	10m	7317.69	3910.16	191.50	1702.78	882.92	630.33
1-3-63	埋设钢护筒 $\phi \leqslant 1200$	10m	9058.91	4808.89	287.05	2100.26	1086.81	775.90
1-3-64	埋设钢护筒 $\phi \leqslant 1500$	10m	11760.17	6258.92	348.47	2729.50	1413.88	1009.40
1-3-65	埋设钢护筒 $\phi \leqslant 2000$	10m	15490.28	8345.17	546.40	3425.37	1851.51	1321.83
1-3-66	旋挖钻机钻孔 $\phi \leqslant 1000$ 砂土、黏土、砂砾、砾石、卵石	$10m^3$	5090.36	621.60	40.11	3356.23	625.71	446.71
1-3-67	旋挖钻机钻孔 $\phi \leqslant 1200$ 砂土、黏土、砂砾、砾石、卵石	$10m^3$	5014.79	616.05	40.11	3302.25	616.35	440.03
1-3-68	旋挖钻机钻孔 $\phi \leqslant 1600$ 砂土、黏土、砂砾、砾石、卵石	$10m^3$	3725.01	458.80	40.11	2443.61	456.55	325.94
1-3-69	旋挖钻机钻孔 $\phi \leqslant 2000$ 砂土、黏土、砂砾、砾石、卵石	$10m^3$	2481.62	301.55	40.11	1621.50	302.50	215.96
1-3-70	旋挖钻机钻孔 $\phi \leqslant 1000$ 入岩增加费	$10m^3$	9610.92	1239.50	50.23	6290.98	1184.54	845.67
1-3-71	旋挖钻机钻孔 $\phi \leqslant 1200$ 入岩增加费	$10m^3$	9423.77	1221.00	50.23	6162.06	1161.36	829.12
1-3-72	旋挖钻机钻孔 $\phi \leqslant 1600$ 入岩增加费	$10m^3$	7015.82	913.90	39.19	4581.24	864.39	617.10
1-3-73	旋挖钻机钻孔 $\phi \leqslant 2000$ 入岩增加费	$10m^3$	4671.53	603.29	36.43	3047.54	574.28	409.99

续前

编号	项目名称	单位	基价	人工费	材料费	施工机具使用费	管理费	利润
1-3-74	回旋钻机钻孔 $\phi \leqslant 1000$；$H \leqslant$ 40m 砂土、黏土	10m	3637.67	1242.83	30.46	1598.39	446.92	319.07
1-3-75	回旋钻机钻孔 $\phi \leqslant 1000$；$H \leqslant$ 40m 砂砾	10m	6027.29	1968.59	33.84	2752.15	742.57	530.14
1-3-76	回旋钻机钻孔 $\phi \leqslant 1000$；$H \leqslant$ 40m 砾石	10m	9417.12	2960.19	37.56	4427.62	1162.10	829.65
1-3-77	回旋钻机钻孔 $\phi \leqslant 1000$；$H \leqslant$ 40m 卵石	10m	11081.84	3434.16	42.16	5261.24	1367.79	976.49
1-3-78	回旋钻机钻孔 $\phi \leqslant 1000$；$H \leqslant$ 40m 软岩	10m	17587.87	5316.53	60.93	8488.56	2171.54	1550.31
1-3-79	回旋钻机钻孔 $\phi \leqslant 1000$；$H \leqslant$ 40m 较硬岩	10m	25025.74	7486.21	70.89	12169.47	3091.84	2207.33
1-3-80	回旋钻机钻孔 $\phi \leqslant 1000$；$H \leqslant$ 60m 砂土、黏土	10m	3775.71	1290.01	31.10	1659.43	463.95	331.22
1-3-81	回旋钻机钻孔 $\phi \leqslant 1000$；$H \leqslant$ 60m 砂砾	10m	6473.04	2114.18	37.32	2954.91	797.37	569.26
1-3-82	回旋钻机钻孔 $\phi \leqslant 1000$；$H \leqslant$ 60m 砾石	10m	10441.68	3282.64	42.13	4908.56	1288.48	919.87
1-3-83	回旋钻机钻孔 $\phi \leqslant 1000$；$H \leqslant$ 60m 卵石	10m	12939.29	4014.50	48.91	6138.61	1597.08	1140.19
1-3-84	回旋钻机钻孔 $\phi \leqslant 1000$；$H \leqslant$ 60m 软岩	10m	22159.60	6698.67	77.14	10694.57	2735.96	1953.26
1-3-85	回旋钻机钻孔 $\phi \leqslant 1000$；$H \leqslant$ 60m 较硬岩	10m	31307.70	9365.26	89.18	15224.00	3867.89	2761.37
1-3-86	回旋钻机钻孔 $\phi \leqslant 1200$；$H \leqslant$ 40m 砂土、黏土	10m	3746.47	1307.58	39.35	1612.33	459.30	327.91
1-3-87	回旋钻机钻孔 $\phi \leqslant 1200$；$H \leqslant$ 40m 砂砾	10m	6471.92	2126.76	43.06	2936.93	796.52	568.65
1-3-88	回旋钻机钻孔 $\phi \leqslant 1200$；$H \leqslant$ 40m 砾石	10m	10090.58	3161.10	47.07	4749.67	1244.36	888.38
1-3-89	回旋钻机钻孔 $\phi \leqslant 1200$；$H \leqslant$ 40m 卵石	10m	12102.34	3735.89	54.84	5753.32	1492.65	1065.64
1-3-90	回旋钻机钻孔 $\phi \leqslant 1200$；$H \leqslant$ 40m 软岩	10m	18376.18	5517.63	75.10	8897.21	2267.45	1618.79
1-3-91	回旋钻机钻孔 $\phi \leqslant 1200$；$H \leqslant$ 40m 较硬岩	10m	26708.93	7903.02	86.58	13066.06	3298.44	2354.83
1-3-92	回旋钻机钻孔 $\phi \leqslant 1200$；$H \leqslant$ 60m 砂土、黏土	10m	4122.35	1357.90	33.86	1862.40	506.55	361.64
1-3-93	回旋钻机钻孔 $\phi \leqslant 1200$；$H \leqslant$ 60m 砂砾	10m	7168.04	2284.57	39.30	3330.38	883.23	630.56
1-3-94	回旋钻机钻孔 $\phi \leqslant 1200$；$H \leqslant$ 60m 砾石	10m	11434.08	3506.12	41.01	5467.63	1411.57	1007.75
1-3-95	回旋钻机钻孔 $\phi \leqslant 1200$；$H \leqslant$ 60m 卵石	10m	26794.27	4368.04	47.91	16698.72	3313.80	2365.80
1-3-96	回旋钻机钻孔 $\phi \leqslant 1200$；$H \leqslant$ 60m 软岩	10m	23565.21	6954.71	70.19	11551.13	2910.97	2078.21

续前

编号	项目名称	单位	基价	人工费	材料费	施工机具使用费	管理费	利润
1-3-97	回旋钻机钻孔 $\phi \leqslant 1200$；$H \leqslant 60m$ 较硬岩	10m	33769.59	9885.85	81.67	16648.43	4173.84	2979.80
1-3-98	回旋钻机钻孔 $\phi \leqslant 1500$；$H \leqslant 40m$ 砂土、黏土	10m	4301.60	1537.54	45.20	1815.01	527.36	376.49
1-3-99	回旋钻机钻孔 $\phi \leqslant 1500$；$H \leqslant 40m$ 砂砾	10m	7038.67	2385.21	49.42	3119.87	865.95	618.22
1-3-100	回旋钻机钻孔 $\phi \leqslant 1500$；$H \leqslant 40m$ 砾石	10m	10874.22	3491.69	53.86	5030.97	1340.61	957.09
1-3-101	回旋钻机钻孔 $\phi \leqslant 1500$；$H \leqslant 40m$ 卵石	10m	13194.10	4152.70	60.76	6191.77	1627.19	1161.68
1-3-102	回旋钻机钻孔 $\phi \leqslant 1500$；$H \leqslant 40m$ 软岩	10m	19727.98	5991.97	88.33	9477.19	2433.30	1737.19
1-3-103	回旋钻机钻孔 $\phi \leqslant 1500$；$H \leqslant 40m$ 较硬岩	10m	28504.50	8506.30	103.25	13863.93	3518.84	2512.18
1-3-104	回旋钻机钻孔 $\phi \leqslant 1500$；$H \leqslant 60m$ 砂土、黏土	10m	4604.09	1566.21	45.20	2024.60	564.83	403.25
1-3-105	回旋钻机钻孔 $\phi \leqslant 1500$；$H \leqslant 60m$ 砂砾	10m	8051.48	2629.59	49.42	3673.23	991.43	707.81
1-3-106	回旋钻机钻孔 $\phi \leqslant 1500$；$H \leqslant 60m$ 砾石	10m	12700.47	3965.85	53.86	5995.25	1566.88	1118.63
1-3-107	回旋钻机钻孔 $\phi \leqslant 1500$；$H \leqslant 60m$ 卵石	10m	15721.45	4827.95	60.76	7507.18	1940.32	1385.24
1-3-108	回旋钻机钻孔 $\phi \leqslant 1500$；$H \leqslant 60m$ 软岩	10m	25495.37	7601.28	88.33	12410.57	3147.86	2247.33
1-3-109	回旋钻机钻孔 $\phi \leqslant 1500$；$H \leqslant 60m$ 较硬岩	10m	36646.40	10791.05	105.27	17990.56	4527.35	3232.17
1-3-110	回旋钻机钻孔 $\phi \leqslant 2000$；$H \leqslant 40m$ 砂土、黏土	10m	4999.60	1867.95	72.95	2012.52	610.40	435.78
1-3-111	回旋钻机钻孔 $\phi \leqslant 2000$；$H \leqslant 40m$ 砂砾	10m	8325.73	2916.90	77.99	3579.43	1021.87	729.54
1-3-112	回旋钻机钻孔 $\phi \leqslant 2000$；$H \leqslant 40m$ 砾石	10m	12751.11	4138.27	84.28	5838.75	1569.39	1120.42
1-3-113	回旋钻机钻孔 $\phi \leqslant 2000$；$H \leqslant 40m$ 卵石	10m	15245.89	4827.95	91.18	7108.65	1877.63	1340.48
1-3-114	回旋钻机钻孔 $\phi \leqslant 2000$；$H \leqslant 40m$ 软岩	10m	22891.40	6882.56	127.57	11047.36	2820.38	2013.53
1-3-115	回旋钻机钻孔 $\phi \leqslant 2000$；$H \leqslant 40m$ 较硬岩	10m	31771.48	9325.30	148.34	15582.66	3918.02	2797.16
1-3-116	回旋钻机钻孔 $\phi \leqslant 2000$；$H \leqslant 60m$ 砂土、黏土	10m	5344.35	1903.84	58.91	2259.24	654.85	467.51
1-3-117	回旋钻机钻孔 $\phi \leqslant 2000$；$H \leqslant 60m$ 砂砾	10m	9296.44	3132.42	64.52	4139.10	1143.81	816.59
1-3-118	回旋钻机钻孔 $\phi \leqslant 2000$；$H \leqslant 60m$ 砾石	10m	14595.40	4598.18	69.66	6843.01	1799.70	1284.85
1-3-119	回旋钻机钻孔 $\phi \leqslant 2000$；$H \leqslant 60m$ 卵石	10m	33728.81	5417.17	79.73	21086.52	4169.03	2976.36

续前

编号	项目名称	单位	基价	人工费	材料费	施工机具使用费	管理费	利润
1-3-120	回旋钻机钻孔 $\phi \leqslant 2000$；$H \leqslant$ 60m 软岩	10m	26807.70	7903.02	115.25	13121.28	3307.12	2361.03
1-3-121	回旋钻机钻孔 $\phi \leqslant 2000$；$H \leqslant$ 60m 较硬岩	10m	37631.26	10891.69	136.02	18641.42	4645.56	3316.57
1-3-122	冲击式钻机钻孔 $\phi \leqslant 1000$;$H \leqslant$ 20m 砂土	10m	4537.34	2190.96	76.94	1322.27	552.63	394.54
1-3-123	冲击式钻机钻孔 $\phi \leqslant 1000$;$H \leqslant$ 20m 黏土	10m	5854.43	2550.60	82.51	1995.65	715.13	510.54
1-3-124	冲击式钻机钻孔 $\phi \leqslant 1000$;$H \leqslant$ 20m 砂砾	10m	12953.09	4759.68	87.46	5373.93	1594.02	1138.00
1-3-125	冲击式钻机钻孔 $\phi \leqslant 1000$;$H \leqslant$ 20m 砾石	10m	19460.44	6699.41	96.23	8552.81	2399.17	1712.82
1-3-126	冲击式钻机钻孔 $\phi \leqslant 1000$;$H \leqslant$ 20m 卵石	10m	23262.74	7831.24	108.88	10405.89	2868.70	2048.03
1-3-127	冲击式钻机钻孔 $\phi \leqslant 1000$;$H \leqslant$ 20m 软岩	10m	36336.91	11710.69	117.05	16817.87	4487.54	3203.76
1-3-128	冲击式钻机钻孔 $\phi \leqslant 1000$;$H \leqslant$ 20m 较硬岩	10m	51246.48	16164.93	129.46	24097.37	6333.26	4521.46
1-3-129	冲击式钻机钻孔 $\phi \leqslant 1000$;$H \leqslant$ 20m 坚硬岩	10m	88488.12	27283.25	138.07	42305.64	10946.33	7814.83
1-3-130	冲击式钻机钻孔 $\phi \leqslant 1000$;$H \leqslant$ 40m 砂土	10m	4980.96	1957.86	60.30	1917.89	609.66	435.25
1-3-131	冲击式钻机钻孔 $\phi \leqslant 1000$;$H \leqslant$ 40m 黏土	10m	6816.55	2442.56	65.87	2874.61	836.39	597.12
1-3-132	冲击式钻机钻孔 $\phi \leqslant 1000$;$H \leqslant$ 40m 砂砾	10m	17110.61	5639.91	70.82	7781.48	2111.18	1507.22
1-3-133	冲击式钻机钻孔 $\phi \leqslant 1000$;$H \leqslant$ 40m 砾石	10m	25634.19	8190.14	79.58	11937.94	3166.15	2260.38
1-3-134	冲击式钻机钻孔 $\phi \leqslant 1000$;$H \leqslant$ 40m 卵石	10m	31161.00	9824.80	92.23	14646.50	3849.34	2748.13
1-3-135	冲击式钻机钻孔 $\phi \leqslant 1000$;$H \leqslant$ 40m 软岩	10m	64436.31	16631.87	100.41	34042.28	7971.04	5690.71
1-3-136	冲击式钻机钻孔 $\phi \leqslant 1000$;$H \leqslant$ 40m 较硬岩	10m	77355.94	23601.01	112.82	37239.51	9570.21	6832.39
1-3-137	冲击式钻机钻孔 $\phi \leqslant 1000$;$H \leqslant$ 40m 坚硬岩	10m	127103.17	38472.97	121.43	61544.16	15732.69	11231.92
1-3-138	冲击式钻机钻孔 $\phi \leqslant 1000$;$H \leqslant$ 60m 砂土	10m	4447.37	1748.25	53.55	1712.54	544.38	388.65
1-3-139	冲击式钻机钻孔 $\phi \leqslant 1000$;$H \leqslant$ 60m 黏土	10m	6532.08	2340.07	63.79	2754.68	801.40	572.14
1-3-140	冲击式钻机钻孔 $\phi \leqslant 1000$;$H \leqslant$ 60m 砂砾	10m	23724.48	6683.31	82.94	11937.94	2929.12	2091.17
1-3-141	冲击式钻机钻孔 $\phi \leqslant 1000$;$H \leqslant$ 60m 砾石	10m	40486.45	10017.01	97.76	21795.13	5004.05	3572.50
1-3-142	冲击式钻机钻孔 $\phi \leqslant 1000$;$H \leqslant$ 60m 卵石	10m	48573.32	12330.07	115.66	25837.59	6003.77	4286.23

续前

编号	项目名称	单位	基价	人工费	材料费	施工机具使用费	管理费	利润
1-3-143	冲击式钻机钻孔 $\phi \leqslant 1000$；$H \leqslant$ 60m 软岩	10m	73189.78	23617.47	141.87	33918.69	9050.44	6461.31
1-3-144	冲击式钻机钻孔 $\phi \leqslant 1000$；$H \leqslant$ 60m 较硬岩	10m	88649.44	27046.82	128.96	42676.30	10967.45	7829.91
1-3-145	冲击式钻机钻孔 $\phi \leqslant 1000$；$H \leqslant$ 60m 坚硬岩	10m	145033.05	43897.36	138.30	70228.94	17952.07	12816.38
1-3-146	冲击式钻机钻孔 $\phi \leqslant 1500$；$H \leqslant$ 20m 砂土	10m	5028.03	1957.86	80.41	1939.13	613.00	437.63
1-3-147	冲击式钻机钻孔 $\phi \leqslant 1500$；$H \leqslant$ 20m 黏土	10m	6878.11	2442.56	87.03	2906.43	841.40	600.69
1-3-148	冲击式钻机钻孔 $\phi \leqslant 1500$；$H \leqslant$ 20m 砂砾	10m	17243.15	5639.91	93.89	7867.70	2124.75	1516.90
1-3-149	冲击式钻机钻孔 $\phi \leqslant 1500$；$H \leqslant$ 20m 砾石	10m	24932.96	8190.14	104.74	11365.80	3076.15	2196.13
1-3-150	冲击式钻机钻孔 $\phi \leqslant 1500$；$H \leqslant$ 20m 卵石	10m	30848.95	9490.50	345.72	14535.36	3779.27	2698.10
1-3-151	冲击式钻机钻孔 $\phi \leqslant 1500$；$H \leqslant$ 20m 软岩	10m	53961.48	16631.87	128.51	25769.65	6669.76	4761.69
1-3-152	冲击式钻机钻孔 $\phi \leqslant 1500$；$H \leqslant$ 20m 较硬岩	10m	77911.31	23601.01	144.25	37652.19	9635.13	6878.73
1-3-153	冲击式钻机钻孔 $\phi \leqslant 1500$；$H \leqslant$ 20m 坚硬岩	10m	128002.69	38472.97	154.86	62226.33	15840.00	11308.53
1-3-154	冲击式钻机钻孔 $\phi \leqslant 1500$；$H \leqslant$ 40m 砂土	10m	6327.10	2568.36	86.95	2346.69	773.14	551.96
1-3-155	冲击式钻机钻孔 $\phi \leqslant 1500$；$H \leqslant$ 40m 黏土	10m	8314.81	3017.35	93.58	3458.10	1018.59	727.19
1-3-156	冲击式钻机钻孔 $\phi \leqslant 1500$；$H \leqslant$ 40m 砂砾	10m	21413.52	7184.66	101.58	9601.68	2640.49	1885.11
1-3-157	冲击式钻机钻孔 $\phi \leqslant 1500$；$H \leqslant$ 40m 砾石	10m	32094.29	10345.57	112.43	14844.93	3962.47	2828.89
1-3-158	冲击式钻机钻孔 $\phi \leqslant 1500$；$H \leqslant$ 40m 卵石	10m	38583.86	12267.54	127.38	18022.70	4764.65	3401.59
1-3-159	冲击式钻机钻孔 $\phi \leqslant 1500$；$H \leqslant$ 40m 软岩	10m	67206.62	20691.51	138.50	32134.67	8309.56	5932.38
1-3-160	冲击式钻机钻孔 $\phi \leqslant 1500$；$H \leqslant$ 40m 较硬岩	10m	96032.43	29240.73	154.24	46277.69	11879.05	8480.72
1-3-161	冲击式钻机钻孔 $\phi \leqslant 1500$；$H \leqslant$ 40m 坚硬岩	10m	156109.92	47076.40	166.00	75752.77	19321.03	13793.72
1-3-162	冲击式钻机钻孔 $\phi \leqslant 1500$；$H \leqslant$ 60m 砂土	10m	8300.41	3369.96	113.21	3078.69	1014.37	724.18
1-3-163	冲击式钻机钻孔 $\phi \leqslant 1500$；$H \leqslant$ 60m 黏土	10m	20379.36	3726.46	116.57	12233.52	2510.50	1792.31
1-3-164	冲击式钻机钻孔 $\phi \leqslant 1500$；$H \leqslant$ 60m 砂砾	10m	34875.17	9153.25	129.40	18214.24	4304.91	3073.37
1-3-165	冲击式钻机钻孔 $\phi \leqslant 1500$；$H \leqslant$ 60m 砾石	10m	40535.04	13066.55	142.21	18748.85	5004.56	3572.87

续前

编号	项目名称	单位	基价	人工费	材料费	施工机具使用费	管理费	利润
1-3-166	冲击式钻机钻孔 $\phi \leqslant 1500$；$H \leqslant 60$m 卵石	10m	48191.59	15322.07	159.63	22510.29	5951.03	4248.57
1-3-167	冲击式钻机钻孔 $\phi \leqslant 1500$；$H \leqslant 60$m 软岩	10m	83604.36	25739.61	172.94	39975.12	10336.93	7379.76
1-3-168	冲击式钻机钻孔 $\phi \leqslant 1500$；$H \leqslant 60$m 较硬岩	10m	170892.92	36229.11	191.61	98223.72	21149.43	15099.05
1-3-169	冲击式钻机钻孔 $\phi \leqslant 1500$；$H \leqslant 60$m 坚硬岩	10m	191076.80	57621.40	202.24	92720.88	23648.84	16883.44
1-3-170	卷扬机带冲抓锥冲孔 $H \leqslant 20$m 砂土	10m	5320.14	3219.00	312.85	724.99	620.39	442.91
1-3-171	卷扬机带冲抓锥冲孔 $H \leqslant 20$m 黏土	10m	6560.26	3755.50	333.47	1149.03	771.48	550.78
1-3-172	卷扬机带冲抓锥冲孔 $H \leqslant 20$m 砂砾	10m	14298.79	7455.50	442.32	3458.54	1716.78	1225.65
1-3-173	卷扬机带冲抓锥冲孔 $H \leqslant 20$m 砾石	10m	22675.02	11007.50	453.82	6495.02	2753.15	1965.53
1-3-174	卷扬机带冲抓锥冲孔 $H \leqslant 20$m 卵石	10m	29927.44	14430.00	545.50	8712.68	3640.34	2598.92
1-3-175	卷扬机带冲抓锥冲孔 $H \leqslant 30$m 砂土	10m	6249.78	3367.00	312.85	1309.22	735.57	525.14
1-3-176	卷扬机带冲抓锥冲孔 $H \leqslant 30$m 黏土	10m	7272.28	3903.50	316.30	1575.37	861.83	615.28
1-3-177	卷扬机带冲抓锥冲孔 $H \leqslant 30$m 砂砾	10m	17677.22	8991.00	442.32	4584.06	2135.36	1524.48
1-3-178	卷扬机带冲抓锥冲孔 $H \leqslant 30$m 砾石	10m	29388.64	13875.00	453.82	8915.50	3584.95	2559.37
1-3-179	卷扬机带冲抓锥冲孔 $H \leqslant 30$m 卵石	10m	37874.07	17963.50	575.49	11414.72	4621.19	3299.17
1-3-180	卷扬机带冲抓锥冲孔 $H \leqslant 40$m 砂土	10m	7123.47	3700.00	312.85	1664.38	843.82	602.42
1-3-181	卷扬机带冲抓锥冲孔 $H \leqslant 40$m 黏土	10m	9504.19	4736.00	316.30	2500.84	1138.35	812.70
1-3-182	卷扬机带冲抓锥冲孔 $H \leqslant 40$m 砂砾	10m	23633.33	11100.00	442.32	7166.39	2873.30	2051.32
1-3-183	卷扬机带冲抓锥冲孔 $H \leqslant 40$m 砾石	10m	38215.82	17667.50	453.82	12075.73	4678.61	3340.16
1-3-184	卷扬机带冲抓锥冲孔 $H \leqslant 40$m 卵石	10m	52855.58	23069.50	569.84	18113.35	6478.06	4624.83
1-3-185	卷扬机带冲抓锥冲孔 $H \leqslant 50$m 砂土	10m	8058.40	3542.75	312.85	2558.03	959.65	685.12
1-3-186	卷扬机带冲抓锥冲孔 $H \leqslant 50$m 黏土	10m	12126.62	5457.69	316.30	3844.70	1463.27	1044.66
1-3-187	卷扬机带冲抓锥冲孔 $H \leqslant 50$m 砂砾	10m	29595.11	11967.84	442.32	10994.35	3611.95	2578.65
1-3-188	卷扬机带冲抓锥冲孔 $H \leqslant 50$m 砾石	10m	49781.60	20303.75	453.82	18549.26	6111.58	4363.19

续前

编号	项目名称	单位	基价	人工费	材料费	施工机具使用费	管理费	利润
1-3-189	卷扬机带冲抓锥冲孔 $H \leqslant 50m$ 卵石	10m	74749.70	30576.06	569.84	27851.68	9190.68	6561.44
1-3-190	挤扩支盘钻孔 桩径≤800mm	$10m^3$	2942.57	384.80	28.46	1910.50	361.05	257.76
1-3-191	挤扩支盘钻孔 桩径＞800mm	$10m^3$	2405.94	315.61	18.61	1564.77	295.78	211.17
1-3-192	沉管桩成孔 振动式 桩长≤12m	$10m^3$	2770.43	1040.26	89.57	1071.32	332.15	237.13
1-3-193	沉管桩成孔 振动式 桩长≤25m	$10m^3$	2167.24	809.01	91.33	826.08	257.20	183.62
1-3-194	沉管桩成孔 振动式 桩长＞25m	$10m^3$	1964.49	725.02	93.53	748.64	231.81	165.49
1-3-195	沉管桩成孔 锤击式	$10m^3$	2441.51	956.27	93.53	893.11	290.91	207.69
1-3-196	沉管桩成孔 夯扩式	$10m^3$	4423.47	1765.27	93.53	1645.20	536.47	383.00
1-3-197	螺旋钻机钻桩孔 桩长≤12m	$10m^3$	4595.27	1924.37	28.78	1672.42	565.78	403.92
1-3-198	螺旋钻机钻桩孔 桩长＞12m	$10m^3$	4050.45	1695.53	27.12	1473.44	498.48	355.88
1-3-199	钻孔压浆桩 主杆直径≤300mm	100m	72282.15	29945.21	12848.80	16867.45	7363.63	5257.06
1-3-200	钻孔压浆桩 主杆直径≤400mm	100m	84341.64	33202.69	17695.52	19291.11	8257.27	5895.05
1-3-201	钻孔压浆桩 主杆直径≤600mm	100m	95726.04	35640.25	22908.11	21714.77	9021.94	6440.97
1-3-202	泥浆制作	$10m^3$	804.39	284.72	91.21	277.02	88.36	63.08
1-3-203	灌注桩混凝土 回旋（旋挖）钻孔	$10m^3$	6311.30	844.90	4905.37	262.48	174.19	124.36
1-3-204	灌注桩混凝土 冲击钻孔	$10m^3$	6574.05	880.42	5108.71	273.76	181.55	129.61
1-3-205	灌注桩混凝土 冲抓钻孔	$10m^3$	6835.16	914.64	5312.05	285.04	188.71	134.72
1-3-206	灌注桩混凝土 沉管成孔	$10m^3$	5508.94	399.42	5001.84	0.00	62.83	44.85
1-3-207	灌注桩混凝土 螺旋钻孔	$10m^3$	4998.01	375.37	4521.44	0.00	59.05	42.15
1-3-208	人工挖孔桩 挖孔 砂（黏）土、砂砾	$10m^3$	3281.12	1665.00	2.07	917.74	406.27	290.04
1-3-209	人工挖孔桩 挖孔 砾（卵）石	$10m^3$	4005.76	2035.00	2.07	1118.50	496.05	354.14
1-3-210	人工挖孔桩 挖孔 软石	$10m^3$	8252.84	3718.50	244.05	2589.62	992.27	708.40
1-3-211	人工挖孔桩 现浇混凝土护壁	$10m^3$	6661.59	1698.30	3987.98	407.57	331.25	236.49
1-3-212	人工挖孔桩 灌注桩混凝土	$10m^3$	4722.47	710.96	3583.56	186.10	141.11	100.74
1-3-213	灌注桩预留孔注浆 水泥浆	m^3	684.13	217.75	367.04	32.00	39.29	28.05
1-3-214	灌注桩预留孔注浆 水泥水玻璃双液浆	m^3	2208.46	263.81	1832.35	32.43	46.60	33.27
1-3-215	灌注桩预留孔注浆 水泥砂浆	m^3	812.47	217.75	514.75	16.75	36.89	26.33
1-3-216	凿除桩顶钢筋混凝土 钻孔灌注桩	$10m^3$	5114.21	2378.92	16.50	1636.29	631.59	450.91
1-3-217	声测管埋设 钢管	100m	2738.10	183.71	2504.86	0.00	28.90	20.63
1-3-218	声测管埋设 钢质波纹管	100m	3057.54	183.71	2824.30	0.00	28.90	20.63
1-3-219	声测管埋设 塑料管	100m	942.00	156.33	743.52	0.00	24.59	17.56

第四章　砌 筑 工 程

一、砖　砌　体

编号	项目名称	单位	基价	人工费	材料费	施工机具使用费	管理费	利润
1-4-1	砖基础	$10m^3$	6557.34	1819.29	4145.53	80.37	298.82	213.33
1-4-2	清水砖墙	$10m^3$	7592.76	2627.00	4159.74	77.02	425.34	303.66
1-4-3	混水砖墙	$10m^3$	7621.54	2661.23	4151.01	72.33	429.99	306.98
1-4-4	多孔砖墙	$10m^3$	7461.10	1777.48	5126.18	61.62	289.29	206.53
1-4-5	空心砖墙	$10m^3$	3273.23	1558.63	1239.98	42.86	251.91	179.85
1-4-6	零星砌体　普通砖	$10m^3$	8721.84	3516.48	4166.34	71.66	564.41	402.95
1-4-7	零星砌体　多孔砖	$10m^3$	10057.07	3862.25	5084.26	54.58	616.12	439.86
1-4-8	砖地坪　平铺	$100m^2$	3947.33	1131.65	2480.82	23.44	181.70	129.72
1-4-9	砖地沟	$10m^3$	6750.48	1729.94	4447.44	84.05	285.34	203.71
1-4-10	砖墙勾缝	$100m^2$	413.85	216.45	102.06	29.13	38.63	27.58

二、砌 块 砌 体

编号	项目名称	单位	基价	人工费	材料费	施工机具使用费	管理费	利润
1-4-11	浆砌混凝土预制块　挡墙、侧墙	$10m^3$	4509.70	1803.20	1523.25	549.08	370.01	264.16
1-4-12	轻集料混凝土小型空心砌块墙　墙厚 240mm	$10m^3$	5343.81	1642.06	3213.12	36.17	263.99	188.47
1-4-13	轻集料混凝土小型空心砌块墙　墙厚 190mm	$10m^3$	5327.36	1759.91	3046.20	36.84	282.63	201.78
1-4-14	轻集料混凝土小型空心砌块墙　墙厚 120mm	$10m^3$	5519.96	1782.11	3214.02	34.16	285.70	203.97
1-4-15	烧结空心砌块墙　墙厚 240mm（卧砌）	$10m^3$	5776.79	1657.05	3635.17	29.80	265.34	189.43
1-4-16	烧结空心砌块墙　墙厚 190mm（卧砌）	$10m^3$	5923.36	1772.49	3635.17	29.80	283.50	202.40

续前

编号	项目名称	单位	基价	人工费	材料费	施工机具使用费	管理费	利润
1-4-17	烧结空心砌块墙 墙厚 115mm（卧砌）	$10m^3$	5980.19	1817.26	3635.17	29.80	290.54	207.42
1-4-18	蒸压加气混凝土砌块墙 墙厚≤150mm 砂浆	$10m^3$	5282.86	1823.55	2937.48	23.78	290.59	207.46
1-4-19	蒸压加气混凝土砌块墙 墙厚≤150mm 粘结剂	$10m^3$	6529.15	1866.28	4148.69	8.69	294.93	210.56
1-4-20	蒸压加气混凝土砌块墙 墙厚≤200mm 砂浆	$10m^3$	5276.75	1823.55	2931.37	23.78	290.59	207.46
1-4-21	蒸压加气混凝土砌块墙 墙厚≤200mm 粘结剂	$10m^3$	6521.23	1866.28	4140.77	8.69	294.93	210.56
1-4-22	蒸压加气混凝土砌块墙 墙厚≤300mm 砂浆	$10m^3$	4936.86	1557.52	2929.24	23.78	248.74	177.58
1-4-23	蒸压加气混凝土砌块墙 墙厚≤300mm 粘结剂	$10m^3$	6180.48	1600.07	4138.00	8.69	253.06	180.66
1-4-24	加气混凝土砌块L形专用连接件	10个	147.40	59.94	71.30	0.00	9.43	6.73

三、石 砌 体

编号	项目名称	单位	基价	人工费	材料费	施工机具使用费	管理费	利润
1-4-25	石基础 毛料石	$10m^3$	6076.89	1607.65	3866.19	133.61	273.90	195.54
1-4-26	石基础 粗料石	$10m^3$	4400.86	1582.49	2331.78	47.22	256.35	183.02
1-4-27	石台阶	$10m^3$	16377.90	6774.33	7705.78	56.26	1074.45	767.08
1-4-28	石坡道	$100m^3$	31088.65	5550.37	23744.29	234.41	909.95	649.63
1-4-29	墙身 毛料石	$10m^3$	7624.97	2826.99	3866.19	133.61	465.70	332.48
1-4-30	墙身 粗料石	$10m^3$	9910.26	6003.25	2237.08	40.52	950.69	678.72
1-4-31	墙身 细料石	$10m^3$	8282.03	3680.02	3579.68	23.78	582.61	415.94
1-4-32	挡土墙 毛料石	$10m^3$	6362.97	1832.98	3866.19	133.61	309.34	220.85
1-4-33	挡土墙 粗料石	$10m^3$	5164.82	2265.51	2237.08	40.52	362.74	258.97
1-4-34	挡土墙 细料石	$10m^3$	6531.03	2300.85	3579.68	23.78	365.66	261.06
1-4-35	护坡 浆砌毛料石	$10m^3$	6852.62	1988.75	4141.49	146.67	335.90	239.81
1-4-36	护坡 干砌毛料石	$10m^3$	4704.48	1488.33	2814.90	0.00	234.11	167.14
1-4-37	毛石墙勾缝 凸缝	$100m^2$	3352.76	2258.48	448.41	29.13	359.84	256.90
1-4-38	料石墙勾缝 平缝	$100m^2$	1174.12	796.61	152.12	8.37	126.62	90.40
1-4-39	料石墙勾缝 凹缝	$100m^2$	1973.17	1425.98	152.12	8.37	225.62	161.08
1-4-40	料石墙勾缝 凸缝	$100m^2$	2245.03	1525.33	285.93	17.75	242.73	173.29

四、垫　　层

编号	项目名称	单位	基价	人工费	材料费	施工机具使用费	管理费	利润
1-4-41	灰土	$10m^2$	3030.39	976.62	1775.51	11.78	155.48	111.00
1-4-42	三合土	$10m^2$	4712.33	1598.96	2660.87	16.87	254.17	181.46
1-4-43	砂	$10m^2$	3003.18	577.57	2264.46	4.28	91.53	65.34
1-4-44	炉（矿）渣　干铺	$10m^2$	2279.69	474.71	1677.00	0.00	74.67	53.31
1-4-45	炉（矿）渣　水泥石灰拌和	$10m^2$	3182.56	1639.84	1100.62	0.00	257.95	184.15
1-4-46	炉（矿）渣　石灰拌和	$10m^2$	4430.33	1639.84	2348.39	0.00	257.95	184.15
1-4-47	砂石　人工级配	$10m^3$	4332.86	995.30	3061.07	6.43	157.57	112.49
1-4-48	砂石　天然级配	$10m^3$	3648.46	830.47	2585.94	6.43	131.64	93.98
1-4-49	毛石　干铺	$10m^3$	4060.97	1059.87	2705.49	7.77	167.94	119.90
1-4-50	毛石　灌浆	$10m^3$	5370.76	1410.81	3446.44	104.88	238.42	170.21
1-4-51	碎石　干铺	$10m^3$	3677.63	832.87	2611.38	6.96	132.11	94.31
1-4-52	碎石　灌浆	$10m^3$	4534.23	806.42	3378.69	103.74	143.17	102.21

第五章 混凝土及钢筋混凝土工程

一、现浇混凝土

编号	项目名称	单位	基价	人工费	材料费	施工机具使用费	管理费	利润
1-5-1	碎石垫层	$10m^3$	4597.75	1087.43	3217.15	0.00	171.05	122.12
1-5-2	混凝土垫层 混凝土	$10m^3$	4502.06	725.20	3581.35	0.00	114.07	81.44
1-5-3	混凝土垫层 模板	$10m^2$	448.19	184.08	206.39	6.37	29.96	21.39
1-5-4	底板 混凝土	$10m^3$	4598.67	655.27	3766.74	0.00	103.07	73.59
1-5-5	底板 模板	$10m^2$	603.74	396.27	100.64	0.00	62.33	44.50
1-5-6	侧墙 混凝土	$10m^3$	4739.65	758.13	3777.13	0.00	119.25	85.14
1-5-7	侧墙 模板	$10m^2$	794.24	424.76	126.09	101.51	82.78	59.10
1-5-8	顶板 混凝土	$10m^3$	4654.33	689.87	3778.47	0.00	108.52	77.47
1-5-9	顶板 模板	$10m^2$	791.03	466.20	115.83	65.62	83.66	59.72
1-5-10	矩形柱 混凝土	$10m^3$	5557.97	1518.85	3629.63	0.00	238.92	170.57
1-5-11	矩形柱 模板	$10m^2$	955.51	498.95	290.15	25.12	82.44	58.85
1-5-12	矩形梁 混凝土	$10m^3$	5344.06	1321.27	3666.57	0.00	207.84	148.38
1-5-13	矩形梁 模板	$10m^2$	1174.99	621.42	347.63	30.25	102.51	73.18
1-5-14	楼梯 混凝土	$10m^3$	4418.04	486.18	3800.78	0.00	76.48	54.60
1-5-15	楼梯 模板	$10m^2$	2674.97	1853.70	140.50	142.58	314.01	224.18
1-5-16	小型构件 混凝土	$10m^3$	8204.90	3380.88	3912.54	0.00	531.81	379.67
1-5-17	小型构件 模板	$10m^2$	1110.65	602.55	342.68	2.34	95.15	67.93
1-5-18	垂直泵管 安拆	m	54.88	38.67	5.05	0.58	6.17	4.41
1-5-19	垂直泵管 使用	m·d	0.20	0.00	0.20	0.00	0.00	0.00
1-5-20	水平泵管 安拆	m	17.76	11.10	2.93	0.58	1.84	1.31
1-5-21	水平泵管 使用	m·d	0.20	0.00	0.20	0.00	0.00	0.00
1-5-22	混凝土输送 泵车	m^3	33.85	0.00	0.53	26.24	4.13	2.95
1-5-23	混凝土输送 固定泵	m^3	35.67	0.00	0.53	27.68	4.35	3.11
1-5-24	混凝土输送 起重机配料斗	m^3	58.82	12.21	0.00	34.12	7.29	5.20

二、预制混凝土

编号	项目名称	单位	基价	人工费	材料费	施工机具使用费	管理费	利润
1-5-25	预制管廊制作 混凝土	$10m^3$	4829.04	758.13	3866.52	0.00	119.25	85.14
1-5-26	预制管廊制作 模板	$10m^2$	901.71	602.36	75.69	48.26	102.34	73.06
1-5-27	预制管廊安装 $10m^2$ 以内	10m	7932.32	832.50	0.00	5415.39	982.79	701.64
1-5-28	预制管廊安装 $30m^2$ 以内	10m	16554.95	1726.61	0.00	11312.89	2051.11	1464.34
1-5-29	承插式管廊接口 弹性胶圈	10m	329.06	203.50	70.70	0.00	32.01	22.85
1-5-30	承插式管廊接口 遇水膨胀胶圈	10m	658.16	203.50	399.80	0.00	32.01	22.85
1-5-31	承插式管廊接口 密封胶嵌缝	10m	424.50	140.60	245.99	0.00	22.12	15.79
1-5-32	承插式管廊接口 外贴式橡胶止水带	10m	345.66	185.00	110.78	0.00	29.10	20.78
1-5-33	预制构件场内运输	$10m^3$	622.02	26.46	37.65	433.82	72.40	51.69

三、钢 筋 工 程

编号	项目名称	单位	基价	人工费	材料费	施工机具使用费	管理费	利润
1-5-34	圆钢直径（mm） ≤10	t	6114.87	1991.71	3532.83	42.03	319.91	228.39
1-5-35	圆钢直径（mm） ≤18	t	5293.45	1328.86	3538.05	53.78	217.49	155.27
1-5-36	圆钢直径（mm） >18	t	4842.20	989.57	3521.69	50.53	163.61	116.80
1-5-37	带肋钢筋直径（mm） ≤14	t	5298.64	1422.65	3424.17	53.78	232.24	165.80
1-5-38	带肋钢筋直径（mm） ≤25	t	4690.83	968.29	3398.69	49.47	160.09	114.29
1-5-39	带肋钢筋直径（mm） >25	t	4378.51	794.21	3358.52	9.19	126.37	90.22
1-5-40	冷轧扭钢筋直径（mm） ≤10	t	5997.47	1740.85	3736.83	39.74	280.09	199.96
1-5-41	冷轧扭钢筋直径（mm） >10	t	5595.75	1458.36	3722.89	16.80	232.04	165.66
1-5-42	箍筋直径（mm） ≤8	t	9032.60	4191.73	3505.95	161.33	684.74	488.85
1-5-43	箍筋直径（mm） >8	t	6797.69	2469.01	3481.34	143.11	410.89	293.34
1-5-44	混凝土灌注桩钢筋笼 圆钢	t	5259.13	1055.61	3557.82	284.42	210.79	150.49
1-5-45	混凝土灌注桩钢筋笼 带肋钢筋	t	5335.23	1023.24	3604.06	340.31	214.49	153.13
1-5-46	钢筋网片	t	7221.24	2029.27	4392.67	198.65	350.45	250.20

续前

编号	项目名称	单位	基价	人工费	材料费	施工机具使用费	管理费	利润
1-5-47	砌体内加固钢筋	t	8819.17	4177.30	3437.40	61.65	666.79	476.03
1-5-48	电渣压力焊直径（mm）14～18	10个接头	65.70	33.49	7.70	12.19	7.19	5.13
1-5-49	电渣压力焊直径（mm）20～32	10个接头	79.57	39.78	10.90	14.31	8.51	6.07
1-5-50	钢筋挤压套筒连接直径（mm）22	100个	1555.90	592.74	353.50	354.33	148.97	106.36
1-5-51	钢筋挤压套筒连接直径（mm）25	100个	1656.90	592.74	454.50	354.33	148.97	106.36
1-5-52	钢筋挤压套筒连接直径（mm）28	100个	1810.75	634.37	555.50	354.33	155.52	111.03
1-5-53	钢筋挤压套筒连接直径（mm）32	100个	1911.75	634.37	656.50	354.33	155.52	111.03
1-5-54	直螺纹套筒接头直径（mm）22	100个	1784.29	786.81	679.50	83.38	136.88	97.72
1-5-55	直螺纹套筒接头直径（mm）25	100个	1947.67	786.81	829.99	93.53	138.48	98.86
1-5-56	直螺纹套筒接头直径（mm）28	100个	2170.15	839.72	972.40	103.69	148.40	105.94
1-5-57	直螺纹套筒接头直径（mm）32	100个	2355.74	839.72	1145.11	113.84	149.99	107.08
1-5-58	铁件制作、安装 预埋铁件	t	9028.11	3280.61	4257.07	477.30	591.12	422.01
1-5-59	铁件制作、安装 止水螺杆	t	8609.67	3712.03	3652.17	192.74	614.22	438.51
1-5-60	钢筋植筋增加费直径（mm）≤10	100个	566.33	417.18	36.68	0.00	65.62	46.85
1-5-61	钢筋植筋增加费直径（mm）≤14	100个	1107.56	802.16	89.14	0.00	126.18	90.08
1-5-62	钢筋植筋增加费直径（mm）≤18	100个	2285.47	1647.24	194.13	0.00	259.11	184.99
1-5-63	钢筋植筋增加费直径（mm）≤25	100个	5833.92	4070.93	665.46	0.00	640.36	457.17
1-5-64	钢筋植筋增加费直径（mm）≤32	100个	12631.65	9176.00	981.81	0.00	1443.38	1030.46
1-5-65	后张法预应力钢筋直径（mm）$\phi\leqslant20$	t	11812.86	2202.98	7501.62	1192.77	534.15	381.34
1-5-66	后张法预应力钢筋直径（mm）$\phi\leqslant25$	t	9820.35	1762.87	6439.68	899.91	418.86	299.03
1-5-67	后张法预应力钢筋直径（mm）$\phi\leqslant32$	t	8407.68	1421.36	5769.36	656.71	326.88	233.37
1-5-68	后张法预应力钢筋直径（mm）$\phi\leqslant40$	t	7442.91	1170.31	5368.91	463.28	256.96	183.45
1-5-69	钢绞线 孔道成型 波纹管	100m	2983.82	1362.16	1254.42	0.00	214.27	152.97
1-5-70	钢绞线 孔道成型 胶管	100m	962.72	728.53	37.78	0.00	114.60	81.81
1-5-71	钢绞线 制作、安装 有粘结	t	9446.85	3355.72	5186.43	0.00	527.85	376.85
1-5-72	钢绞线 制作、安装 无粘结	t	10368.50	2960.93	6609.31	0.00	465.75	332.51
1-5-73	有粘结钢绞线 孔道注浆	100m	692.42	315.98	145.11	115.11	67.81	48.41
1-5-74	后张法预应力有粘结和无粘结钢绞线张拉 单端张拉	100根	26403.06	3553.11	21040.20	670.95	664.44	474.36
1-5-75	后张法预应力有粘结和无粘结钢绞线张拉 双端张拉	100根	27743.90	4441.48	21040.20	838.69	830.57	592.96
1-5-76	无粘结预应力钢绞线 端头封闭	100个	2258.95	1579.16	254.05	0.00	248.40	177.34

续前

编号	项目名称	单位	基价	人工费	材料费	施工机具使用费	管理费	利润
1-5-77	加工钢筋运输 水平运输 场外运距 1km	10t	833.39	352.24	0.00	304.18	103.25	73.72
1-5-78	加工钢筋运输 水平运输 场外运距 每增 1km	10t	49.65	0.00	0.00	39.11	6.15	4.39
1-5-79	加工钢筋运输 水平运输 场内运距 500m 内每增 50m	10t	50.27	39.59	0.00	0.00	6.23	4.45
1-5-80	加工钢筋运输 垂直运输	10t	1462.76	394.98	0.00	757.16	181.23	129.39
1-5-81	现浇灌注桩钢筋笼安放	10t	2995.78	892.63	0.00	1466.99	371.17	264.99

四、补 充 项 目

1. 现浇混凝土快拆体系模板

编号	项目名称	单位	基价	人工费	材料费	施工机具使用费	管理费	利润
1-5-82	快拆底板 现浇混凝土 模板	$10m^2$	1173.76	256.04	305.27	428.03	107.60	76.82
1-5-83	快拆侧墙 现浇混凝土 模板	$10m^2$	1473.75	274.36	540.23	460.93	115.66	82.57
1-5-84	快拆顶板 现浇混凝土 模板	$10m^2$	1956.53	388.50	792.10	528.66	144.27	103.00

第六章　门 窗 工 程

一、铝 合 金 门

编号	项目名称	单位	基价	人工费	材料费	施工机具使用费	管理费	利润
1-6-1	隔热断桥铝合金门安装 推拉	$100m^2$	60277.57	5463.98	53340.51	0.00	859.48	613.60
1-6-2	隔热断桥铝合金门安装 平开	$100m^2$	78012.58	6127.20	70233.49	0.00	963.81	688.08

二、塑钢、彩钢板门

编号	项目名称	单位	基价	人工费	材料费	施工机具使用费	管理费	利润
1-6-3	塑钢成品门安装 推拉	$100m^2$	61847.31	3800.46	57022.25	0.00	597.81	426.79
1-6-4	塑钢成品门安装 平开	$100m^2$	55492.36	4596.14	49657.10	0.00	722.97	516.15
1-6-5	彩板钢门安装 附框	100m	9884.82	656.38	9040.10	8.96	104.66	74.72
1-6-6	彩板钢门安装 门	$100m^2$	43652.18	4793.91	37565.83	0.00	754.08	538.36

三、钢质防火、防盗门

编号	项目名称	单位	基价	人工费	材料费	施工机具使用费	管理费	利润
1-6-7	钢质防火门安装	$100m^2$	48548.54	5827.50	41149.94	0.00	916.67	654.43
1-6-8	钢质防盗门安装	$100m^2$	57060.90	5827.50	49631.51	24.26	920.48	657.15

四、特 种 门

编号	项目名称	单位	基价	人工费	材料费	施工机具使用费	管理费	利润
1-6-9	保温门安装	$100m^2$	57542.53	13181.25	40727.25	63.30	2083.37	1487.36
1-6-10	变电室门安装	$100m^2$	80380.27	15776.80	60078.89	213.57	2515.29	1795.72
1-6-11	射线防护门安装	$100m^2$	226217.54	6007.88	218491.54	77.50	957.23	683.39
1-6-12	人防门安装 钢筋混凝土防护密闭门	$100m^2$	580604.39	6608.76	572115.51	77.50	1051.75	750.87
1-6-13	人防门安装 钢结构防护密闭门	$100m^2$	580985.59	6909.01	572115.51	77.50	1098.98	784.59

五、其 他 门

编号	项目名称	单位	基价	人工费	材料费	施工机具使用费	管理费	利润
1-6-14	全玻璃门扇安装 有框门扇	$100m^2$	58582.39	7688.60	48820.94	0.00	1209.42	863.43
1-6-15	全玻璃门扇安装 无框（条夹）门扇	$100m^2$	47807.39	7688.60	38045.94	0.00	1209.42	863.43
1-6-16	全玻璃门扇安装 无框（点夹）门扇	$100m^2$	47096.77	8093.75	36820.94	0.00	1273.15	908.93
1-6-17	固定玻璃安装	$100m^2$	15857.76	3413.25	11524.30	0.00	536.90	383.31
1-6-18	钢架制作、安装	t	8017.79	2874.90	4280.68	68.63	463.02	330.56
1-6-19	电子感应自动门传感装置	套	1259.79	346.88	817.89	1.18	54.75	39.09
1-6-20	卷帘（闸） 镀锌钢板	$100m^2$	29000.54	8311.13	18432.97	12.42	1309.29	934.73
1-6-21	卷帘（闸） 铝合金	$100m^2$	46895.10	9157.50	35238.70	23.66	1444.20	1031.04
1-6-22	卷帘（闸） 彩钢板	$100m^2$	38882.10	9157.50	27225.70	23.66	1444.20	1031.04
1-6-23	卷帘（闸） 不锈钢	$100m^2$	46062.47	9240.75	34312.39	14.20	1455.80	1039.33
1-6-24	卷帘（闸）电动装置	套	2567.14	416.25	2028.90	7.69	66.69	47.61

六、铝合金窗

编号	项目名称	单位	基价	人工费	材料费	施工机具使用费	管理费	利润
1-6-25	隔热断桥铝合金 普通窗安装 推拉	$100m^2$	59586.04	3336.66	55349.81	0.00	524.86	374.71
1-6-26	隔热断桥铝合金 普通窗安装 平开	$100m^2$	63009.63	4159.17	57729.15	0.00	654.24	467.07
1-6-27	隔热断桥铝合金 普通窗安装 内平开下悬	$100m^2$	76237.16	5183.52	69656.16	0.00	815.37	582.11
1-6-28	隔热断桥铝合金 封闭窗安装	$100m^2$	57891.62	5231.25	51250.02	0.00	822.88	587.47
1-6-29	铝合金 固定窗安装	$100m^2$	57315.14	3108.19	53368.98	0.00	488.92	349.05
1-6-30	铝合金 百叶窗安装	$100m^2$	44148.18	3108.19	40202.02	0.00	488.92	349.05

七、塑钢窗

编号	项目名称	单位	基价	人工费	材料费	施工机具使用费	管理费	利润
1-6-31	塑钢成品窗安装 推拉	$100m^2$	48399.10	2751.32	44906.03	0.00	432.78	308.97
1-6-32	塑钢成品窗安装 平开	$100m^2$	55712.40	3413.25	51378.94	0.00	536.90	383.31
1-6-33	塑钢成品窗安装 内平开下悬	$100m^2$	49443.33	4231.14	44071.47	0.00	665.56	475.16

八、彩钢板窗、防盗窗

编号	项目名称	单位	基价	人工费	材料费	施工机具使用费	管理费	利润
1-6-34	圆钢防盗格栅窗安装	$100m^2$	11442.16	3468.75	7007.43	24.26	549.45	392.27
1-6-35	不锈钢防盗格栅窗安装	$100m^2$	24313.65	3205.13	20244.41	0.00	504.17	359.94
1-6-36	彩板钢窗安装	$100m^2$	32114.78	4845.15	25963.38	0.00	762.14	544.11

九、配 件

编号	项目名称	单位	基价	人工费	材料费	施工机具使用费	管理费	利润
1-6-37	执手锁	10个	691.88	333.74	268.16	0.00	52.50	37.48
1-6-38	弹子锁	10个	595.81	131.35	429.05	0.00	20.66	14.75
1-6-39	管子拉手	10个	206.32	92.50	88.88	0.00	14.55	10.39
1-6-40	推手板	10个	188.95	92.50	71.51	0.00	14.55	10.39
1-6-41	自由门 弹簧合页	10个	427.33	210.90	159.58	0.00	33.17	23.68
1-6-42	自由门 地弹簧	10个	2432.44	1106.30	1027.88	0.00	174.02	124.24
1-6-43	铁搭扣	10个	45.34	27.75	10.10	0.00	4.37	3.12
1-6-44	底板拉手	10个	279.45	114.70	133.83	0.00	18.04	12.88
1-6-45	门吸	10个	368.91	185.00	134.03	0.00	29.10	20.78
1-6-46	吊装滑动门轨	m	40.49	7.96	30.39	0.00	1.25	0.89
1-6-47	地锁	10个	539.29	249.75	222.20	0.00	39.29	28.05
1-6-48	门扎头	10个	90.03	46.25	31.31	0.00	7.28	5.19
1-6-49	防盗门扣	10个	231.51	76.78	134.03	0.00	12.08	8.62
1-6-50	门眼猫眼	10个	348.67	76.78	251.19	0.00	12.08	8.62
1-6-51	高档门拉手	10个	2215.33	231.25	1921.73	0.00	36.38	25.97
1-6-52	电子锁 （磁下锁）	10个	3132.75	679.32	2270.28	0.00	106.86	76.29
1-6-53	闭门器 明装	10个	1298.82	269.73	956.37	0.00	42.43	30.29
1-6-54	闭门器 暗装	10个	1818.84	679.32	956.37	0.00	106.86	76.29
1-6-55	顺位器	10个	449.71	269.73	107.26	0.00	42.43	30.29

第七章 防水工程

一、卷材防水

编号	项目名称	单位	基价	人工费	材料费	施工机具使用费	管理费	利润
1-7-1	改性沥青卷材 热熔法一层 平面	$100m^2$	4234.67	452.33	3660.39	0.00	71.15	50.80
1-7-2	改性沥青卷材 热熔法一层 立面	$100m^2$	4657.20	785.14	3660.39	0.00	123.50	88.17
1-7-3	改性沥青卷材 热熔法每增一层 平面	$100m^2$	3908.03	387.95	3415.49	0.00	61.02	43.57
1-7-4	改性沥青卷材 热熔法每增一层 立面	$100m^2$	4271.38	674.14	3415.49	0.00	106.04	75.71
1-7-5	改性沥青卷材 冷粘法一层 平面	$100m^2$	4982.91	412.92	4458.67	0.00	64.95	46.37
1-7-6	改性沥青卷材 冷粘法一层 立面	$100m^2$	5433.88	768.12	4458.67	0.00	120.83	86.26
1-7-7	改性沥青卷材 冷粘法每增一层 平面	$100m^2$	4756.79	354.65	4306.52	0.00	55.79	39.83
1-7-8	改性沥青卷材 冷粘法每增一层 立面	$100m^2$	5086.55	614.39	4306.52	0.00	96.64	69.00
1-7-9	高聚物改性沥青自粘卷材 自粘法一层 平面	$100m^2$	3673.45	375.92	3196.18	0.00	59.13	42.22
1-7-10	高聚物改性沥青自粘卷材 自粘法一层 立面	$100m^2$	4026.94	654.35	3196.18	0.00	102.93	73.48
1-7-11	高聚物改性沥青自粘卷材 自粘法每增一层 平面	$100m^2$	3272.04	322.09	2863.12	0.00	50.66	36.17
1-7-12	高聚物改性沥青自粘卷材 自粘法每增一层 立面	$100m^2$	3575.50	561.11	2863.12	0.00	88.26	63.01
1-7-13	耐根穿刺复合铜胎基改性沥青卷材	$100m^2$	8132.74	512.45	7482.13	0.00	80.61	57.55
1-7-14	聚氯乙烯卷材 冷粘法一层 平面	$100m^2$	4730.20	573.32	4002.32	0.00	90.18	64.38
1-7-15	聚氯乙烯卷材 冷粘法一层 立面	$100m^2$	5207.94	949.61	4002.32	0.00	149.37	106.64
1-7-16	聚氯乙烯卷材 冷粘法每增一层 平面	$100m^2$	4586.00	459.73	4002.32	0.00	72.32	51.63
1-7-17	聚氯乙烯卷材 冷粘法每增一层 立面	$100m^2$	4968.13	760.72	4002.32	0.00	119.66	85.43
1-7-18	聚氯乙烯卷材 热风焊接法一层 平面	$100m^2$	3615.26	633.07	2811.52	0.00	99.58	71.09

续前

编号	项目名称	单位	基价	人工费	材料费	施工机具使用费	管理费	利润
1-7-19	聚氯乙烯卷材 热风焊接法一层 立面	$100m^2$	4147.03	1051.91	2811.52	0.00	165.47	118.13
1-7-20	聚氯乙烯卷材 热风焊接法每增一层 平面	$100m^2$	3454.85	506.72	2811.52	0.00	79.71	56.90
1-7-21	聚氯乙烯卷材 热风焊接法每增一层 立面	$100m^2$	3880.45	841.94	2811.52	0.00	132.44	94.55
1-7-22	高分子自粘胶膜卷材 自粘法一层 平面	$100m^2$	3404.29	520.04	2744.05	0.00	81.80	58.40
1-7-23	高分子自粘胶膜卷材 自粘法一层 立面	$100m^2$	3838.34	861.92	2744.05	0.00	135.58	96.79
1-7-24	高分子自粘胶膜卷材 自粘法每增一层 平面	$100m^2$	2938.05	415.14	2410.99	0.00	65.30	46.62
1-7-25	高分子自粘胶膜卷材 自粘法每增一层 立面	$100m^2$	3285.20	688.57	2410.99	0.00	108.31	77.33

二、涂 料 防 水

编号	项目名称	单位	基价	人工费	材料费	施工机具使用费	管理费	利润
1-7-26	聚合物复合改性沥青防水涂料 2mm 厚 平面	$100m^2$	5012.52	476.56	4407.48	0.00	74.96	53.52
1-7-27	聚合物复合改性沥青防水涂料 2mm 厚 立面	$100m^2$	5728.71	762.94	4760.08	0.00	120.01	85.68
1-7-28	聚合物复合改性沥青防水涂料 每增减 0.5mm 厚 平面	$100m^2$	1152.73	118.96	1001.70	0.00	18.71	13.36
1-7-29	聚合物复合改性沥青防水涂料 每增减 0.5mm 厚 立面	$100m^2$	1324.47	191.11	1081.84	0.00	30.06	21.46
1-7-30	水乳型普通乳化沥青涂料 二布三涂 平面	$100m^2$	2836.15	1053.21	1498.99	0.00	165.67	118.28
1-7-31	水乳型普通乳化沥青涂料 二布三涂 立面	$100m^2$	3669.83	1640.40	1587.18	0.00	258.03	184.22
1-7-32	水乳型普通乳化沥青涂料 每增减一布一涂 平面	$100m^2$	1025.59	306.73	636.16	0.00	48.25	34.45
1-7-33	水乳型普通乳化沥青涂料 每增减一布一涂 立面	$100m^2$	1244.06	451.03	671.43	0.00	70.95	50.65
1-7-34	溶剂型再生胶沥青涂料 二布三涂 平面	$100m^2$	3079.86	1066.71	1725.57	0.00	167.79	119.79
1-7-35	溶剂型再生胶沥青涂料 二布三涂 立面	$100m^2$	3931.68	1654.09	1831.65	0.00	260.19	185.75
1-7-36	溶剂型再生胶沥青涂料 每增减一布一涂平面	$100m^2$	1252.79	310.80	858.20	0.00	48.89	34.90

续前

编号	项目名称	单位	基价	人工费	材料费	施工机具使用费	管理费	利润
1-7-37	溶剂型再生胶沥青涂料 每增减一布一涂立面	$100m^2$	1488.81	454.92	911.24	0.00	71.56	51.09
1-7-38	聚氨酯防水涂膜 2mm厚 平面	$100m^2$	4005.98	562.22	3292.18	0.00	88.44	63.14
1-7-39	聚氨酯防水涂膜 2mm厚 立面	$100m^2$	4698.87	852.85	3616.09	0.00	134.15	95.78
1-7-40	聚氨酯防水涂膜 每增减0.5mm厚 平面	$100m^2$	1055.50	140.97	876.53	0.00	22.17	15.83
1-7-41	聚氨酯防水涂膜 每增减0.5mm厚 立面	$100m^2$	1214.96	213.68	943.67	0.00	33.61	24.00
1-7-42	聚合物水泥防水涂料 1.0mm厚 平面	$100m^2$	1917.93	388.50	1424.69	0.00	61.11	43.63
1-7-43	聚合物水泥防水涂料 1.0mm厚 立面	$100m^2$	2174.98	505.05	1533.77	0.00	79.44	56.72
1-7-44	聚合物水泥防水涂料 每增减0.5mm厚 平面	$100m^2$	807.79	155.40	610.50	0.00	24.44	17.45
1-7-45	聚合物水泥防水涂料 每增减0.5mm厚 立面	$100m^2$	905.96	194.25	659.34	0.00	30.56	21.81
1-7-46	水泥基渗透结晶型防水涂料 1.0mm厚 平面	$100m^2$	1855.24	407.93	1337.33	0.00	64.17	45.81
1-7-47	水泥基渗透结晶型防水涂料 1.0mm厚 立面	$100m^2$	2085.51	505.05	1444.30	0.00	79.44	56.72
1-7-48	水泥基渗透结晶型防水涂料 每增减0.5mm厚 平面	$100m^2$	607.28	155.40	409.99	0.00	24.44	17.45
1-7-49	水泥基渗透结晶型防水涂料 每增减0.5mm厚 立面	$100m^2$	689.41	194.25	442.79	0.00	30.56	21.81

三、板材防水

编号	项目名称	单位	基价	人工费	材料费	施工机具使用费	管理费	利润
1-7-50	塑料防水板	$100m^2$	2793.23	174.83	2571.27	0.00	27.50	19.63

四、刚性防水

编号	项目名称	单位	基价	人工费	材料费	施工机具使用费	管理费	利润
1-7-51	细石混凝土 厚 40mm	100m²	4090.36	1835.57	1759.92	0.00	288.74	206.13
1-7-52	细石混凝土 每增减 10mm	100m²	779.32	288.05	413.61	0.00	45.31	32.35
1-7-53	水泥砂浆二次抹压 厚 20mm	100m²	3320.45	1678.32	1071.90	92.75	278.59	198.89
1-7-54	水泥砂浆二次抹压 每增减 10mm	100m²	928.81	288.05	515.26	37.68	51.24	36.58
1-7-55	防水砂浆 掺防水粉 20mm 厚	100m²	5837.70	1585.08	3696.49	101.44	265.29	189.40
1-7-56	防水砂浆 掺防水粉 每增减 10mm	100m²	2227.94	288.05	1814.39	37.68	51.24	36.58
1-7-57	防水砂浆 掺防水剂 20mm 厚	100m²	3785.13	1586.19	1642.52	101.44	265.46	189.52
1-7-58	防水砂浆 掺防水剂 每增减 10mm	100m²	1200.95	288.05	787.40	37.68	51.24	36.58
1-7-59	聚合物水泥防水砂浆 10mm 厚	100m²	2104.54	951.83	848.26	37.68	155.65	111.12
1-7-60	聚合物水泥防水砂浆 每增减 5mm	100m²	933.50	380.73	424.37	20.29	63.08	45.03
1-7-61	防水砂浆五层做法 平面	100m²	4159.37	2463.65	932.17	78.25	399.84	285.46
1-7-62	防水砂浆五层做法 立面	100m²	5195.17	3279.50	932.17	78.25	528.17	377.08
1-7-63	分隔缝 细石混凝土面 40mm厚	100m	1941.73	990.68	683.97	0.00	155.83	111.25
1-7-64	分隔缝 水泥砂浆面层 20mm厚	100m	1402.46	835.28	341.99	0.00	131.39	93.80
1-7-65	分隔缝 厚度每增减 10mm	100m	407.01	198.14	155.45	0.00	31.17	22.25

五、变形缝与止水带

编号	项目名称	单位	基价	人工费	材料费	施工机具使用费	管理费	利润
1-7-66	油浸麻丝 平面	100m	3259.68	1304.62	1582.33	16.54	207.82	148.37
1-7-67	油浸麻丝 立面	100m	4081.04	1951.57	1582.33	16.54	309.58	221.02
1-7-68	沥青玛瑞脂嵌缝	100m	1812.05	1159.77	297.20	33.40	187.69	133.99
1-7-69	建筑油膏 平面	100m	1762.94	688.39	883.31	4.45	108.98	77.81
1-7-70	建筑油膏 立面	100m	2132.87	979.76	883.31	4.45	154.82	110.53
1-7-71	沥青砂浆 平面	100m	1929.07	976.62	646.74	33.40	158.88	113.43

续前

编号	项目名称	单位	基价	人工费	材料费	施工机具使用费	管理费	利润
1-7-72	沥青砂浆 立面	100m	2146.09	1147.56	646.74	33.40	185.77	132.62
1-7-73	油浸木丝板	100m	2302.94	973.84	1053.22	10.50	154.84	110.54
1-7-74	泡沫塑料填塞 平面	100m	1014.00	610.87	236.83	1.27	96.29	68.74
1-7-75	泡沫塑料填塞 立面	100m	1475.07	974.03	236.83	1.27	153.41	109.53
1-7-76	木板盖板 平面	100m	2554.48	939.99	1361.07	0.00	147.86	105.56
1-7-77	木板盖板 立面	100m	5048.36	2086.80	2398.96	0.00	328.25	234.35
1-7-78	镀锌铁皮盖板 平面	100m	6771.55	2399.82	3720.70	3.18	377.99	269.86
1-7-79	镀锌铁皮盖板 立面	100m	6344.48	2386.13	3282.74	25.45	379.34	270.82
1-7-80	铝合金盖板 平面	100m	7933.01	2693.05	4509.87	3.18	424.12	302.79
1-7-81	铝合金盖板 立面	100m	7375.92	2671.77	3951.53	25.45	424.27	302.90
1-7-82	不锈钢盖板 平面	100m	12130.13	2693.05	8706.99	3.18	424.12	302.79
1-7-83	不锈钢盖板 立面	100m	10932.80	2671.77	7508.41	25.45	424.27	302.90
1-7-84	橡胶止水带	100m	5188.69	1908.28	2765.94	0.00	300.17	214.30
1-7-85	钢板止水带	100m	6995.21	2295.30	4004.63	60.23	370.52	264.53
1-7-86	紫铜板止水带	100m	56022.38	2292.71	53035.08	60.23	370.12	264.24
1-7-87	氯丁胶粘玻璃纤维布止水（一布二涂） 湿基层	100m	2389.17	785.51	1391.89	0.00	123.56	88.21
1-7-88	氯丁胶粘玻璃纤维布止水（一布二涂） 干基层	100m	2078.28	785.51	1081.00	0.00	123.56	88.21
1-7-89	氯丁橡胶片止水带	100m	4114.53	635.29	3307.97	0.00	99.93	71.34

六、补 充 项 目

1. 保护层及止水框

编号	项目名称	单位	基价	人工费	材料费	施工机具使用费	管理费	利润
1-7-90	聚苯乙烯-50mm 厚	$100m^2$	6846.33	2220.00	4027.81	0.00	349.21	249.31
1-7-91	聚苯板保护层-50mm 厚	$100m^2$	5903.26	1850.00	3462.51	72.46	302.40	215.89
1-7-92	成品伸缩缝止水框	100m	32119.52	6832.42	14004.01	7436.26	2244.46	1602.37

第八章 装 饰 工 程

一、地 面 工 程

编号	项目名称	单位	基价	人工费	材料费	施工机具使用费	管理费	利润
1-8-1	细石混凝土地面找平层 30mm	100m²	4131.02	2166.34	1182.07	156.40	365.37	260.84
1-8-2	细石混凝土地面找平层 每增减 1mm	100m²	89.62	34.40	39.33	5.21	6.23	4.45
1-8-3	水泥砂浆地面 混凝土或硬基层上 20mm	100m²	3752.83	2044.01	1013.20	113.86	339.43	242.33
1-8-4	水泥砂浆地面 填充材料上 20mm	100m²	4566.46	2460.89	1261.43	142.32	409.48	292.34
1-8-5	水泥砂浆地面 每增减 1mm	100m²	121.02	50.53	49.65	5.69	8.84	6.31
1-8-6	水泥基自流平砂浆 面层 4mm厚	100m²	3152.73	2214.50	312.29	22.77	351.92	251.25
1-8-7	水泥基自流平砂浆 每增减 1mm	100m²	506.03	344.00	68.43	0.67	54.22	38.71

二、墙、柱面装饰工程

编号	项目名称	单位	基价	人工费	材料费	施工机具使用费	管理费	利润
1-8-8	墙面一般抹灰 内墙 (14＋6)mm	100m²	4382.89	2444.98	1114.63	129.26	404.93	289.09
1-8-9	墙面一般抹灰 内墙 每增减 1mm	100m²	149.61	67.73	55.55	6.36	11.65	8.32
1-8-10	墙面一般抹灰 外墙 (14＋6)mm	100m²	6331.04	3979.44	1114.63	129.26	646.30	461.41
1-8-11	墙面一般抹灰 外墙 每增减 1mm	100m²	158.62	74.82	55.55	6.36	12.77	9.12
1-8-12	柱(梁)面一般抹灰 多边形、圆形柱(梁)	100m²	6818.04	4398.90	1085.66	116.20	710.23	507.05
1-8-13	柱(梁)面一般抹灰 矩形柱(梁)	100m²	5430.29	3305.84	1085.66	116.20	538.29	384.30
1-8-14	打底找平 15mm 厚	100m²	3791.18	2257.07	807.83	92.76	369.63	263.89
1-8-15	零星抹灰 一般抹灰	100m²	12673.97	9000.98	1086.04	126.25	1435.71	1024.99
1-8-16	内墙乳胶漆 二遍	100m²	2963.35	1764.72	722.86	0.00	277.59	198.18

三、顶 棚 工 程

编号	项目名称	单位	基价	人工费	材料费	施工机具使用费	管理费	利润
1-8-17	混凝土天棚 一次抹灰（10mm）	$100m^2$	3394.53	2182.25	544.01	62.96	353.17	252.14
1-8-18	混凝土天棚 砂浆每增减 1mm	$100m^2$	337.57	217.37	54.37	5.69	35.09	25.05
1-8-19	混凝土天棚 拉毛	$100m^2$	5086.80	3269.29	815.79	94.77	529.17	377.78
1-8-20	天棚面乳胶漆 二遍	$100m^2$	3523.47	2205.90	722.86	0.00	346.99	247.72
1-8-21	天棚面乳胶漆 每增一遍	$100m^2$	666.00	417.96	135.35	0.00	65.75	46.94

第九章　排 管 工 程

一、碳钢管铺设

编号	项目名称	单位	基价	人工费	材料费	施工机具使用费	管理费	利润
1-9-1	碳钢管铺设 电弧焊 管外径×壁厚（mm×mm以内） 57×3.5	10m	276.85	102.49	140.84	4.64	16.85	12.03
1-9-2	碳钢管铺设 电弧焊 管外径×壁厚（mm×mm以内） 75×4	10m	318.58	131.35	142.33	7.47	21.84	15.59
1-9-3	碳钢管铺设 电弧焊 管外径×壁厚（mm×mm以内） 89×4	10m	351.96	155.96	142.91	8.70	25.90	18.49
1-9-4	碳钢管铺设 电弧焊 管外径×壁厚（mm×mm以内） 114×4	10m	375.66	171.31	144.03	11.13	28.70	20.49
1-9-5	碳钢管铺设 电弧焊 管外径×壁厚（mm×mm以内） 133×4.5	10m	413.37	195.73	146.55	14.43	33.06	23.60
1-9-6	碳钢管铺设 电弧焊 管外径×壁厚（mm×mm以内） 159×5	10m	468.20	229.40	148.91	22.09	39.56	28.24
1-9-7	碳钢管铺设 电弧焊 管外径×壁厚（mm×mm以内） 219×5	10m	504.10	249.38	153.16	27.04	43.48	31.04
1-9-8	碳钢管铺设 电弧焊 管外径×壁厚（mm×mm以内） 219×6	10m	574.49	298.22	156.10	31.32	51.84	37.01
1-9-9	碳钢管铺设 电弧焊 管外径×壁厚（mm×mm以内） 219×7	10m	613.87	322.64	159.64	35.13	56.28	40.18
1-9-10	碳钢管铺设 电弧焊 管外径×壁厚（mm×mm以内） 273×6	10m	643.91	339.29	163.61	39.02	59.51	42.48
1-9-11	碳钢管铺设 电弧焊 管外径×壁厚（mm×mm以内） 273×7	10m	659.23	348.54	166.31	39.71	61.07	43.60
1-9-12	碳钢管铺设 电弧焊 管外径×壁厚（mm×mm以内） 273×8	10m	695.56	370.00	169.67	44.21	65.16	46.52
1-9-13	碳钢管铺设 电弧焊 管外径×壁厚（mm×mm以内） 325×7	10m	795.30	379.25	172.05	111.65	77.22	55.13
1-9-14	碳钢管铺设 电弧焊 管外径×壁厚（mm×mm以内） 325×8	10m	869.07	423.65	175.16	122.91	85.97	61.38
1-9-15	碳钢管铺设 电弧焊 管外径×壁厚（mm×mm以内） 325×9	10m	881.63	427.91	175.53	128.25	87.48	62.46
1-9-16	碳钢管铺设 电弧焊 管外径×壁厚（mm×mm以内） 377×8	10m	893.71	435.86	176.19	129.29	88.90	63.47
1-9-17	碳钢管铺设 电弧焊 管外径×壁厚（mm×mm以内） 377×9	10m	925.21	449.55	189.45	129.97	91.16	65.08
1-9-18	碳钢管铺设 电弧焊 管外径×壁厚（mm×mm以内） 377×10	10m	993.15	498.21	193.99	131.25	99.01	70.69

续前

编号	项目名称	单位	基价	人工费	材料费	施工机具使用费	管理费	利润
1-9-19	碳钢管铺设 电弧焊 管外径×壁厚（mm×mm 以内） 426×8	10m	1008.95	498.21	190.34	146.57	101.42	72.41
1-9-20	碳钢管铺设 电弧焊 管外径×壁厚（mm×mm 以内） 426×9	10m	1050.20	524.66	193.75	149.92	106.11	75.76
1-9-21	碳钢管铺设 电弧焊 管外径×壁厚（mm×mm 以内） 426×10	10m	1134.62	580.90	199.81	155.40	115.82	82.69
1-9-22	碳钢管铺设 电弧焊 管外径×壁厚（mm×mm 以内） 478×8	10m	1150.83	588.67	194.72	164.41	118.46	84.57
1-9-23	碳钢管铺设 电弧焊 管外径×壁厚（mm×mm 以内） 478×9	10m	1214.78	628.45	204.76	167.09	125.14	89.34
1-9-24	碳钢管铺设 电弧焊 管外径×壁厚（mm×mm 以内） 478×10	10m	1249.40	645.10	210.22	173.41	128.75	91.92
1-9-25	碳钢管铺设 电弧焊 管外径×壁厚（mm×mm 以内） 529×9	10m	1347.96	701.71	208.48	195.80	141.18	100.79
1-9-26	碳钢管铺设 电弧焊 管外径×壁厚（mm×mm 以内） 529×10	10m	1378.32	706.33	220.11	205.93	143.50	102.45
1-9-27	碳钢管铺设 电弧焊 管外径×壁厚（mm×mm 以内） 529×12	10m	1576.37	849.89	233.17	208.08	166.42	118.81
1-9-28	碳钢管铺设 氩电联焊 管外径×壁厚（mm×mm 以内） 57×3.5	10m	301.86	117.85	142.54	7.64	19.74	14.09
1-9-29	碳钢管铺设 氩电联焊 管外径×壁厚（mm×mm 以内） 75×4	10m	348.67	153.00	143.51	8.59	25.42	18.15
1-9-30	碳钢管铺设 氩电联焊 管外径×壁厚（mm×mm 以内） 89×4	10m	386.28	180.56	144.33	10.01	29.98	21.40
1-9-31	碳钢管铺设 氩电联焊 管外径×壁厚（mm×mm 以内） 114×4	10m	434.09	212.75	146.02	14.15	35.69	25.48
1-9-32	碳钢管铺设 氩电联焊 管外径×壁厚（mm×mm 以内） 133×4.5	10m	456.99	224.96	149.29	17.40	38.12	27.22
1-9-33	碳钢管铺设 氩电联焊 管外径×壁厚（mm×mm 以内） 159×5	10m	484.34	235.51	151.84	26.38	41.20	29.41
1-9-34	碳钢管铺设 氩电联焊 管外径×壁厚（mm×mm 以内） 219×5	10m	518.91	250.86	157.02	34.18	44.84	32.01
1-9-35	碳钢管铺设 氩电联焊 管外径×壁厚（mm×mm 以内） 219×6	10m	591.41	301.37	159.96	38.46	53.46	38.16
1-9-36	碳钢管铺设 氩电联焊 管外径×壁厚（mm×mm 以内） 219×7	10m	630.56	325.60	163.50	42.28	57.87	41.31
1-9-37	碳钢管铺设 氩电联焊 管外径×壁厚（mm×mm 以内） 273×6	10m	658.16	336.33	168.27	49.53	60.70	43.33

续前

编号	项目名称	单位	基价	人工费	材料费	施工机具使用费	管理费	利润
1-9-38	碳钢管铺设 氩电联焊 管外径 × 壁厚（mm × mm 以内）273 × 7	10m	673.48	345.58	170.97	50.22	62.26	44.45
1-9-39	碳钢管铺设 氩电联焊 管外径 × 壁厚（mm × mm 以内）273 × 8	10m	711.65	368.52	174.33	54.70	66.57	47.53
1-9-40	碳钢管铺设 氩电联焊 管外径 × 壁厚（mm × mm 以内）325 × 7	10m	816.27	380.73	176.70	123.03	79.24	56.57
1-9-41	碳钢管铺设 氩电联焊 管外径 × 壁厚（mm × mm 以内）325 × 8	10m	892.16	426.80	179.81	134.28	88.26	63.01
1-9-42	碳钢管铺设 氩电联焊 管外径 × 壁厚（mm × mm 以内）325 × 9	10m	903.05	429.76	180.17	139.62	89.56	63.94
1-9-43	碳钢管铺设 氩电联焊 管外径 × 壁厚（mm × mm 以内）377 × 8	10m	971.65	481.56	180.81	141.35	97.98	69.95
1-9-44	碳钢管铺设 氩电联焊 管外径 × 壁厚（mm × mm 以内）377 × 9	10m	1005.53	497.10	194.07	142.04	100.54	71.78
1-9-45	碳钢管铺设 氩电联焊 管外径 × 壁厚（mm × mm 以内）377 × 10	10m	1073.50	545.75	198.61	143.35	108.40	77.39
1-9-46	碳钢管铺设 氩电联焊 管外径 × 壁厚（mm × mm 以内）426 × 8	10m	1037.95	503.20	195.62	160.26	104.36	74.51
1-9-47	碳钢管铺设 氩电联焊 管外径 × 壁厚（mm × mm 以内）426 × 9	10m	1078.48	529.10	199.02	163.61	108.96	77.79
1-9-48	碳钢管铺设 氩电联焊 管外径 × 壁厚（mm × mm 以内）426 × 10	10m	1165.07	587.01	205.09	169.12	118.94	84.91
1-9-49	碳钢管铺设 氩电联焊 管外径 × 壁厚（mm × mm 以内）478 × 8	10m	1185.43	594.96	200.29	180.98	122.06	87.14
1-9-50	碳钢管铺设 氩电联焊 管外径 × 壁厚（mm × mm 以内）478 × 9	10m	1251.01	636.03	210.33	183.66	128.94	92.05
1-9-51	碳钢管铺设 氩电联焊 管外径 × 壁厚（mm × mm 以内）478 × 10	10m	1286.10	653.05	215.78	189.99	132.61	94.67
1-9-52	碳钢管铺设 氩电联焊 管外径 × 壁厚（mm × mm 以内）529 × 9	10m	1388.94	710.96	214.67	213.95	145.49	103.87

续前

编号	项目名称	单位	基价	人工费	材料费	施工机具使用费	管理费	利润
1-9-53	碳钢管铺设 氩电联焊 管外径 × 壁厚（mm × mm 以内）529 × 10	10m	1436.68	729.27	226.30	224.09	149.96	107.06
1-9-54	碳钢管铺设 氩电联焊 管外径 × 壁厚（mm × mm 以内）529 × 12	10m	1619.46	860.81	239.36	226.23	170.99	122.07

二、碳素钢板卷管安装

编号	项目名称	单位	基价	人工费	材料费	施工机具使用费	管理费	利润
1-9-55	碳素钢板卷管安装 管外径 × 壁厚（mm × mm 以内） 219 × 5	10m	1048.69	229.40	740.10	13.66	38.23	27.30
1-9-56	碳素钢板卷管安装 管外径 × 壁厚（mm × mm 以内） 219 × 6	10m	1055.95	232.55	743.09	13.88	38.76	27.67
1-9-57	碳素钢板卷管安装 管外径 × 壁厚（mm × mm 以内） 219 × 7	10m	1069.74	238.65	747.10	15.48	39.97	28.54
1-9-58	碳素钢板卷管安装 管外径 × 壁厚（mm × mm 以内） 273 × 6	10m	1113.62	270.66	748.09	17.25	45.29	32.33
1-9-59	碳素钢板卷管安装 管外径 × 壁厚（mm × mm 以内） 273 × 7	10m	1129.03	278.06	751.61	19.22	46.76	33.38
1-9-60	碳素钢板卷管安装 管外径 × 壁厚（mm × mm 以内） 273 × 8	10m	1140.77	283.05	755.72	20.23	47.71	34.06
1-9-61	碳素钢板卷管安装 管外径 × 壁厚（mm × mm 以内） 325 × 6	10m	1268.06	319.68	753.95	85.26	63.70	45.47
1-9-62	碳素钢板卷管安装 管外径 × 壁厚（mm × mm 以内） 325 × 7	10m	1292.72	328.75	755.61	94.30	66.55	47.51
1-9-63	碳素钢板卷管安装 管外径 × 壁厚（mm × mm 以内） 325 × 8	10m	1304.68	333.19	760.46	95.46	67.43	48.14
1-9-64	碳素钢板卷管安装 管外径 × 壁厚（mm × mm 以内） 377 × 8	10m	1382.38	386.84	765.12	99.34	76.48	54.60
1-9-65	碳素钢板卷管安装 管外径 × 壁厚（mm × mm 以内） 377 × 9	10m	1397.35	392.94	770.60	100.72	77.65	55.44
1-9-66	碳素钢板卷管安装 管外径 × 壁厚（mm × mm 以内） 377 × 10	10m	1411.11	397.57	777.13	101.78	78.55	56.08
1-9-67	碳素钢板卷管安装 管外径 × 壁厚（mm × mm 以内） 426 × 8	10m	1493.73	451.22	773.22	116.29	89.27	63.73
1-9-68	碳素钢板卷管安装 管外径 × 壁厚（mm × mm 以内） 426 × 9	10m	1510.82	457.14	778.42	119.74	90.74	64.78
1-9-69	碳素钢板卷管安装 管外径 × 壁厚（mm × mm 以内） 426 × 10	10m	1524.78	463.24	783.11	120.94	91.89	65.60

续前

编号	项目名称	单位	基价	人工费	材料费	施工机具使用费	管理费	利润
1-9-70	碳素钢板卷管安装 管外径 × 壁厚（mm × mm 以内） 478 × 8	10m	1641.36	555.00	774.27	127.96	107.43	76.70
1-9-71	碳素钢板卷管安装 管外径 × 壁厚（mm × mm 以内） 478 × 9	10m	1666.15	562.59	783.06	132.98	109.41	78.11
1-9-72	碳素钢板卷管安装 管外径 × 壁厚（mm × mm 以内） 478 × 10	10m	1681.99	568.69	789.40	134.36	110.59	78.95
1-9-73	碳素钢板卷管安装 管外径 × 壁厚（mm × mm 以内） 529 × 8	10m	1807.91	653.05	782.55	154.57	127.04	90.70
1-9-74	碳素钢板卷管安装 管外径 × 壁厚（mm × mm 以内） 529 × 9	10m	1826.48	662.12	787.37	156.34	128.74	91.91
1-9-75	碳素钢板卷管安装 管外径 × 壁厚（mm × mm 以内） 529 × 10	10m	1923.71	726.50	795.89	161.83	139.73	99.76
1-9-76	碳素钢板卷管安装 管外径 × 壁厚（mm × mm 以内） 630 × 8	10m	2098.85	849.89	793.41	178.34	161.74	115.47
1-9-77	碳素钢板卷管安装 管外径 × 壁厚（mm × mm 以内） 630 × 9	10m	2177.98	857.85	808.75	220.63	169.64	121.11
1-9-78	碳素钢板卷管安装 管外径 × 壁厚（mm × mm 以内） 630 × 10	10m	2224.32	862.29	818.85	244.73	174.13	124.32
1-9-79	碳素钢板卷管安装 管外径 × 壁厚（mm × mm 以内） 720 × 8	10m	2378.89	992.16	809.32	244.11	194.47	138.83
1-9-80	碳素钢板卷管安装 管外径 × 壁厚（mm × mm 以内） 720 × 9	10m	2417.47	999.74	820.28	258.28	197.89	141.28
1-9-81	碳素钢板卷管安装 管外径 × 壁厚（mm × mm 以内） 720 × 10	10m	2461.14	1006.03	831.81	277.31	201.87	144.12
1-9-82	碳素钢板卷管安装 管外径 × 壁厚（mm × mm 以内） 820 × 9	10m	2638.80	1135.90	834.32	285.40	223.57	159.61
1-9-83	碳素钢板卷管安装 管外径 × 壁厚（mm × mm 以内） 820 × 10	10m	2691.97	1142.01	847.46	310.82	228.53	163.15
1-9-84	碳素钢板卷管安装 管外径 × 壁厚（mm × mm 以内） 820 × 12	10m	2782.49	1160.51	875.94	341.18	236.22	168.64
1-9-85	碳素钢板卷管安装 管外径 × 壁厚（mm × mm 以内） 920 × 9	10m	2863.76	1273.54	848.47	313.80	249.69	178.26
1-9-86	碳素钢板卷管安装 管外径 × 壁厚（mm × mm 以内） 920 × 10	10m	2920.60	1281.31	861.44	340.59	255.12	182.14
1-9-87	碳素钢板卷管安装 管外径 × 壁厚（mm × mm 以内） 920 × 12	10m	3011.17	1301.11	894.32	366.23	262.27	187.24
1-9-88	碳素钢板卷管安装 管外径 × 壁厚(mm × mm 以内）1020 × 10	10m	3133.93	1420.43	877.30	357.00	279.59	199.61
1-9-89	碳素钢板卷管安装 管外径 × 壁厚(mm × mm 以内）1020 × 12	10m	3276.51	1443.19	912.95	418.47	292.84	209.06
1-9-90	碳素钢板卷管安装 管外径 × 壁厚(mm × mm 以内）1020 × 14	10m	3424.78	1492.21	952.21	455.31	306.34	218.71
1-9-91	碳素钢板卷管安装 管外径 × 壁厚(mm × mm 以内）1220 × 10	10m	3870.55	1891.26	913.35	437.98	366.39	261.57
1-9-92	碳素钢板卷管安装 管外径 × 壁厚(mm × mm 以内）1220 × 12	10m	4101.63	1923.45	1026.43	498.73	381.01	272.01

续前

编号	项目名称	单位	基价	人工费	材料费	施工机具使用费	管理费	利润
1-9-93	碳素钢板卷管安装 管外径 × 壁厚(mm × mm 以内) 1220 × 14	10m	4387.95	2001.33	1089.50	596.69	408.67	291.76
1-9-94	碳素钢板卷管安装 管外径 × 壁厚(mm × mm 以内) 1420 × 10	10m	4643.59	2305.47	1009.05	557.27	450.31	321.49
1-9-95	碳素钢板卷管安装 管外径 × 壁厚(mm × mm 以内) 1420 × 12	10m	4794.55	2329.89	1072.42	601.85	461.16	329.23
1-9-96	碳素钢板卷管安装 管外径 × 壁厚(mm × mm 以内) 1420 × 14	10m	5033.27	2420.17	1148.22	639.89	481.35	343.64
1-9-97	碳素钢板卷管安装 管外径 × 壁厚(mm × mm 以内) 1620 × 10	10m	5367.59	2733.75	1047.70	668.81	535.22	382.11
1-9-98	碳素钢板卷管安装 管外径 × 壁厚(mm × mm 以内) 1620 × 12	10m	5534.48	2776.30	1122.78	698.57	546.60	390.23
1-9-99	碳素钢板卷管安装 管外径 × 壁厚(mm × mm 以内) 1620 × 14	10m	5897.79	2880.45	1211.27	810.88	580.65	414.54

三、塑料管安装（胶圈接口）

编号	项目名称	单位	基价	人工费	材料费	施工机具使用费	管理费	利润
1-9-100	塑料管安装（胶圈接口） 管外径（mm 以内） 110	10m	218.43	104.16	86.19	0.00	16.38	11.70
1-9-101	塑料管安装（胶圈接口） 管外径（mm 以内） 125	10m	237.46	118.96	86.43	0.00	18.71	13.36
1-9-102	塑料管安装（胶圈接口） 管外径（mm 以内） 160	10m	278.17	150.96	86.51	0.00	23.75	16.95
1-9-103	塑料管安装（胶圈接口） 管外径（mm 以内） 250	10m	413.67	257.15	87.19	0.00	40.45	28.88
1-9-104	塑料管安装（胶圈接口） 管外径（mm 以内） 315	10m	477.23	307.10	87.33	0.00	48.31	34.49
1-9-105	塑料管安装（胶圈接口） 管外径（mm 以内） 355	10m	556.65	369.45	87.60	0.00	58.11	41.49
1-9-106	塑料管安装（胶圈接口） 管外径（mm 以内） 400	10m	604.32	406.82	87.82	0.00	63.99	45.69
1-9-107	塑料管安装（胶圈接口） 管外径（mm 以内） 500	10m	683.98	469.35	88.09	0.00	73.83	52.71
1-9-108	塑料管安装（胶圈接口） 管外径（mm 以内） 600	10m	770.88	500.61	88.40	36.94	84.56	60.37

四、塑料管安装（对接熔接）

编号	项目名称	单位	基价	人工费	材料费	施工机具使用费	管理费	利润
1-9-109	塑料管安装（对接熔接）管外径（mm 以内）110	10m	123.83	58.46	42.42	5.66	10.09	7.20
1-9-110	塑料管安装（对接熔接）管外径（mm 以内）125	10m	142.72	71.41	42.54	7.50	12.41	8.86
1-9-111	塑料管安装（对接熔接）管外径（mm 以内）160	10m	170.21	90.65	42.62	9.84	15.81	11.29
1-9-112	塑料管安装（对接熔接）管外径（mm 以内）200	10m	198.19	110.26	42.69	12.22	19.27	13.75
1-9-113	塑料管安装（对接熔接）管外径（mm 以内）250	10m	247.39	145.78	42.97	15.23	25.33	18.08
1-9-114	塑料管安装（对接熔接）管外径（mm 以内）315	10m	342.19	213.86	43.07	21.74	37.06	26.46
1-9-115	塑料管安装（对接熔接）管外径（mm 以内）355	10m	480.08	317.46	43.21	26.64	54.13	38.64
1-9-116	塑料管安装（对接熔接）管外径（mm 以内）400	10m	594.34	398.31	43.58	35.49	68.24	48.72
1-9-117	塑料管安装（对接熔接）管外径（mm 以内）450	10m	774.95	535.95	43.81	39.93	90.59	64.67
1-9-118	塑料管安装（对接熔接）管外径（mm 以内）500	10m	898.78	623.27	44.11	49.91	105.89	75.60
1-9-119	塑料管安装（对接熔接）管外径（mm 以内）560	10m	979.97	681.36	44.20	55.70	115.94	82.77
1-9-120	塑料管安装（对接熔接）管外径（mm 以内）630	10m	1106.42	738.15	44.30	98.43	131.59	93.95

五、塑料管安装（电熔管件熔接）

编号	项目名称	单位	基价	人工费	材料费	施工机具使用费	管理费	利润
1-9-121	塑料管安装（电熔管件熔接）管外径（mm 以内）110	10m	168.87	55.50	94.45	3.12	9.22	6.58
1-9-122	塑料管安装（电熔管件熔接）管外径（mm 以内）125	10m	185.25	67.34	94.47	4.16	11.25	8.03
1-9-123	塑料管安装（电熔管件熔接）管外径（mm 以内）160	10m	212.36	86.95	94.55	5.84	14.60	10.42

续前

编号	项目名称	单位	基价	人工费	材料费	施工机具使用费	管理费	利润
1-9-124	塑料管安装（电熔管件熔接）管外径（mm 以内） 200	10m	237.08	105.45	94.62	6.76	17.65	12.60
1-9-125	塑料管安装（电熔管件熔接）管外径（mm 以内） 250	10m	285.87	143.75	94.78	6.76	23.68	16.90
1-9-126	塑料管安装（电熔管件熔接）管外径（mm 以内） 315	10m	334.17	181.67	94.94	6.76	29.64	21.16
1-9-127	塑料管安装（电熔管件熔接）管外径（mm 以内） 400	10m	385.80	219.60	95.09	9.38	36.02	25.71
1-9-128	塑料管安装（电熔管件熔接）管外径（mm 以内） 500	10m	434.09	257.52	95.24	9.38	41.98	29.97
1-9-129	塑料管安装（电熔管件熔接）管外径（mm 以内） 600	10m	533.18	295.45	95.41	49.36	54.24	38.72

六、塑料管安装（电熔连接）

编号	项目名称	单位	基价	人工费	材料费	施工机具使用费	管理费	利润
1-9-130	塑料管安装（电熔连接） 管外径（mm 以内） 160	10m	133.62	66.42	42.39	5.44	11.30	8.07
1-9-131	塑料管安装（电熔连接） 管外径（mm 以内） 200	10m	149.74	77.70	42.51	6.76	13.29	9.48
1-9-132	塑料管安装（电熔连接） 管外径（mm 以内） 315	10m	188.33	103.60	42.87	10.97	18.02	12.87
1-9-133	塑料管安装（电熔连接） 管外径（mm 以内） 400	10m	230.65	132.83	43.42	14.64	23.20	16.56
1-9-134	塑料管安装（电熔连接） 管外径（mm 以内） 500	10m	280.99	166.69	44.48	19.60	29.30	20.92
1-9-135	塑料管安装（电熔连接） 管外径（mm 以内） 600	10m	419.62	233.10	45.55	61.53	46.35	33.09

七、混凝土管铺设

编号	项目名称	单位	基价	人工费	材料费	施工机具使用费	管理费	利润
1-9-136	混凝土管铺设 管径(mm 以内)300	100m	24023.77	1005.29	22464.82	222.62	193.15	137.89
1-9-137	混凝土管铺设 管径(mm 以内)400	100m	24307.85	1374.18	22136.06	336.43	269.08	192.10
1-9-138	混凝土管铺设 管径(mm 以内)500	100m	24843.84	1728.46	22136.06	404.32	335.49	239.51
1-9-139	混凝土管铺设 管径(mm 以内)600	100m	25609.67	2188.92	22136.06	547.07	430.37	307.25
1-9-140	混凝土管铺设 管径(mm 以内)700	100m	26112.09	2332.85	22136.06	798.87	492.62	351.69
1-9-141	混凝土管铺设 管径(mm 以内)800	100m	26924.68	2811.45	22136.06	960.30	593.30	423.57
1-9-142	混凝土管铺设 管径(mm 以内)900	100m	28132.54	3440.82	22136.06	1282.30	742.95	530.41
1-9-143	混凝土管铺设 管径(mm 以内)1000	100m	29413.13	4176.56	22136.06	1555.22	901.61	643.68

八、满包混凝土加固

编号	项目名称	单位	基价	人工费	材料费	施工机具使用费	管理费	利润
1-9-144	C15 非泵送满包商品混凝土加固	$10m^3$	5270.40	1154.40	3785.22	15.40	184.01	131.37

第十章 措施项目

一、围堰工程

编号	项目名称	单位	基价	人工费	材料费	施工机具使用费	管理费	利润
1-10-1	土草围堰 土围堰	$100m^3$	22267.81	16862.94	0.00	676.29	2758.92	1969.66
1-10-2	土草围堰 草袋围堰	$100m^3$	37919.61	26921.20	2881.83	676.29	4341.09	3099.20
1-10-3	土石混合围堰 过水围堰	$100m^3$	44815.48	18411.76	20852.96	462.31	2968.89	2119.56
1-10-4	土石混合围堰 不过水围堰	$100m^3$	56334.81	25905.18	22691.36	594.07	4168.33	2975.87
1-10-5	圆木桩围堰 堰高 3m 以内	10 延长米堰体	16702.34	12310.64	586.98	382.62	1996.65	1425.45
1-10-6	圆木桩围堰 堰高 4m 以内	10 延长米堰体	29774.37	22214.43	762.71	636.59	3594.47	2566.17
1-10-7	圆木桩围堰 堰高 5m 以内	10 延长米堰体	39411.87	29532.29	911.19	792.76	4770.13	3405.50
1-10-8	钢桩围堰 堰高 4m 以内	10 延长米堰体	28795.48	21446.87	758.32	636.59	3473.73	2479.97
1-10-9	钢桩围堰 堰高 5m 以内	10 延长米堰体	37325.93	27902.07	894.97	792.76	4513.70	3222.43
1-10-10	钢桩围堰 堰高 6m 以内	10 延长米堰体	55532.26	41782.44	1031.85	1144.79	6752.45	4820.73
1-10-11	钢板桩围堰 堰高 4m 以内	10 延长米堰体	25394.71	19157.86	263.67	636.59	3113.67	2222.92
1-10-12	钢板桩围堰 堰高 5m 以内	10 延长米堰体	34786.97	26351.22	324.97	792.76	4269.75	3048.27
1-10-13	钢板桩围堰 堰高 6m 以内	10 延长米堰体	52264.48	39659.56	459.28	1144.79	6418.52	4582.33
1-10-14	双层竹笼围堰 堰高 3m 以内	10 延长米堰体	55360.98	25205.88	22874.95	381.73	4024.93	2873.49
1-10-15	双层竹笼围堰 堰高 4m 以内	10 延长米堰体	83399.58	41061.31	30550.88	564.95	6547.81	4674.63
1-10-16	双层竹笼围堰 堰高 5m 以内	10 延长米堰体	110548.18	56243.89	38249.21	702.37	8957.65	6395.06
1-10-17	筑岛填心 填土 夯填	$100m^3$	21421.11	16122.75	0.00	749.58	2654.02	1894.76
1-10-18	筑岛填心 填土 松填	$100m^3$	17903.16	13518.14	0.00	583.28	2218.15	1583.59
1-10-19	筑岛填心 填砂 夯填	$100m^3$	37566.76	9829.05	23919.00	920.60	1690.92	1207.19
1-10-20	筑岛填心 填砂 松填	$100m^3$	29071.44	7589.07	18564.00	687.11	1301.84	929.42

续前

编号	项目名称	单位	基价	人工费	材料费	施工机具使用费	管理费	利润
1-10-21	筑岛填心 填砂砾石 夯填	$100m^3$	46675.09	14413.35	27249.76	887.00	2406.75	1718.23
1-10-22	筑岛填心 填砂砾石 松填	$100m^3$	35764.72	10244.75	21885.63	687.11	1719.58	1227.65

二、脚手架工程

编号	项目名称	单位	基价	人工费	材料费	施工机具使用费	管理费	利润
1-10-23	满堂脚手架 基本层（3.6～5.2m）	$100m^2$	2299.17	1335.33	360.30	191.82	240.22	171.50
1-10-24	满堂脚手架 增加层 1.2m	$100m^2$	422.75	287.12	19.60	30.42	49.95	35.66
1-10-25	钢管脚手架 单排 4m 以内	$100m^2$	1580.78	1023.98	280.74	0.00	161.07	114.99
1-10-26	钢管脚手架 单排 8m 以内	$100m^2$	1706.26	1058.94	361.83	0.00	166.57	118.92
1-10-27	钢管脚手架 双排 4m 以内	$100m^2$	2118.08	1395.27	346.64	0.00	219.48	156.69
1-10-28	钢管脚手架 双排 8m 以内	$100m^2$	2258.18	1406.93	471.94	0.00	221.31	158.00

三、井点降水

编号	项目名称	单位	基价	人工费	材料费	施工机具使用费	管理费	利润
1-10-29	轻型井点 安装	10 根	1297.19	551.49	289.53	242.19	124.85	89.13
1-10-30	轻型井点 拆除	10 根	613.44	382.95	16.52	87.21	73.96	52.80
1-10-31	轻型井点 使用	套·天	912.53	499.50	46.72	182.46	107.27	76.58
1-10-32	喷射井点 井管深 10m 安装	10 根	13828.23	5094.90	4084.45	2579.78	1207.23	861.87
1-10-33	喷射井点 井管深 10m 拆除	10 根	3574.81	1532.91	168.25	1150.27	422.06	301.32
1-10-34	喷射井点 井管深 10m 使用	套·天	2097.65	899.10	92.94	679.91	248.38	177.32
1-10-35	喷射井点 井管深 15m 安装	10 根	20226.07	7738.18	5819.60	3609.07	1784.92	1274.30
1-10-36	喷射井点 井管深 15m 拆除	10 根	6434.02	2931.14	446.79	1784.70	741.80	529.59
1-10-37	喷射井点 井管深 15m 使用	套·天	2139.05	899.10	134.34	679.91	248.38	177.32
1-10-38	喷射井点 井管深 20m 安装	10 根	25730.51	9890.10	7575.22	4409.91	2249.39	1605.89
1-10-39	喷射井点 井管深 20m 拆除	10 根	8190.01	3746.25	724.58	2133.89	924.95	660.34
1-10-40	喷射井点 井管深 20m 使用	套·天	2190.88	899.10	186.17	679.91	248.38	177.32

续前

编号	项目名称	单位	基价	人工费	材料费	施工机具使用费	管理费	利润
1-10-41	喷射井点 井管深 25m 安装	10 根	31749.67	12233.68	9705.30	5129.56	2731.24	1949.89
1-10-42	喷射井点 井管深 25m 拆除	10 根	10257.35	4751.73	895.58	2622.06	1159.90	828.08
1-10-43	喷射井点 井管深 25m 使用	套·天	2280.50	899.10	275.79	679.91	248.38	177.32
1-10-44	喷射井点 井管深 30m 安装	10 根	36921.00	14115.87	11885.01	5603.72	3101.89	2214.51
1-10-45	喷射井点 井管深 30m 拆除	10 根	11702.32	5469.53	1074.33	2901.60	1316.78	940.08
1-10-46	喷射井点 井管深 30m 使用	套·天	2389.39	899.10	384.68	679.91	248.38	177.32
1-10-47	大口径井点 井管深 15m 安装	10 根	65599.95	27139.50	15174.77	12577.88	6247.54	4460.26
1-10-48	大口径井点 井管深 15m 拆除	10 根	31533.95	13403.25	6441.24	6361.01	3108.92	2219.53
1-10-49	大口径井点 井管深 15m 使用	套·天	2238.14	999.00	106.60	679.91	264.09	188.54
1-10-50	大口径井点 井管深 25m 安装	10 根	90418.55	35009.96	24399.62	16989.82	8179.57	5839.58
1-10-51	大口径井点 井管深 25m 拆除	10 根	41010.55	17291.03	7392.61	9188.13	4165.17	2973.61
1-10-52	大口径井点 井管深 25m 使用	套·天	2283.39	999.00	151.85	679.91	264.09	188.54
1-10-53	深井井点 井管深 20m 安装	座	8064.18	2220.37	4249.99	783.87	472.57	337.38
1-10-54	深井井点 井管深 20m 拆除	座	336.31	216.45	0.00	48.44	41.67	29.75
1-10-55	深井井点 井管深 25m 安装	座	10598.68	2864.54	5619.01	1057.69	616.97	440.47
1-10-56	深井井点 井管深 25m 拆除	座	495.90	324.68	0.00	65.92	61.44	43.86
1-10-57	深井井点 井管深（20m、25m）使用	座·天	234.47	133.20	0.00	51.48	29.05	20.74

第二册

安装工程

第一章 机械设备安装工程

一、起重设备安装

编号	项目名称	单位	基价	人工费	材料费	施工机具使用费	管理费	利润
2-1-1	电动葫芦 起重量（t以内） 2	台	2251.35	1159.58	56.81	686.39	197.24	151.33
2-1-2	电动葫芦 起重量（t以内） 10	台	3784.52	2189.85	65.25	871.15	372.49	285.78
2-1-3	单轨小车 起重量（t以内） 5	台	1733.47	1011.03	55.33	363.19	171.98	131.94
2-1-4	单轨小车 起重量（t以内） 10	台	2109.11	1297.22	58.75	363.19	220.66	169.29

二、起重轨道安装

编号	项目名称	单位	基价	人工费	材料费	施工机具使用费	管理费	利润
2-1-5	电动葫芦及单轨小车工字钢轨道安装 轨道型号 I20	10m	3051.29	941.65	1545.15	281.43	160.17	122.89
2-1-6	电动葫芦及单轨小车工字钢轨道安装 轨道型号 I22	10m	3199.62	1017.50	1573.41	302.85	173.08	132.78
2-1-7	电动葫芦及单轨小车工字钢轨道安装 轨道型号 I25	10m	3269.01	1065.60	1581.16	301.93	181.26	139.06
2-1-8	电动葫芦及单轨小车工字钢轨道安装 轨道型号 I28	10m	3393.93	1135.90	1603.88	312.70	193.22	148.23
2-1-9	电动葫芦及单轨小车工字钢轨道安装 轨道型号 I32	10m	3662.64	1276.50	1625.98	376.45	217.13	166.58
2-1-10	车挡安装每组 4 个 每个单重（t） 0.1	组	2010.78	1409.70	43.37	133.95	239.79	183.97
2-1-11	车挡安装每组 4 个 每个单重（t） 0.25	组	2612.30	1872.20	43.37	133.95	318.46	244.32
2-1-12	车挡制作	t	6310.98	4162.50	627.02	270.21	708.04	543.21

三、泵 安 装

编号	项目名称	单位	基价	人工费	材料费	施工机具使用费	管理费	利润
2-1-13	单级离心泵及离心式耐腐蚀泵安装 设备重量（t以内） 0.2	台	1200.31	811.97	78.18	66.08	138.12	105.96
2-1-14	单级离心泵及离心式耐腐蚀泵安装 设备重量（t以内） 0.5	台	1627.47	1129.43	92.45	66.08	192.12	147.39
2-1-15	单级离心泵及离心式耐腐蚀泵安装 设备重量（t以内） 1.0	台	2642.89	1835.94	128.83	126.24	312.29	239.59
2-1-16	单级离心泵及离心式耐腐蚀泵安装 设备重量（t以内） 3.0	台	5084.05	3552.00	205.91	258.40	604.20	463.54
2-1-17	单级离心泵及离心式耐腐蚀泵拆装检查设备重量（t以内） 0.5	台	969.36	721.50	30.97	0.00	122.73	94.16
2-1-18	单级离心泵及离心式耐腐蚀泵拆装检查设备重量（t以内） 1.0	台	1923.92	1443.00	47.16	0.00	245.45	188.31
2-1-19	单级离心泵及离心式耐腐蚀泵拆装检查设备重量（t以内） 3.0	台	3750.99	2802.75	105.73	0.00	476.75	365.76

第二章　电气设备安装工程

一、变压器安装工程

编号	项目名称	单位	基价	人工费	材料费	施工机具使用费	管理费	利润
2-2-1	油浸式变压器 容量(kV·A)≤250	台	2925.80	1354.39	113.39	1050.89	230.38	176.75
2-2-2	油浸式变压器 容量(kV·A)≤500	台	3270.18	1559.92	130.72	1110.63	265.34	203.57
2-2-3	油浸式变压器 容量(kV·A)≤1000	台	4941.19	2616.46	177.42	1360.80	445.06	341.45
2-2-4	干式变压器 容量（kV·A）≤100	台	2472.91	1588.23	92.51	314.75	270.16	207.26
2-2-5	干式变压器 容量（kV·A）≤250	台	2049.53	1261.70	93.81	314.75	214.62	164.65
2-2-6	干式变压器 容量（kV·A）≤500	台	2366.76	1477.23	101.35	344.12	251.28	192.78
2-2-7	干式变压器 容量（kV·A）≤800	台	4886.38	3203.65	118.75	600.96	544.94	418.08
2-2-8	干式变压器 容量（kV·A）≤1000	台	4007.37	2292.89	134.13	891.11	390.02	299.22

二、配电装置安装工程

编号	项目名称	单位	基价	人工费	材料费	施工机具使用费	管理费	利润
2-2-9	干式电抗器安装 重量(t/组)≤1.5	组	1789.98	1103.71	168.57	185.93	187.74	144.03
2-2-10	干式电抗器安装 重量(t/组)≤4.5	组	2356.29	1437.82	194.83	291.43	244.57	187.64
2-2-11	高压成套配电单母线柜 附真空断路器柜	台	2429.04	1547.34	72.34	344.23	263.20	201.93
2-2-12	高压成套配电单母线柜 电压互感器、避雷器柜	台	1447.39	865.43	63.00	258.81	147.21	112.94
2-2-13	高压成套配电单母线柜 电容器柜	台	1327.90	763.13	62.07	273.30	129.81	99.59

续前

编号	项目名称	单位	基价	人工费	材料费	施工机具使用费	管理费	利润
2-2-14	高压成套配电单母线柜 其他电气柜	台	992.60	549.45	54.62	223.37	93.46	71.70
2-2-15	低压成套配电柜	台	1755.76	1164.21	33.51	208.08	198.03	151.93
2-2-16	集装箱式配电室	t	989.03	692.64	20.40	67.78	117.82	90.39
2-2-17	成套配电箱安装 落地式	台	524.13	296.37	19.61	119.06	50.41	38.68
2-2-18	成套配电箱安装 悬挂、嵌入式（半周长） 0.5m	台	147.93	97.87	20.64	0.00	16.65	12.77
2-2-19	成套配电箱安装 悬挂、嵌入式（半周长） 1.0m	台	234.68	160.03	26.55	0.00	27.22	20.88
2-2-20	成套配电箱安装 悬挂、嵌入式（半周长） 1.5m	台	330.02	231.25	29.25	0.00	39.34	30.18
2-2-21	成套配电箱安装 悬挂、嵌入式（半周长） 2.5m	台	417.00	282.68	43.85	5.50	48.08	36.89
2-2-22	成套配电箱安装 悬挂、嵌入式（半周长） 3.0m	台	505.97	339.29	58.06	6.63	57.71	44.28
2-2-23	欧式箱式变电站安装 变压器容量（kV·A）≤100	座	2971.92	1170.13	782.56	667.49	199.04	152.70
2-2-24	欧式箱式变电站安装 变压器容量（kV·A）≤315	座	3582.22	1535.69	917.41	667.49	261.22	200.41
2-2-25	欧式箱式变电站安装 变压器容量（kV·A）≤630	座	4075.58	1813.56	1049.37	667.49	308.49	236.67
2-2-26	欧式箱式变电站安装 变压器容量（kV·A）≤1000	座	4810.49	2236.47	1195.86	705.88	380.42	291.86
2-2-27	变压器配电采集器 安装	台	197.45	132.83	7.90	16.80	22.59	17.33
2-2-28	变压器配电采集器 调试	台	534.49	398.49	14.35	1.87	67.78	52.00
2-2-29	开闭所配电采集器 安装	台	346.98	239.02	7.90	28.21	40.66	31.19
2-2-30	开闭所配电采集器 调试	间隔	1053.02	797.17	14.35	1.87	135.60	104.03
2-2-31	环网柜配电采集器 安装	台	583.80	332.26	18.72	132.94	56.52	43.36
2-2-32	环网柜配电采集器 调试	台	955.40	730.94	2.87	1.87	124.33	95.39
2-2-33	电压监控切换装置 安装	台	348.79	239.02	9.71	28.21	40.66	31.19
2-2-34	电压监控切换装置 调试	台	794.12	598.11	14.35	1.87	101.74	78.05
2-2-35	GPS 时钟 安装	套	604.89	465.09	0.00	0.00	79.11	60.69
2-2-36	配电自动化子站柜 安装	台	728.34	465.09	18.72	104.73	79.11	60.69
2-2-37	配电自动化子站柜 调试	系统	3226.54	1992.82	0.00	634.68	338.98	260.06
2-2-38	服务器及系统软件	系统	892.57	664.15	0.57	28.21	112.97	86.67
2-2-39	工作站及系统软件	系统	806.68	598.11	0.57	28.21	101.74	78.05
2-2-40	安全隔离装置、防火墙	系统	628.95	473.60	1.15	11.84	80.56	61.80
2-2-41	调制解调器	系统	312.31	239.02	0.57	0.87	40.66	31.19
2-2-42	路由器	台	436.34	332.26	1.15	3.05	56.52	43.36
2-2-43	双机切换装置设备	台	605.98	236.62	0.57	297.66	40.25	30.88

续前

编号	项目名称	单位	基价	人工费	材料费	施工机具使用费	管理费	利润
2-2-44	局域网交换机	台	539.10	398.49	1.15	19.68	67.78	52.00
2-2-45	配电自动化主站系统本体调试	系统	22863.58	10628.62	0.00	9040.00	1807.93	1387.03
2-2-46	单相电度表 安装	块	102.48	66.60	15.86	0.00	11.33	8.69
2-2-47	单相电度表 调试	块	54.79	19.98	15.29	13.51	3.40	2.61
2-2-48	三相电度表 安装	块	145.19	93.06	24.16	0.00	15.83	12.14
2-2-49	三相电度表 调试	块	67.98	26.64	15.29	18.04	4.53	3.48
2-2-50	中间继电器 安装	块	48.26	33.30	4.95	0.00	5.66	4.35
2-2-51	中间继电器 调试	块	51.39	33.30	1.68	6.40	5.66	4.35
2-2-52	电表采集器 安装	台	57.15	39.96	5.18	0.00	6.80	5.21
2-2-53	电表采集器 调试	台	171.93	39.96	2.01	117.95	6.80	5.21
2-2-54	数据集中器 安装	台	90.50	66.60	3.88	0.00	11.33	8.69
2-2-55	数据集中器 调试	台	722.39	146.15	1.26	531.05	24.86	19.07
2-2-56	通信前置机	台	980.86	385.54	8.55	470.88	65.58	50.31
2-2-57	数据库服务器	台	1384.41	943.13	13.31	144.46	160.43	123.08
2-2-58	系统运行管理工作站	台	938.47	252.53	11.26	598.76	42.96	32.96
2-2-59	集抄工作站	台	509.25	245.68	10.99	178.73	41.79	32.06
2-2-60	台变监控工作站	台	393.34	245.68	12.35	61.46	41.79	32.06
2-2-61	远程工作站	台	386.42	239.02	12.35	63.20	40.66	31.19
2-2-62	WEB 服务器	台	457.87	265.66	12.35	100.00	45.19	34.67

三、母线安装工程

编号	项目名称	单位	基价	人工费	材料费	施工机具使用费	管理费	利润
2-2-63	共箱铜母线安装 箱体 900×500（mm） 导体 3 相单片 100×8（mm）	m	1524.13	325.05	794.97	306.40	55.29	42.42
2-2-64	共箱铜母线安装 箱体 1000×550（mm） 导体 3 相单片 100×10（mm）	m	1570.23	332.45	797.03	340.82	56.55	43.38
2-2-65	共箱铜母线安装 箱体 1100×600（mm） 导体 3 相 2 片 100×10（mm）	m	1636.12	379.99	801.08	340.82	64.64	49.59
2-2-66	共箱铜母线安装 箱体 1200×650（mm） 导体 3 相 3 片 100×10（mm）	m	1654.01	389.80	806.22	340.82	66.30	50.87

续前

编号	项目名称	单位	基价	人工费	材料费	施工机具使用费	管理费	利润
2-2-67	共箱铝母线安装 箱体 900×500（mm） 导体 3 相单片 120×10（mm）	m	1328.02	305.25	628.87	302.14	51.92	39.84
2-2-68	共箱铝母线安装 箱体 1000×550（mm） 导体 3 相 2 片 120×10（mm）	m	1386.31	330.60	632.07	324.26	56.24	43.14
2-2-69	共箱铝母线安装 箱体 1100×600（mm） 导体 3 相 3 片 120×10（mm）	m	1430.71	350.02	636.44	339.03	59.54	45.68
2-2-70	共箱铝母线安装 箱体 1200×650（mm） 导体 3 相 4 片 120×10（mm）	m	1475.55	379.44	641.23	340.82	64.54	49.52
2-2-71	低压封闭式插接母线槽安装 每相电流（A）≤400	m	722.27	33.12	668.51	10.69	5.63	4.32
2-2-72	低压封闭式插接母线槽安装 每相电流（A）≤800	m	739.22	44.03	669.46	12.49	7.49	5.75
2-2-73	低压封闭式插接母线槽安装 每相电流（A）≤1250	m	760.56	55.13	673.36	15.50	9.38	7.19
2-2-74	低压封闭式插接母线槽安装 每相电流（A）≤2000	m	802.47	82.70	678.20	16.71	14.07	10.79

四、配电控制、保护、直流装置安装工程

编号	项目名称	单位	基价	人工费	材料费	施工机具使用费	管理费	利润
2-2-75	控制屏	台	806.54	498.76	26.90	130.95	84.84	65.09
2-2-76	继电、信号屏	台	956.47	612.35	29.10	130.95	104.16	79.91
2-2-77	模拟屏 屏宽≤1m	台	1892.22	1185.85	38.69	311.22	201.71	154.75
2-2-78	模拟屏 屏宽≤2m	台	3020.01	1917.34	63.16	463.16	326.14	250.21
2-2-79	配电屏	台	853.56	497.65	75.37	130.95	84.65	64.94
2-2-80	弱电控制返回屏	台	839.12	525.96	24.10	130.95	89.47	68.64
2-2-81	控制台 宽≤1m	台	857.94	562.96	31.74	94.01	95.76	73.47
2-2-82	控制台 宽≤2m	台	1432.74	949.61	45.19	152.49	161.53	123.92
2-2-83	集中控制台 宽≤4m	台	2701.71	1767.31	109.11	294.04	300.62	230.63
2-2-84	同期小屏控制箱	台	342.78	190.37	18.13	77.06	32.38	24.84
2-2-85	户内端子箱安装	台	351.56	217.38	61.67	7.16	36.98	28.37
2-2-86	端子板安装	组	13.65	8.14	3.07	0.00	1.38	1.06
2-2-87	无端子外部接线（mm^2）≤2.5	个	3.31	2.04	0.65	0.00	0.35	0.27

续前

编号	项目名称	单位	基价	人工费	材料费	施工机具使用费	管理费	利润
2-2-88	无端子外部接线 （mm^2）≤6	个	4.75	3.15	0.65	0.00	0.54	0.41
2-2-89	有端子外部接线 （mm^2）≤2.5	个	6.57	3.15	2.47	0.00	0.54	0.41
2-2-90	有端子外部接线 （mm^2）≤6	个	8.62	4.63	2.60	0.00	0.79	0.60
2-2-91	焊铜接线端子 导线截面（mm^2）≤16	个	10.00	3.15	5.90	0.00	0.54	0.41
2-2-92	焊铜接线端子 导线截面（mm^2）≤35	个	15.24	4.07	9.95	0.00	0.69	0.53
2-2-93	焊铜接线端子 导线截面（mm^2）≤70	个	24.77	5.00	18.27	0.00	0.85	0.65
2-2-94	焊铜接线端子 导线截面（mm^2）≤120	个	42.58	7.59	32.71	0.00	1.29	0.99
2-2-95	焊铜接线端子 导线截面（mm^2）≤185	个	58.03	9.25	46.00	0.00	1.57	1.21
2-2-96	焊铜接线端子 导线截面（mm^2）≤240	个	74.17	10.92	59.96	0.00	1.86	1.43
2-2-97	焊铜接线端子 导线截面（mm^2）≤300	个	97.26	14.43	78.50	0.00	2.45	1.88
2-2-98	焊铜接线端子 导线截面（mm^2）≤400	个	131.34	18.69	107.03	0.00	3.18	2.44
2-2-99	压铜接线端子 导线截面（mm^2）≤16	个	9.30	4.81	3.04	0.00	0.82	0.63
2-2-100	压铜接线端子 导线截面（mm^2）≤35	个	12.78	6.85	3.87	0.00	1.17	0.89
2-2-101	压铜接线端子 导线截面（mm^2）≤70	个	25.05	14.06	6.77	0.00	2.39	1.83
2-2-102	压铜接线端子 导线截面（mm^2）≤120	个	48.09	27.01	12.97	0.00	4.59	3.52
2-2-103	压铜接线端子 导线截面（mm^2）≤185	个	60.96	31.45	20.06	0.00	5.35	4.10
2-2-104	压铜接线端子 导线截面（mm^2）≤240	个	74.93	35.15	29.21	0.00	5.98	4.59
2-2-105	压铜接线端子 导线截面（mm^2）≤300	个	98.59	42.37	43.48	0.00	7.21	5.53
2-2-106	压铜接线端子 导线截面（mm^2）≤400	个	123.62	47.92	61.30	0.00	8.15	6.25
2-2-107	压铝接线端子 导线截面（mm^2）≤16	个	3.77	2.04	1.11	0.00	0.35	0.27
2-2-108	压铝接线端子 导线截面（mm^2）≤35	个	5.67	3.15	1.57	0.00	0.54	0.41
2-2-109	压铝接线端子 导线截面（mm^2）≤70	个	9.93	5.92	2.23	0.00	1.01	0.77
2-2-110	压铝接线端子 导线截面（mm^2）≤120	个	19.36	12.58	3.00	0.00	2.14	1.64
2-2-111	压铝接线端子 导线截面（mm^2）≤185	个	22.76	14.62	3.74	0.00	2.49	1.91

续前

编号	项目名称	单位	基价	人工费	材料费	施工机具使用费	管理费	利润
2-2-112	压铝接线端子 导线截面（mm^2）≤240	个	27.35	16.65	5.70	0.00	2.83	2.17
2-2-113	压铝接线端子 导线截面（mm^2）≤300	个	40.03	21.09	12.60	0.00	3.59	2.75
2-2-114	压铝接线端子 导线截面（mm^2）≤400	个	47.22	25.35	14.25	0.00	4.31	3.31
2-2-115	高频开关电源安装 电流（A）≤50	台	791.48	491.55	117.55	34.62	83.61	64.15
2-2-116	高频开关电源安装 电流（A）≤100	台	1171.64	783.85	117.55	34.62	133.33	102.29
2-2-117	直流屏（柜）安装 蓄电池屏（柜）	台	1099.65	771.27	30.90	65.64	131.19	100.65
2-2-118	直流屏（柜）安装 直流馈电屏	台	608.18	417.73	6.40	58.48	71.06	54.51
2-2-119	直流屏（柜）安装 屏边	台	44.96	32.56	2.61	0.00	5.54	4.25

五、蓄电池安装工程

编号	项目名称	单位	基价	人工费	材料费	施工机具使用费	管理费	利润
2-2-120	不间断电源 UPS 安装 单相（kV·A）≤30	台	767.64	530.77	53.31	24.01	90.28	69.27
2-2-121	不间断电源 UPS 安装 三相（kV·A）≤100	台	1476.37	1024.90	95.31	48.07	174.34	133.75

六、交流电动机检查接线工程

编号	项目名称	单位	基价	人工费	材料费	施工机具使用费	管理费	利润
2-2-122	交流异步电动机检查接线 功率（kW）≤3	台	245.22	151.15	42.91	5.72	25.71	19.73
2-2-123	交流异步电动机检查接线 功率（kW）≤13	台	449.86	288.23	67.61	7.38	49.03	37.61
2-2-124	交流异步电动机检查接线 功率（kW）≤30	台	697.72	451.59	100.28	10.10	76.82	58.93
2-2-125	交流异步电动机检查接线 功率（kW）≤100	台	1073.69	720.58	126.40	10.10	122.57	94.04

续前

编号	项目名称	单位	基价	人工费	材料费	施工机具使用费	管理费	利润
2-2-126	交流异步电动机检查接线 功率（kW）≤220	台	1427.58	949.24	182.89	10.10	161.47	123.88
2-2-127	交流防爆电动机检查接线 功率（kW）≤3	台	600.21	396.27	75.78	9.04	67.41	51.71
2-2-128	交流防爆电动机检查接线 功率（kW）≤13	台	777.86	525.96	84.75	9.04	89.47	68.64
2-2-129	交流防爆电动机检查接线 功率（kW）≤30	台	1040.70	714.10	101.84	10.10	121.47	93.19
2-2-130	交流防爆电动机检查接线 功率（kW）≤100	台	1409.90	957.01	155.11	10.10	162.79	124.89
2-2-131	交流防爆电动机检查接线 功率（kW）≤200	台	1859.14	1261.33	208.56	10.10	214.55	164.60

七、金属构件、穿墙套板安装工程

编号	项目名称	单位	基价	人工费	材料费	施工机具使用费	管理费	利润
2-2-132	基础槽钢制作、安装	m	61.78	21.28	32.68	1.42	3.62	2.78
2-2-133	基础角钢制作、安装	m	54.61	16.10	32.37	1.30	2.74	2.10
2-2-134	一般铁构件制作	t	10093.87	3887.96	4628.04	409.15	661.34	507.38
2-2-135	一般铁构件安装	t	4261.46	2807.75	239.24	370.46	477.60	366.41
2-2-136	轻型铁构件制作	t	10873.92	4441.85	4555.34	541.51	755.56	579.66
2-2-137	轻型铁构件安装	t	4793.30	3275.80	90.46	442.34	557.21	427.49
2-2-138	金属箱、盒制作	kg	46.30	30.71	5.53	0.83	5.22	4.01
2-2-139	穿墙板制作与安装 石棉水泥板	块	367.18	230.88	58.62	8.28	39.27	30.13
2-2-140	穿墙板制作与安装 塑料板	块	323.33	170.20	93.50	8.47	28.95	22.21
2-2-141	穿墙板制作与安装 电木板	块	684.64	367.23	194.83	12.19	62.47	47.92
2-2-142	穿墙板制作与安装 环氧树脂板	块	647.85	385.73	133.98	12.19	65.61	50.34
2-2-143	穿墙板制作与安装 钢板	块	355.92	182.41	108.68	10.00	31.03	23.80
2-2-144	金属围网制作	m^2	200.23	58.28	123.31	1.12	9.91	7.61
2-2-145	金属围网安装	m^2	66.33	31.08	18.26	7.64	5.29	4.06
2-2-146	金属网门制作	m^2	249.30	64.75	163.97	1.12	11.01	8.45
2-2-147	金属网门安装	m^2	70.65	34.41	18.26	7.64	5.85	4.49

八、滑触线安装工程

编号	项目名称	单位	基价	人工费	材料费	施工机具使用费	管理费	利润
2-2-148	轻型滑触线安装 铜质 I 型	10m/单相	2094.08	1223.22	244.58	258.58	208.07	159.63
2-2-149	轻型滑触线安装 铜钢组合	10m/单相	1875.45	1202.32	180.48	131.24	204.51	156.90
2-2-150	轻型滑触线安装 沟型	10m/单相	432.75	254.56	101.67	0.00	43.30	33.22
2-2-151	安全节能型滑触线安装 电流（A）≤100	10m/单相	640.30	333.37	121.01	85.71	56.71	43.50
2-2-152	安全节能型滑触线安装 电流（A）≤200	10m/单相	739.03	396.46	126.46	96.93	67.44	51.74
2-2-153	3 横架式支架 螺栓固定	副	83.23	34.04	38.96	0.00	5.79	4.44
2-2-154	3 横架式支架 焊接固定	副	73.90	34.04	23.71	5.92	5.79	4.44
2-2-155	6 横架式支架 螺栓固定	副	115.55	50.51	49.86	0.00	8.59	6.59
2-2-156	6 横架式支架 焊接固定	副	110.10	50.51	35.54	8.87	8.59	6.59
2-2-157	工字钢 轻轨支架	副	235.11	95.28	41.44	69.75	16.21	12.43
2-2-158	指示灯 安装（套）	副	68.25	24.42	35.37	1.12	4.15	3.19
2-2-159	滑触线拉紧装置 扁钢	套	60.03	19.24	35.01	0.00	3.27	2.51
2-2-160	滑触线拉紧装置 圆钢	套	60.20	22.39	31.08	0.00	3.81	2.92
2-2-161	滑触线拉紧装置 软滑线	套	140.98	92.87	20.19	0.00	15.80	12.12
2-2-162	挂式滑触线支持器	套	16.73	6.48	8.27	0.03	1.10	0.85

九、配电电缆敷设工程

编号	项目名称	单位	基价	人工费	材料费	施工机具使用费	管理费	利润
2-2-163	入室密封电缆保护管 钢管直径（mm）≤50	根	207.56	83.62	94.50	4.31	14.22	10.91
2-2-164	入室密封电缆保护管 钢管直径（mm）≤80	根	289.11	115.63	133.57	5.15	19.67	15.09
2-2-165	入室密封电缆保护管 钢管直径（mm）≤100	根	338.14	118.96	177.97	5.45	20.24	15.52
2-2-166	入室密封电缆保护管 钢管直径（mm）≤125	根	410.80	143.56	217.42	6.67	24.42	18.73

续前

编号	项目名称	单位	基价	人工费	材料费	施工机具使用费	管理费	利润
2-2-167	入室密封电缆保护管 钢管直径（mm）≤150	根	454.96	148.56	254.64	7.10	25.27	19.39
2-2-168	入室密封电缆保护管 钢管直径（mm）≤200	根	727.70	281.20	353.20	8.77	47.83	36.70
2-2-169	钢制槽式桥架（宽 + 高 mm）≤200	10m	550.87	188.70	297.75	7.69	32.10	24.63
2-2-170	钢制槽式桥架（宽 + 高 mm）≤400	10m	721.86	314.50	298.31	14.51	53.50	41.04
2-2-171	钢制槽式桥架（宽 + 高 mm）≤600	10m	978.17	503.02	301.14	22.81	85.56	65.64
2-2-172	钢制槽式桥架（宽 + 高 mm）≤800	10m	1243.93	680.62	302.67	56.05	115.77	88.82
2-2-173	钢制槽式桥架（宽 + 高 mm）≤1000	10m	1516.08	865.99	304.16	85.62	147.30	113.01
2-2-174	钢制槽式桥架（宽 + 高 mm）≤1200	10m	1765.04	1031.01	305.98	118.13	175.37	134.55
2-2-175	钢制槽式桥架（宽 + 高 mm）≤1500	10m	1979.77	1180.67	310.88	133.31	200.83	154.08
2-2-176	钢制梯式桥架（宽 + 高 mm）≤200	10m	511.88	158.73	297.75	7.69	27.00	20.71
2-2-177	钢制梯式桥架（宽 + 高 mm）≤500	10m	812.11	381.29	300.22	15.98	64.86	49.76
2-2-178	钢制梯式桥架（宽 + 高 mm）≤800	10m	1025.85	526.70	302.97	37.86	89.59	68.73
2-2-179	钢制梯式桥架（宽 + 高 mm）≤1000	10m	1349.86	748.14	304.25	72.58	127.26	97.63
2-2-180	钢制梯式桥架（宽 + 高 mm）≤1200	10m	1520.15	845.64	307.66	112.65	143.84	110.36
2-2-181	钢制梯式桥架（宽 + 高 mm）≤1500	10m	1730.06	983.46	314.85	136.12	167.29	128.34
2-2-182	钢制托盘式桥架（宽 + 高 mm）≤200	10m	535.07	177.42	296.63	7.69	30.18	23.15
2-2-183	钢制托盘式桥架（宽 + 高 mm）≤400	10m	691.34	292.12	296.90	14.51	49.69	38.12
2-2-184	钢制托盘式桥架（宽 + 高 mm）≤600	10m	929.54	465.28	297.78	26.62	79.14	60.72
2-2-185	钢制托盘式桥架（宽 + 高 mm）≤800	10m	1162.74	624.01	303.40	47.76	106.14	81.43
2-2-186	钢制托盘式桥架（宽 + 高 mm）≤1000	10m	1386.17	768.68	306.58	79.85	130.75	100.31
2-2-187	钢制托盘式桥架（宽 + 高 mm）≤1200	10m	1512.09	848.78	304.45	103.71	144.38	110.77
2-2-188	钢制托盘式桥架（宽 + 高 mm）≤1500	10m	1717.03	972.92	311.97	139.68	165.49	126.97
2-2-189	玻璃钢槽式桥架（宽 + 高 mm）≤200	10m	546.64	187.04	295.68	7.69	31.82	24.41

续前

编号	项目名称	单位	基价	人工费	材料费	施工机具使用费	管理费	利润
2-2-190	玻璃钢槽式桥架（宽 + 高 mm）≤400	10m	681.68	290.82	295.75	7.69	49.47	37.95
2-2-191	玻璃钢槽式桥架（宽 + 高 mm）≤600	10m	902.91	447.89	295.88	24.50	76.19	58.45
2-2-192	玻璃钢槽式桥架（宽 + 高 mm）≤800	10m	1320.47	751.29	295.22	48.13	127.79	98.04
2-2-193	玻璃钢槽式桥架（宽 + 高 mm）≤1000	10m	1453.38	834.54	295.35	72.62	141.96	108.91
2-2-194	玻璃钢槽式桥架（宽 + 高 mm）≤1200	10m	1538.55	900.03	295.35	72.62	153.10	117.45
2-2-195	玻璃钢梯式桥架（宽 + 高 mm）≤200	10m	492.49	145.41	295.68	7.69	24.73	18.98
2-2-196	玻璃钢梯式桥架（宽 + 高 mm）≤400	10m	623.38	246.05	295.68	7.69	41.85	32.11
2-2-197	玻璃钢梯式桥架（宽 + 高 mm）≤600	10m	793.87	362.42	295.88	26.62	61.65	47.30
2-2-198	玻璃钢梯式桥架（宽 + 高 mm）≤800	10m	1066.26	551.86	296.14	52.37	93.87	72.02
2-2-199	玻璃钢梯式桥架（宽 + 高 mm）≤1000	10m	1237.81	669.15	295.35	72.17	113.82	87.32
2-2-200	玻璃钢梯式桥架（宽 + 高 mm）≤1200	10m	1381.46	779.59	295.35	72.17	132.61	101.74
2-2-201	玻璃钢托盘式桥架（宽 + 高 mm）≤300	10m	655.71	271.03	295.52	7.69	46.10	35.37
2-2-202	玻璃钢托盘式桥架（宽 + 高 mm）≤500	10m	876.86	426.24	295.88	26.62	72.50	55.62
2-2-203	玻璃钢托盘式桥架（宽 + 高 mm）≤800	10m	1197.91	653.79	295.22	52.37	111.21	85.32
2-2-204	玻璃钢托盘式桥架（宽 + 高 mm）≤1000	10m	1418.84	803.09	295.35	78.99	136.61	104.80
2-2-205	玻璃钢托盘式桥架（宽 + 高 mm）≤1200	10m	1566.81	916.86	295.35	78.99	155.96	119.65
2-2-206	铝合金槽式桥架（宽 + 高 mm）≤200	10m	468.10	131.91	295.68	0.86	22.44	17.21
2-2-207	铝合金槽式桥架（宽 + 高 mm）≤400	10m	565.92	202.58	295.75	6.69	34.46	26.44
2-2-208	铝合金槽式桥架（宽 + 高 mm）≤600	10m	838.17	411.81	295.88	6.69	70.05	53.74
2-2-209	铝合金槽式桥架（宽 + 高 mm）≤800	10m	1140.33	631.78	296.14	22.49	107.47	82.45
2-2-210	铝合金槽式桥架（宽 + 高 mm）≤1000	10m	1317.89	756.10	295.35	39.16	128.61	98.67
2-2-211	铝合金槽式桥架（宽 + 高 mm）≤1200	10m	1454.80	861.36	295.35	39.16	146.52	112.41
2-2-212	铝合金梯式桥架（宽 + 高 mm）≤200	10m	472.07	130.43	295.74	6.69	22.19	17.02

续前

编号	项目名称	单位	基价	人工费	材料费	施工机具使用费	管理费	利润
2-2-213	铝合金梯式桥架（宽 + 高 mm）≤400	10m	492.51	146.15	295.74	6.69	24.86	19.07
2-2-214	铝合金梯式桥架（宽 + 高 mm）≤600	10m	709.87	313.02	296.07	6.69	53.24	40.85
2-2-215	铝合金梯式桥架（宽 + 高 mm）≤800	10m	929.76	469.90	296.12	22.49	79.93	61.32
2-2-216	铝合金梯式桥架（宽 + 高 mm）≤1000	10m	1152.08	628.63	295.32	39.16	106.93	82.04
2-2-217	铝合金梯式桥架（宽 + 高 mm）≤1200	10m	1275.03	723.17	295.32	39.16	123.01	94.37
2-2-218	铝合金托盘式桥架（宽 + 高 mm）≤200	10m	506.86	157.07	295.88	6.69	26.72	20.50
2-2-219	铝合金托盘式桥架（宽 + 高 mm）≤400	10m	529.48	174.46	295.88	6.69	29.68	22.77
2-2-220	铝合金托盘式桥架（宽 + 高 mm）≤600	10m	744.29	339.48	296.07	6.69	57.75	44.30
2-2-221	铝合金托盘式桥架（宽 + 高 mm）≤800	10m	1081.11	586.27	296.12	22.49	99.72	76.51
2-2-222	铝合金托盘式桥架（宽 + 高 mm）≤1000	10m	1237.99	694.68	295.32	39.16	118.17	90.66
2-2-223	铝合金托盘式桥架（宽 + 高 mm）≤1200	10m	1377.54	801.98	295.32	39.16	136.42	104.66
2-2-224	组合式桥架	片	111.58	40.89	57.72	0.67	6.96	5.34
2-2-225	复合支架安装	副	140.50	14.99	120.40	0.60	2.55	1.96
2-2-226	防火桥架（宽 + 高 mm）≤200	10m	570.96	205.72	295.71	7.69	34.99	26.85
2-2-227	防火桥架（宽 + 高 mm）≤400	10m	759.93	345.77	295.71	14.51	58.82	45.12
2-2-228	防火桥架（宽 + 高 mm）≤600	10m	1038.80	554.82	295.87	21.34	94.37	72.40
2-2-229	防火桥架（宽 + 高 mm）≤800	10m	1321.27	748.14	295.87	52.37	127.26	97.63
2-2-230	防火桥架(宽 + 高 mm)≤1000	10m	1615.69	954.05	295.87	78.99	162.28	124.50
2-2-231	防火桥架(宽 + 高 mm)≤1200	10m	1881.97	1134.79	296.03	110.03	193.03	148.09
2-2-232	铜芯电力电缆敷设　电缆截面（mm^2）≤10	10m	246.17	42.55	179.12	11.71	7.24	5.55
2-2-233	铜芯电力电缆敷设　电缆截面（mm^2）≤16	10m	265.11	56.61	179.77	11.71	9.63	7.39
2-2-234	铜芯电力电缆敷设　电缆截面（mm^2）≤35	10m	295.30	78.26	181.81	11.71	13.31	10.21
2-2-235	铜芯电力电缆敷设　电缆截面（mm^2）≤50	10m	321.70	98.05	182.46	11.71	16.68	12.80
2-2-236	铜芯电力电缆敷设　电缆截面（mm^2）≤70	10m	352.42	121.18	183.11	11.71	20.61	15.81
2-2-237	铜芯电力电缆敷设　电缆截面（mm^2）≤120	10m	387.24	144.12	187.68	12.12	24.51	18.81
2-2-238	铜芯电力电缆敷设　电缆截面（mm^2）≤240	10m	487.30	199.80	193.10	34.34	33.99	26.07

续前

编号	项目名称	单位	基价	人工费	材料费	施工机具使用费	管理费	利润
2-2-239	铜芯电力电缆敷设 电缆截面（mm²）≤400	10m	677.85	304.51	202.36	79.44	51.80	39.74
2-2-240	预制分支电缆敷设 主电缆截面（mm²）≤10	10m	418.44	135.79	230.12	11.71	23.10	17.72
2-2-241	预制分支电缆敷设 主电缆截面（mm²）≤16	10m	488.70	189.81	230.12	11.71	32.29	24.77
2-2-242	预制分支电缆敷设 主电缆截面（mm²）≤25	10m	582.54	261.96	230.12	11.71	44.56	34.19
2-2-243	预制分支电缆敷设 主电缆截面（mm²）≤35	10m	680.23	337.07	230.12	11.71	57.34	43.99
2-2-244	预制分支电缆敷设 主电缆截面（mm²）≤50	10m	771.33	404.23	233.88	11.71	68.76	52.75
2-2-245	预制分支电缆敷设 主电缆截面（mm²）≤70	10m	858.67	471.38	233.88	11.71	80.18	61.52
2-2-246	预制分支电缆敷设 主电缆截面（mm²）≤95	10m	1107.16	613.83	266.76	42.06	104.41	80.10
2-2-247	预制分支电缆敷设 主电缆截面（mm²）≤120	10m	1244.12	756.10	248.09	12.65	128.61	98.67
2-2-248	预制分支电缆敷设 主电缆截面（mm²）≤150	10m	1487.10	911.68	278.66	22.71	155.08	118.97
2-2-249	预制分支电缆敷设 主电缆截面（mm²）≤185	10m	1600.92	991.79	280.80	30.20	168.70	129.43
2-2-250	预制分支电缆敷设 主电缆截面（mm²）≤240	10m	1711.87	1073.74	285.17	30.20	182.64	140.12
2-2-251	预制分支电缆敷设 主电缆截面（mm²）≤300	10m	2040.56	1289.64	306.78	56.47	219.37	168.30
2-2-252	预制分支电缆敷设 主电缆截面（mm²）≤400	10m	2336.86	1502.57	311.15	71.46	255.59	196.09
2-2-253	1kV 以下室内干包式铜芯电力电缆中间头制作与安装 电缆截面（mm²）≤16	个	170.89	83.25	62.62	0.00	14.16	10.86
2-2-254	1kV 以下室内干包式铜芯电力电缆中间头制作与安装 电缆截面（mm²）≤35	个	257.62	138.38	77.64	0.00	23.54	18.06
2-2-255	1kV 以下室内干包式铜芯电力电缆中间头制作与安装 电缆截面（mm²）≤50	个	201.44	83.25	93.17	0.00	14.16	10.86
2-2-256	1kV 以下室内干包式铜芯电力电缆中间头制作与安装 电缆截面（mm²）≤70	个	248.58	104.34	112.87	0.00	17.75	13.62
2-2-257	1kV 以下室内干包式铜芯电力电缆中间头制作与安装 电缆截面（mm²）≤120	个	308.47	125.06	145.82	0.00	21.27	16.32
2-2-258	1kV 以下室内干包式铜芯电力电缆中间头制作与安装 电缆截面（mm²）≤240	个	436.86	162.80	225.12	0.00	27.69	21.25

续前

编号	项目名称	单位	基价	人工费	材料费	施工机具使用费	管理费	利润
2-2-259	1kV 以下室内干包式铜芯电力电缆中间头制作与安装 电缆截面（mm^2）≤400	个	759.30	365.01	284.57	0.00	62.09	47.63
2-2-260	1kV 以下热（冷）缩式铜芯电力电缆中间头制作与安装 电缆截面（mm^2）≤16	个	213.10	65.68	127.68	0.00	11.17	8.57
2-2-261	1kV 以下热（冷）缩式铜芯电力电缆中间头制作与安装 电缆截面（mm^2）≤35	个	291.16	109.89	148.24	0.00	18.69	14.34
2-2-262	1kV 以下热（冷）缩式铜芯电力电缆中间头制作与安装 电缆截面（mm^2）≤50	个	329.02	123.03	169.00	0.00	20.93	16.06
2-2-263	1kV 以下热（冷）缩式铜芯电力电缆中间头制作与安装 电缆截面（mm^2）≤70	个	383.39	143.01	197.39	0.00	24.33	18.66
2-2-264	1kV 以下热（冷）缩式铜芯电力电缆中间头制作与安装 电缆截面（mm^2）≤120	个	446.87	162.80	235.13	0.00	27.69	21.25
2-2-265	1kV 以下热（冷）缩式铜芯电力电缆中间头制作与安装 电缆截面（mm^2）≤240	个	596.76	210.53	322.95	0.00	35.81	27.47
2-2-266	1kV 以下热（冷）缩式铜芯电力电缆中间头制作与安装 电缆截面（mm^2）≤400	个	837.51	294.52	454.46	0.00	50.10	38.43
2-2-267	10kV 以下热（冷）缩式铜芯电力电缆中间头制作与安装 电缆截面（mm^2）≤35	个	354.47	163.36	142.00	0.00	27.79	21.32
2-2-268	10kV 以下热（冷）缩式铜芯电力电缆中间头制作与安装 电缆截面（mm^2）≤50	个	474.99	192.77	224.27	0.00	32.79	25.16
2-2-269	10kV 以下热（冷）缩式铜芯电力电缆中间头制作与安装 电缆截面（mm^2）≤70	个	475.65	222.19	186.67	0.00	37.79	29.00
2-2-270	10kV 以下热（冷）缩式铜芯电力电缆中间头制作与安装 电缆截面（mm^2）≤120	个	547.92	252.16	219.96	0.00	42.89	32.91
2-2-271	10kV 以下热（冷）缩式铜芯电力电缆中间头制作与安装 电缆截面（mm^2）≤240	个	726.32	321.90	307.65	0.00	54.76	42.01
2-2-272	10kV 以下热（冷）缩式铜芯电力电缆中间头制作与安装 电缆截面（mm^2）≤400	个	1011.93	450.85	425.55	0.00	76.69	58.84
2-2-273	1kV 以下室内干包式铜芯电力电缆终端头制作与安装 电缆截面（mm^2）≤10	个	81.22	32.75	38.63	0.00	5.57	4.27

续前

编号	项目名称	单位	基价	人工费	材料费	施工机具使用费	管理费	利润
2-2-274	1kV 以下室内干包式铜芯电力电缆终端头制作与安装 电缆截面（mm^2）≤16	个	111.58	49.03	47.81	0.00	8.34	6.40
2-2-275	1kV 以下室内干包式铜芯电力电缆终端头制作与安装 电缆截面（mm^2）≤35	个	165.96	81.96	59.36	0.00	13.94	10.70
2-2-276	1kV 以下室内干包式铜芯电力电缆终端头制作与安装 电缆截面（mm^2）≤50	个	196.25	93.06	75.22	0.00	15.83	12.14
2-2-277	1kV 以下室内干包式铜芯电力电缆终端头制作与安装 电缆截面（mm^2）≤70	个	227.89	108.04	87.37	0.00	18.38	14.10
2-2-278	1kV 以下室内干包式铜芯电力电缆终端头制作与安装 电缆截面（mm^2）≤120	个	278.14	123.40	117.65	0.00	20.99	16.10
2-2-279	1kV 以下室内干包式铜芯电力电缆终端头制作与安装 电缆截面（mm^2）≤240	个	422.94	161.88	212.39	0.00	27.54	21.13
2-2-280	1kV 以下室内干包式铜芯电力电缆终端头制作与安装 电缆截面（mm^2）≤400	个	572.19	178.16	340.47	0.00	30.31	23.25
2-2-281	1kV 室内热（冷）缩式铜芯电力电缆终端头制作与安装 电缆截面（mm^2）≤10	个	153.37	31.08	112.94	0.00	5.29	4.06
2-2-282	1kV 室内热（冷）缩式铜芯电力电缆终端头制作与安装 电缆截面（mm^2）≤16	个	205.54	48.66	142.25	0.00	8.28	6.35
2-2-283	1kV 室内热（冷）缩式铜芯电力电缆终端头制作与安装 电缆截面（mm^2）≤35	个	275.29	80.85	170.14	0.00	13.75	10.55
2-2-284	1kV 室内热（冷）缩式铜芯电力电缆终端头制作与安装 电缆截面（mm^2）≤50	个	300.58	90.65	182.68	0.00	15.42	11.83
2-2-285	1kV 室内热（冷）缩式铜芯电力电缆终端头制作与安装 电缆截面（mm^2）≤70	个	338.57	107.49	198.77	0.00	18.28	14.03
2-2-286	1kV 室内热（冷）缩式铜芯电力电缆终端头制作与安装 电缆截面（mm^2）≤120	个	397.05	123.77	236.08	0.00	21.05	16.15
2-2-287	1kV 室内热（冷）缩式铜芯电力电缆终端头制作与安装 电缆截面（mm^2）≤240	个	549.18	164.84	334.79	0.00	28.04	21.51
2-2-288	1kV 室内热（冷）缩式铜芯电力电缆终端头制作与安装 电缆截面（mm^2）≤400	个	767.64	230.70	467.59	0.00	39.24	30.11

续前

编号	项目名称	单位	基价	人工费	材料费	施工机具使用费	管理费	利润
2-2-289	10kV 室内热（冷）缩式铜芯电力电缆终端头制作与安装 电缆截面（mm^2）≤35	个	309.72	98.61	181.47	0.00	16.77	12.87
2-2-290	10kV 室内热（冷）缩式铜芯电力电缆终端头制作与安装 电缆截面（mm^2）≤50	个	348.46	116.55	196.87	0.00	19.83	15.21
2-2-291	10kV 室内热（冷）缩式铜芯电力电缆终端头制作与安装 电缆截面（mm^2）≤70	个	396.74	134.31	222.05	0.00	22.85	17.53
2-2-292	10kV 室内热（冷）缩式铜芯电力电缆终端头制作与安装 电缆截面（mm^2）≤120	个	449.98	152.63	251.47	0.00	25.96	19.92
2-2-293	10kV 室内热（冷）缩式铜芯电力电缆终端头制作与安装 电缆截面（mm^2）≤240	个	606.88	196.47	351.35	0.00	33.42	25.64
2-2-294	10kV 室内热（冷）缩式铜芯电力电缆终端头制作与安装 电缆截面（mm^2）≤400	个	837.67	276.39	478.20	0.00	47.01	36.07
2-2-295	10kV 以下成套型电缆中间头安装 电缆截面（mm^2）≤35	个	348.67	162.99	136.69	0.00	27.72	21.27
2-2-296	10kV 以下成套型电缆中间头安装 电缆截面（mm^2）≤50	个	391.57	192.03	141.82	0.00	32.66	25.06
2-2-297	10kV 以下成套型电缆中间头安装 电缆截面（mm^2）≤70	个	450.67	221.63	162.42	0.00	37.70	28.92
2-2-298	10kV 以下成套型电缆中间头安装 电缆截面（mm^2）≤120	个	509.74	251.05	183.23	0.00	42.70	32.76
2-2-299	10kV 以下成套型电缆中间头安装 电缆截面（mm^2）≤240	个	662.55	321.53	244.37	0.00	54.69	41.96
2-2-300	10kV 以下成套型电缆中间头安装 电缆截面（mm^2）≤400	个	889.63	449.74	304.70	0.00	76.50	58.69
2-2-301	10kV 以下成套型室内电缆终端头安装 电缆截面（mm^2）≤35	个	274.04	106.56	135.44	0.00	18.13	13.91
2-2-302	10kV 以下成套型室内电缆终端头安装 电缆截面（mm^2）≤50	个	300.88	126.36	136.54	0.00	21.49	16.49
2-2-303	10kV 以下成套型室内电缆终端头安装 电缆截面（mm^2）≤70	个	341.97	145.97	152.12	0.00	24.83	19.05
2-2-304	10kV 以下成套型室内电缆终端头安装 电缆截面（mm^2）≤120	个	370.74	166.13	154.67	0.00	28.26	21.68
2-2-305	10kV 以下成套型室内电缆终端头安装 电缆截面（mm^2）≤240	个	466.41	214.97	186.82	0.00	36.57	28.05
2-2-306	10kV 以下成套型室内电缆终端头安装 电缆截面（mm^2）≤400	个	609.85	307.84	209.48	0.00	52.36	40.17
2-2-307	室内铜芯控制电缆敷设 电缆芯数（芯）≤6	10m	108.72	45.51	49.53	0.00	7.74	5.94
2-2-308	室内铜芯控制电缆敷设 电缆芯数（芯）≤14	10m	132.35	51.06	49.96	15.98	8.69	6.66

续前

编号	项目名称	单位	基价	人工费	材料费	施工机具使用费	管理费	利润
2-2-309	室内铜芯控制电缆敷设 电缆芯数（芯）≤24	10m	133.72	51.99	50.13	15.98	8.84	6.78
2-2-310	室内铜芯控制电缆敷设 电缆芯数（芯）≤37	10m	155.48	68.64	50.22	15.98	11.68	8.96
2-2-311	室内铜芯控制电缆敷设 电缆芯数（芯）≤48	10m	193.16	97.50	50.38	15.98	16.58	12.72
2-2-312	控制电缆终端头制作与安装 电缆芯数（芯）≤6	个	122.66	46.25	62.50	0.00	7.87	6.04
2-2-313	控制电缆终端头制作与安装 电缆芯数（芯）≤14	个	177.12	74.74	79.92	0.00	12.71	9.75
2-2-314	控制电缆终端头制作与安装 电缆芯数（芯）≤24	个	222.54	101.75	90.20	0.00	17.31	13.28
2-2-315	控制电缆终端头制作与安装 电缆芯数（芯）≤37	个	293.42	147.82	101.17	0.00	25.14	19.29
2-2-316	控制电缆终端头制作与安装 电缆芯数（芯）≤48	个	411.77	224.96	119.18	0.00	38.27	29.36
2-2-317	电缆防火设施安装 阻燃槽盒（宽＋高 mm）≤550	10m	1898.87	1411.92	62.52	0.00	240.17	184.26
2-2-318	电缆防火设施安装 阻燃槽盒（宽＋高 mm）＞550	10m	2882.14	2166.17	64.81	0.00	368.47	282.69
2-2-319	电缆防火设施安装 防火隔板	m^2	276.93	171.13	54.36	0.00	29.11	22.33
2-2-320	电缆防火设施安装 防火槽	10m	168.20	85.10	57.51	0.00	14.48	11.11
2-2-321	电缆防火设施安装 防火带	10m	412.99	38.11	363.43	0.00	6.48	4.97
2-2-322	电缆防火设施安装 防火墙	m^2	315.54	64.57	231.56	0.00	10.98	8.43
2-2-323	电缆防火设施安装 防火包	t	7683.54	2765.75	4086.41	0.00	470.45	360.93
2-2-324	电缆防火设施安装 防火堵料	t	17839.78	7867.87	7606.83	0.00	1338.32	1026.76
2-2-325	电缆防火设施安装 防火涂料	kg	72.88	39.22	21.87	0.00	6.67	5.12

十、防雷及接地装置安装工程

编号	项目名称	单位	基价	人工费	材料费	施工机具使用费	管理费	利润
2-2-326	接地极（板）制作与安装 钢管接地极 普通土	根	112.76	50.51	32.16	14.91	8.59	6.59
2-2-327	接地极（板）制作与安装 钢管接地极 坚土	根	121.42	57.17	32.16	14.91	9.72	7.46
2-2-328	接地极（板）制作与安装 角钢接地极 普通土	根	101.48	34.97	46.06	9.94	5.95	4.56

续前

编号	项目名称	单位	基价	人工费	材料费	施工机具使用费	管理费	利润
2-2-329	接地极（板）制作与安装 角钢接地极 坚土	根	108.45	40.33	46.06	9.94	6.86	5.26
2-2-330	接地极（板）制作与安装 圆钢接地极 普通土	根	93.68	25.16	52.68	8.28	4.28	3.28
2-2-331	接地极（板）制作与安装 圆钢接地极 坚土	根	122.07	46.99	52.68	8.28	7.99	6.13
2-2-332	接地极（板）制作与安装 接地极板 铜板	块	590.13	275.47	231.85	0.00	46.86	35.95
2-2-333	接地极（板）制作与安装 接地极板 钢板	块	412.82	294.15	21.97	8.28	50.03	38.39
2-2-334	接地母线敷设 户内接地母线敷设	m	35.53	15.17	15.21	0.59	2.58	1.98
2-2-335	接地母线敷设 户外接地母线敷设	m	73.52	44.22	15.60	0.41	7.52	5.77
2-2-336	接地母线敷设 户外铜接地绞线敷设	m	64.05	43.29	7.75	0.00	7.36	5.65
2-2-337	接地跨接线安装 接地网	处	19.23	11.84	2.71	1.12	2.01	1.55
2-2-338	接地跨接线安装 构架接地	处	372.89	252.71	40.36	3.85	42.99	32.98
2-2-339	接地跨接线安装 钢制、铝制窗接地	处	40.50	25.53	5.29	2.01	4.34	3.33
2-2-340	桩承台接地 ≤3 根桩连接	基	450.14	270.84	69.08	28.81	46.07	35.34
2-2-341	桩承台接地 ≤7 根桩连接	基	635.10	382.03	97.54	40.70	64.98	49.85
2-2-342	桩承台接地 ≤10 根桩连接	基	934.99	562.40	143.61	59.93	95.66	73.39
2-2-343	设备防雷装置安装 计算机信号避雷器	个	27.53	20.91	0.33	0.00	3.56	2.73
2-2-344	设备防雷装置安装 总电源避雷器	个	76.59	55.87	3.93	0.00	9.50	7.29
2-2-345	设备防雷装置安装 分电源避雷器	个	74.88	55.87	2.22	0.00	9.50	7.29
2-2-346	设备防雷装置安装 直流电源避雷器	个	45.98	34.23	1.46	0.00	5.82	4.47
2-2-347	等电位装置安装 等电位末端金属体与绝缘导线连接	处	13.08	6.66	4.42	0.00	1.13	0.87
2-2-348	等电位装置安装 等电位端子盒安装	套	35.37	13.32	18.04	0.00	2.27	1.74
2-2-349	接地系统测试 独立接地装置 ≤6 根接地极	组	631.48	404.60	15.39	89.87	68.82	52.80
2-2-350	接地系统测试 接地网	系统	1575.38	1011.77	34.74	224.73	172.10	132.04

十一、配 管 工 程

编号	项目名称	单位	基价	人工费	材料费	施工机具使用费	管理费	利润
2-2-351	镀锌钢管敷设 砖、混凝土结构明配 公称直径（DN）≤15	10m	427.28	161.69	216.99	0.00	27.50	21.10
2-2-352	镀锌钢管敷设 砖、混凝土结构明配 公称直径（DN）≤20	10m	434.80	166.69	218.01	0.00	28.35	21.75
2-2-353	镀锌钢管敷设 砖、混凝土结构明配 公称直径（DN）≤25	10m	449.00	183.15	210.80	0.00	31.15	23.90
2-2-354	镀锌钢管敷设 砖、混凝土结构明配 公称直径（DN）≤32	10m	479.49	201.47	217.46	0.00	34.27	26.29
2-2-355	镀锌钢管敷设 砖、混凝土结构明配 公称直径（DN）≤40	10m	564.30	253.08	235.14	0.00	43.05	33.03
2-2-356	镀锌钢管敷设 砖、混凝土结构明配 公称直径（DN）≤50	10m	587.17	256.41	252.75	0.93	43.62	33.46
2-2-357	镀锌钢管敷设 砖、混凝土结构明配 公称直径（DN）≤65	10m	796.58	409.59	262.94	0.93	69.67	53.45
2-2-358	镀锌钢管敷设 砖、混凝土结构明配 公称直径（DN）≤80	10m	1013.86	562.77	279.93	1.99	95.73	73.44
2-2-359	镀锌钢管敷设 砖、混凝土结构明配 公称直径（DN）≤100	10m	1069.93	581.09	312.18	1.99	98.84	75.83
2-2-360	镀锌钢管敷设 砖、混凝土结构明配 公称直径（DN）≤125	10m	1294.57	812.52	235.82	1.99	138.21	106.03
2-2-361	镀锌钢管敷设 砖、混凝土结构明配 公称直径（DN）≤150	10m	1641.68	1065.60	248.67	7.09	181.26	139.06
2-2-362	镀锌钢管敷设 砖、混凝土结构暗配 公称直径（DN）≤15	10m	304.98	86.58	192.37	0.00	14.73	11.30
2-2-363	镀锌钢管敷设 砖、混凝土结构暗配 公称直径（DN）≤20	10m	305.38	86.58	192.77	0.00	14.73	11.30
2-2-364	镀锌钢管敷设 砖、混凝土结构暗配 公称直径（DN）≤25	10m	326.78	103.23	192.52	0.00	17.56	13.47
2-2-365	镀锌钢管敷设 砖、混凝土结构暗配 公称直径（DN）≤32	10m	329.95	103.23	195.69	0.00	17.56	13.47
2-2-366	镀锌钢管敷设 砖、混凝土结构暗配 公称直径（DN）≤40	10m	424.02	170.02	202.89	0.00	28.92	22.19
2-2-367	镀锌钢管敷设 砖、混凝土结构暗配 公称直径（DN）≤50	10m	460.90	189.81	213.10	0.93	32.29	24.77
2-2-368	镀锌钢管敷设 砖、混凝土结构暗配 公称直径（DN）≤65	10m	603.08	276.39	241.62	1.99	47.01	36.07
2-2-369	镀锌钢管敷设 砖、混凝土结构暗配 公称直径（DN）≤80	10m	772.19	409.59	237.49	1.99	69.67	53.45
2-2-370	镀锌钢管敷设 砖、混凝土结构暗配 公称直径（DN）≤100	10m	827.92	432.90	262.90	1.99	73.64	56.49

续前

编号	项目名称	单位	基价	人工费	材料费	施工机具使用费	管理费	利润
2-2-371	镀锌钢管敷设 砖、混凝土结构暗配 公称直径（DN）≤125	10m	924.19	546.12	206.81	7.09	92.90	71.27
2-2-372	镀锌钢管敷设 砖、混凝土结构暗配 公称直径（DN）≤150	10m	1230.03	775.89	213.82	7.09	131.98	101.25
2-2-373	镀锌钢管敷设 钢模板暗配 公称直径（DN）≤15	10m	303.70	86.58	191.09	0.00	14.73	11.30
2-2-374	镀锌钢管敷设 钢模板暗配 公称直径（DN）≤20	10m	316.70	94.91	193.26	0.00	16.14	12.39
2-2-375	镀锌钢管敷设 钢模板暗配 公称直径（DN）≤25	10m	349.39	119.88	192.92	0.56	20.39	15.64
2-2-376	镀锌钢管敷设 钢模板暗配 公称直径（DN）≤32	10m	358.00	123.21	197.19	0.56	20.96	16.08
2-2-377	镀锌钢管敷设 钢模板暗配 公称直径（DN）≤40	10m	458.34	196.47	202.25	0.56	33.42	25.64
2-2-378	镀锌钢管敷设 钢模板暗配 公称直径（DN）≤50	10m	491.21	213.12	213.10	0.93	36.25	27.81
2-2-379	镀锌钢管敷设 钢结构支架配管 公称直径 （DN）≤15	10m	362.94	111.56	217.84	0.00	18.98	14.56
2-2-380	镀锌钢管敷设 钢结构支架配管 公称直径 （DN）≤20	10m	376.70	119.88	220.79	0.00	20.39	15.64
2-2-381	镀锌钢管敷设 钢结构支架配管 公称直径 （DN）≤25	10m	397.32	143.19	211.08	0.00	24.36	18.69
2-2-382	镀锌钢管敷设 钢结构支架配管 公称直径 （DN）≤32	10m	413.20	149.85	217.74	0.56	25.49	19.56
2-2-383	镀锌钢管敷设 钢结构支架配管 公称直径 （DN）≤40	10m	520.77	221.45	232.19	0.56	37.67	28.90
2-2-384	镀锌钢管敷设 钢结构支架配管 公称直径 （DN）≤50	10m	553.49	239.76	240.73	0.93	40.78	31.29
2-2-385	镀锌钢管敷设 钢结构支架配管 公称直径 （DN）≤65	10m	742.73	372.96	255.67	1.99	63.44	48.67
2-2-386	镀锌钢管敷设 钢结构支架配管 公称直径 （DN）≤80	10m	930.86	504.68	272.48	1.99	85.85	65.86
2-2-387	镀锌钢管敷设 钢结构支架配管 公称直径 （DN）≤100	10m	1015.87	546.12	303.59	1.99	92.90	71.27
2-2-388	镀锌钢管敷设 钢结构支架配管 公称直径 （DN）≤125	10m	1279.15	799.20	232.62	7.09	135.94	104.30
2-2-389	镀锌钢管敷设 钢结构支架配管 公称直径 （DN）≤150	10m	1590.78	1028.97	245.41	7.09	175.03	134.28
2-2-390	防爆钢管敷设 砖、混凝土结构明配 公称直径（DN）≤15	10m	493.63	209.79	220.77	0.00	35.69	27.38
2-2-391	防爆钢管敷设 砖、混凝土结构明配 公称直径（DN）≤20	10m	515.90	226.44	221.39	0.00	38.52	29.55
2-2-392	防爆钢管敷设 砖、混凝土结构明配 公称直径（DN）≤25	10m	538.16	253.08	208.21	0.79	43.05	33.03
2-2-393	防爆钢管敷设 砖、混凝土结构明配 公称直径（DN）≤32	10m	556.86	263.07	213.92	0.79	44.75	34.33

续前

编号	项目名称	单位	基价	人工费	材料费	施工机具使用费	管理费	利润
2-2-394	防爆钢管敷设 砖、混凝土结构明配 公称直径（DN）≤40	10m	604.22	296.37	217.97	0.79	50.41	38.68
2-2-395	防爆钢管敷设 砖、混凝土结构明配 公称直径（DN）≤50	10m	639.00	323.01	218.11	0.79	54.94	42.15
2-2-396	防爆钢管敷设 砖、混凝土结构明配 公称直径（DN）≤65	10m	830.04	466.20	222.40	1.30	79.30	60.84
2-2-397	防爆钢管敷设 砖、混凝土结构明配 公称直径（DN）≤80	10m	980.95	576.09	230.39	1.30	97.99	75.18
2-2-398	防爆钢管敷设 砖、混凝土结构明配 公称直径（DN）≤100	10m	1022.20	592.74	249.98	1.30	100.83	77.35
2-2-399	防爆钢管敷设 砖、混凝土结构暗配 公称直径（DN）≤15	10m	361.16	116.55	209.57	0.00	19.83	15.21
2-2-400	防爆钢管敷设 砖、混凝土结构暗配 公称直径（DN）≤20	10m	376.32	128.21	209.57	0.00	21.81	16.73
2-2-401	防爆钢管敷设 砖、混凝土结构暗配 公称直径（DN）≤25	10m	386.99	153.18	186.97	0.79	26.06	19.99
2-2-402	防爆钢管敷设 砖、混凝土结构暗配 公称直径（DN）≤32	10m	406.20	166.69	188.62	0.79	28.35	21.75
2-2-403	防爆钢管敷设 砖、混凝土结构暗配 公称直径（DN）≤40	10m	489.29	239.76	176.67	0.79	40.78	31.29
2-2-404	防爆钢管敷设 砖、混凝土结构暗配 公称直径（DN）≤50	10m	525.95	266.40	178.68	0.79	45.31	34.77
2-2-405	防爆钢管敷设 砖、混凝土结构暗配 公称直径（DN）≤65	10m	640.58	349.65	183.97	1.85	59.48	45.63
2-2-406	防爆钢管敷设 砖、混凝土结构暗配 公称直径（DN）≤80	10m	835.59	496.36	187.72	2.31	84.43	64.77
2-2-407	防爆钢管敷设 砖、混凝土结构暗配 公称直径（DN）≤100	10m	870.00	512.82	200.72	2.31	87.23	66.92
2-2-408	防爆钢管敷设 钢结构支架配管 公称直径 （DN）≤15	10m	451.88	166.69	235.09	0.00	28.35	21.75
2-2-409	防爆钢管敷设 钢结构支架配管 公称直径 （DN）≤20	10m	471.76	181.49	235.72	0.00	30.87	23.68
2-2-410	防爆钢管敷设 钢结构支架配管 公称直径 （DN）≤25	10m	458.37	193.14	206.39	0.79	32.85	25.20
2-2-411	防爆钢管敷设 钢结构支架配管 公称直径 （DN）≤32	10m	484.22	209.79	210.57	0.79	35.69	27.38
2-2-412	防爆钢管敷设 钢结构支架配管 公称直径 （DN）≤40	10m	562.12	271.40	208.34	0.79	46.17	35.42
2-2-413	防爆钢管敷设 钢结构支架配管 公称直径 （DN）≤50	10m	599.25	294.71	215.16	0.79	50.13	38.46
2-2-414	防爆钢管敷设 钢结构支架配管 公称直径 （DN）≤65	10m	782.59	432.90	217.71	1.85	73.64	56.49
2-2-415	防爆钢管敷设 钢结构支架配管 公称直径 （DN）≤80	10m	957.78	561.11	225.70	2.31	95.44	73.22
2-2-416	防爆钢管敷设 钢结构支架配管 公称直径 （DN）≤100	10m	1040.18	609.39	245.29	2.31	103.66	79.53

续前

编号	项目名称	单位	基价	人工费	材料费	施工机具使用费	管理费	利润
2-2-417	可挠金属套管敷设 砖、混凝土结构暗配规格 10#	10m	142.22	64.94	57.76	0.00	11.05	8.47
2-2-418	可挠金属套管敷设 砖、混凝土结构暗配规格 12#	10m	146.58	68.27	57.79	0.00	11.61	8.91
2-2-419	可挠金属套管敷设 砖、混凝土结构暗配规格 15#	10m	148.78	69.93	57.82	0.00	11.90	9.13
2-2-420	可挠金属套管敷设 砖、混凝土结构暗配规格 17#	10m	153.07	73.26	57.79	0.00	12.46	9.56
2-2-421	可挠金属套管敷设 砖、混凝土结构暗配规格 24#	10m	161.98	79.92	58.04	0.00	13.59	10.43
2-2-422	可挠金属套管敷设 砖、混凝土结构暗配规格 30#	10m	166.73	83.25	58.46	0.00	14.16	10.86
2-2-423	可挠金属套管敷设 砖、混凝土结构暗配规格 38#	10m	171.14	86.58	58.53	0.00	14.73	11.30
2-2-424	可挠金属套管敷设 砖、混凝土结构暗配规格 50#	10m	176.80	89.91	59.87	0.00	15.29	11.73
2-2-425	可挠金属套管敷设 砖、混凝土结构暗配规格 63#	10m	183.63	94.91	60.19	0.00	16.14	12.39
2-2-426	可挠金属套管敷设 砖、混凝土结构暗配规格 76#	10m	190.65	99.90	60.72	0.00	16.99	13.04
2-2-427	可挠金属套管敷设 砖、混凝土结构暗配规格 83#	10m	194.53	103.23	60.27	0.00	17.56	13.47
2-2-428	可挠金属套管敷设 砖、混凝土结构暗配规格 101#	10m	205.81	111.56	60.71	0.00	18.98	14.56
2-2-429	刚性阻燃管敷设 砖、混凝土结构明配 外径（mm） 16	10m	220.14	123.21	59.89	0.00	20.96	16.08
2-2-430	刚性阻燃管敷设 砖、混凝土结构明配 外径（mm） 20	10m	233.91	133.20	60.67	0.00	22.66	17.38
2-2-431	刚性阻燃管敷设 砖、混凝土结构明配 外径（mm） 25	10m	235.70	136.53	58.13	0.00	23.22	17.82
2-2-432	刚性阻燃管敷设 砖、混凝土结构明配 外径（mm） 32	10m	249.29	146.52	58.73	0.00	24.92	19.12
2-2-433	刚性阻燃管敷设 砖、混凝土结构明配 外径（mm） 40	10m	246.09	146.52	55.53	0.00	24.92	19.12
2-2-434	刚性阻燃管敷设 砖、混凝土结构明配 外径（mm） 50	10m	255.47	153.18	56.24	0.00	26.06	19.99
2-2-435	刚性阻燃管敷设 砖、混凝土结构明配 外径（mm） 65	10m	267.39	163.36	54.92	0.00	27.79	21.32
2-2-436	刚性阻燃管敷设 砖、混凝土结构暗配 外径（mm） 16	10m	167.78	93.24	46.51	0.00	15.86	12.17
2-2-437	刚性阻燃管敷设 砖、混凝土结构暗配 外径（mm） 20	10m	176.61	99.90	46.68	0.00	16.99	13.04
2-2-438	刚性阻燃管敷设 砖、混凝土结构暗配 外径（mm） 25	10m	183.17	104.90	46.74	0.00	17.84	13.69
2-2-439	刚性阻燃管敷设 砖、混凝土结构暗配 外径（mm） 32	10m	194.13	113.22	46.87	0.00	19.26	14.78

续前

编号	项目名称	单位	基价	人工费	材料费	施工机具使用费	管理费	利润
2-2-440	刚性阻燃管敷设 砖、混凝土结构暗配 外径（mm） 40	10m	202.81	119.88	46.90	0.00	20.39	15.64
2-2-441	刚性阻燃管敷设 砖、混凝土结构暗配 外径（mm） 50	10m	207.34	123.21	47.09	0.00	20.96	16.08
2-2-442	刚性阻燃管敷设 砖、混凝土结构暗配 外径（mm） 65	10m	216.31	129.87	47.40	0.00	22.09	16.95
2-2-443	半硬质塑料管敷设 砖、混凝土结构暗配外径（mm） 16	10m	145.52	79.92	41.58	0.00	13.59	10.43
2-2-444	半硬质塑料管敷设 砖、混凝土结构暗配外径（mm） 20	10m	163.03	93.24	41.76	0.00	15.86	12.17
2-2-445	半硬质塑料管敷设 砖、混凝土结构暗配外径（mm） 25	10m	193.50	116.55	41.91	0.00	19.83	15.21
2-2-446	半硬质塑料管敷设 砖、混凝土结构暗配外径（mm） 32	10m	219.48	136.53	41.91	0.00	23.22	17.82
2-2-447	半硬质塑料管敷设 砖、混凝土结构暗配外径（mm） 40	10m	242.01	153.18	42.78	0.00	26.06	19.99
2-2-448	半硬质塑料管敷设 砖、混凝土结构暗配外径（mm） 50	10m	272.43	176.49	42.89	0.00	30.02	23.03
2-2-449	半硬质塑料管敷设 钢模板暗配 外径（mm） 16	10m	110.87	53.28	41.58	0.00	9.06	6.95
2-2-450	半硬质塑料管敷设 钢模板暗配 外径（mm） 20	10m	124.05	63.27	41.76	0.00	10.76	8.26
2-2-451	半硬质塑料管敷设 钢模板暗配 外径（mm） 25	10m	145.85	79.92	41.91	0.00	13.59	10.43
2-2-452	半硬质塑料管敷设 钢模板暗配 外径（mm） 32	10m	165.35	94.91	41.91	0.00	16.14	12.39
2-2-453	半硬质塑料管敷设 钢模板暗配 外径（mm） 40	10m	179.21	104.90	42.78	0.00	17.84	13.69
2-2-454	半硬质塑料管敷设 钢模板暗配 外径（mm） 50	10m	203.14	123.21	42.89	0.00	20.96	16.08
2-2-455	波纹电线管敷设 内径（mm）≤16	10m	507.12	314.69	97.83	0.00	53.53	41.07
2-2-456	波纹电线管敷设 内径（mm）≤20	10m	588.93	376.29	99.52	0.00	64.01	49.11
2-2-457	波纹电线管敷设 内径（mm）≤25	10m	625.40	402.93	101.35	0.00	68.54	52.58
2-2-458	波纹电线管敷设 内径（mm）≤32	10m	668.05	432.90	105.02	0.00	73.64	56.49
2-2-459	波纹电线管敷设 内径（mm）≤40	10m	774.29	494.69	130.89	0.00	84.15	64.56
2-2-460	波纹电线管敷设 内径（mm）≤50	10m	852.26	566.10	115.99	0.00	96.29	73.88
2-2-461	金属软管敷设 内径(mm)≤16 每根长≤0.5m	10m	735.08	437.53	166.03	0.00	74.42	57.10
2-2-462	金属软管敷设 内径(mm)≤20 每根长≤0.5m	10m	766.93	466.94	159.62	0.00	79.43	60.94

续前

编号	项目名称	单位	基价	人工费	材料费	施工机具使用费	管理费	利润
2-2-463	金属软管敷设 内径(mm)≤25 每根长≤0.5m	10m	897.27	552.04	179.29	0.00	93.90	72.04
2-2-464	金属软管敷设 内径(mm)≤32 每根长≤0.5m	10m	932.68	524.48	250.55	0.00	89.21	68.44
2-2-465	金属软管敷设 内径(mm)≤40 每根长≤0.5m	10m	1064.47	609.76	271.42	0.00	103.72	79.57
2-2-466	金属软管敷设 内径(mm)≤50 每根长≤0.5m	10m	1403.93	630.67	583.68	0.00	107.28	82.30
2-2-467	金属软管敷设 内径(mm)≤16 每根长≤1m	10m	535.87	291.38	156.90	0.00	49.56	38.03
2-2-468	金属软管敷设 内径(mm)≤20 每根长≤1m	10m	576.45	329.67	147.68	0.00	56.08	43.02
2-2-469	金属软管敷设 内径(mm)≤25 每根长≤1m	10m	683.14	384.99	182.42	0.00	65.49	50.24
2-2-470	金属软管敷设 内径(mm)≤32 每根长≤1m	10m	751.14	370.37	269.44	0.00	63.00	48.33
2-2-471	金属软管敷设 内径(mm)≤40 每根长≤1m	10m	881.41	429.20	323.19	0.00	73.01	56.01
2-2-472	金属软管敷设 内径(mm)≤50 每根长≤1m	10m	996.64	488.77	360.95	0.00	83.14	63.78
2-2-473	金属软管敷设 内径(mm)≤16 每根长＞1m	10m	371.75	193.14	120.56	0.00	32.85	25.20
2-2-474	金属软管敷设 内径(mm)≤20 每根长＞1m	10m	398.65	213.12	121.47	0.00	36.25	27.81
2-2-475	金属软管敷设 内径(mm)≤25 每根长＞1m	10m	443.00	233.10	139.83	0.00	39.65	30.42
2-2-476	金属软管敷设 内径(mm)≤32 每根长＞1m	10m	529.23	259.74	191.41	0.00	44.18	33.90
2-2-477	金属软管敷设 内径(mm)≤40 每根长＞1m	10m	644.30	283.05	276.16	0.00	48.15	36.94
2-2-478	金属软管敷设 内径(mm)≤50 每根长＞1m	10m	749.63	338.00	310.03	0.00	57.49	44.11
2-2-479	金属线槽敷设 宽＋高(mm)≤50	10m	417.15	103.23	282.89	0.00	17.56	13.47
2-2-480	金属线槽敷设 宽＋高(mm)≤80	10m	451.80	129.87	282.89	0.00	22.09	16.95
2-2-481	金属线槽敷设 宽＋高(mm)≤120	10m	506.17	171.68	282.89	0.00	29.20	22.40
2-2-482	金属线槽敷设 宽＋高(mm)≤300	10m	690.00	313.02	282.89	0.00	53.24	40.85
2-2-483	金属线槽敷设 宽＋高(mm)≤600	10m	785.29	386.28	282.89	0.00	65.71	50.41

十二、配 线 工 程

编号	项目名称	单位	基价	人工费	材料费	施工机具使用费	管理费	利润
2-2-484	管内穿线 铜芯照明线 导线截面（mm^2）≤1.5	10m	246.38	13.32	229.05	0.00	2.27	1.74
2-2-485	管内穿线 铜芯照明线 导线截面（mm^2）≤2.5	10m	248.55	14.99	229.05	0.00	2.55	1.96
2-2-486	管内穿线 铜芯照明线 导线截面（mm^2）≤4	10m	230.26	9.99	217.27	0.00	1.70	1.30
2-2-487	管内穿线 铜芯照明线 导线截面（mm^2）≤6	10m	231.08	9.99	218.09	0.00	1.70	1.30
2-2-488	管内穿线 铜芯动力线 导线截面（mm^2）≤0.8	10m	219.83	9.99	206.84	0.00	1.70	1.30
2-2-489	管内穿线 铜芯动力线 导线截面（mm^2）≤1.5	10m	220.01	9.99	207.02	0.00	1.70	1.30
2-2-490	管内穿线 铜芯动力线 导线截面（mm^2）≤2.5	10m	222.18	11.66	207.02	0.00	1.98	1.52
2-2-491	管内穿线 铜芯动力线 导线截面（mm^2）≤4	10m	224.55	13.32	207.22	0.00	2.27	1.74
2-2-492	管内穿线 铜芯动力线 导线截面（mm^2）≤6	10m	224.59	13.32	207.26	0.00	2.27	1.74
2-2-493	管内穿线 铜芯动力线 导线截面（mm^2）≤10	10m	226.96	14.99	207.46	0.00	2.55	1.96
2-2-494	管内穿线 铜芯动力线 导线截面（mm^2）≤16	10m	227.01	14.99	207.51	0.00	2.55	1.96
2-2-495	管内穿线 铜芯动力线 导线截面（mm^2）≤25	10m	231.53	18.32	207.70	0.00	3.12	2.39
2-2-496	管内穿线 铜芯动力线 导线截面（mm^2）≤35	10m	232.27	18.32	208.44	0.00	3.12	2.39
2-2-497	管内穿线 铜芯动力线 导线截面（mm^2）≤50	10m	256.28	36.63	208.64	0.00	6.23	4.78
2-2-498	管内穿线 铜芯动力线 导线截面（mm^2）≤70	10m	258.88	38.30	209.07	0.00	6.51	5.00
2-2-499	管内穿线 铜芯动力线 导线截面（mm^2）≤95	10m	269.90	46.62	209.27	0.00	7.93	6.08
2-2-500	管内穿线 铜芯动力线 导线截面（mm^2）≤120	10m	272.11	48.29	209.31	0.00	8.21	6.30
2-2-501	管内穿线 铜芯动力线 导线截面（mm^2）≤150	10m	315.63	81.59	209.51	0.00	13.88	10.65
2-2-502	管内穿线 铜芯动力线 导线截面（mm^2）≤185	10m	322.23	86.58	209.62	0.00	14.73	11.30
2-2-503	管内穿线 铜芯动力线 导线截面（mm^2）≤240	10m	412.00	154.85	210.60	0.00	26.34	20.21

续前

编号	项目名称	单位	基价	人工费	材料费	施工机具使用费	管理费	利润
2-2-504	管内穿线 二芯软导线 单芯导线截面（mm^2）≤0.75	10m	42.10	9.99	29.11	0.00	1.70	1.30
2-2-505	管内穿线 二芯软导线 单芯导线截面（mm^2）≤1	10m	46.57	13.32	29.24	0.00	2.27	1.74
2-2-506	管内穿线 二芯软导线 单芯导线截面（mm^2）≤1.5	10m	46.62	13.32	29.29	0.00	2.27	1.74
2-2-507	管内穿线 二芯软导线 单芯导线截面（mm^2）≤2.5	10m	48.83	14.99	29.33	0.00	2.55	1.96
2-2-508	管内穿线 二芯软导线 单芯导线截面（mm^2）≤4	10m	49.03	14.99	29.53	0.00	2.55	1.96
2-2-509	管内穿线 四芯软导线 单芯导线截面（mm^2）≤0.75	10m	48.83	14.99	29.33	0.00	2.55	1.96
2-2-510	管内穿线 四芯软导线 单芯导线截面（mm^2）≤1	10m	49.05	14.99	29.55	0.00	2.55	1.96
2-2-511	管内穿线 四芯软导线 单芯导线截面（mm^2）≤1.5	10m	53.43	18.32	29.60	0.00	3.12	2.39
2-2-512	管内穿线 四芯软导线 单芯导线截面（mm^2）≤2.5	10m	53.47	18.32	29.64	0.00	3.12	2.39
2-2-513	管内穿线 四芯软导线 单芯导线截面（mm^2）≤4	10m	54.30	18.32	30.47	0.00	3.12	2.39
2-2-514	管内穿线 八芯软导线 单芯导线截面（mm^2）≤0.75	10m	55.46	19.98	29.47	0.00	3.40	2.61
2-2-515	管内穿线 八芯软导线 单芯导线截面（mm^2）≤1	10m	56.57	19.98	30.58	0.00	3.40	2.61
2-2-516	管内穿线 八芯软导线 单芯导线截面（mm^2）≤1.5	10m	58.88	21.65	30.72	0.00	3.68	2.83
2-2-517	管内穿线 八芯软导线 单芯导线截面（mm^2）≤2.5	10m	59.31	21.65	31.15	0.00	3.68	2.83
2-2-518	管内穿线 八芯软导线 单芯导线截面（mm^2）≤4	10m	62.36	23.31	32.04	0.00	3.97	3.04
2-2-519	管内穿线 十六芯软导线 单芯导线截面 （mm^2）≤0.75	10m	61.49	23.31	31.17	0.00	3.97	3.04
2-2-520	管内穿线 十六芯软导线 单芯导线截面 （mm^2）≤1	10m	61.82	23.31	31.50	0.00	3.97	3.04
2-2-521	管内穿线 十六芯软导线 单芯导线截面 （mm^2）≤1.5	10m	66.33	26.64	31.68	0.00	4.53	3.48
2-2-522	管内穿线 十六芯软导线 单芯导线截面 （mm^2）≤2.5	10m	68.68	28.31	31.86	0.00	4.82	3.69
2-2-523	线槽配线 导线截面（mm^2）≤2.5	10m	225.34	13.32	208.01	0.00	2.27	1.74
2-2-524	线槽配线 导线截面（mm^2）≤6	10m	227.51	14.99	208.01	0.00	2.55	1.96
2-2-525	线槽配线 导线截面（mm^2）≤16	10m	231.84	18.32	208.01	0.00	3.12	2.39
2-2-526	线槽配线 导线截面（mm^2）≤35	10m	238.40	23.31	208.08	0.00	3.97	3.04

续前

编号	项目名称	单位	基价	人工费	材料费	施工机具使用费	管理费	利润
2-2-527	线槽配线　导线截面（mm^2）≤70	10m	247.06	29.97	208.08	0.00	5.10	3.91
2-2-528	线槽配线　导线截面（mm^2）≤120	10m	292.60	64.94	208.14	0.00	11.05	8.47
2-2-529	线槽配线　导线截面（mm^2）≤185	10m	325.14	89.91	208.21	0.00	15.29	11.73
2-2-530	线槽配线　导线截面（mm^2）≤240	10m	416.10	159.84	208.21	0.00	27.19	20.86
2-2-531	塑料护套线明敷设 砖、混凝土结构　二芯单芯导线截面（mm^2）≤2.5	10m	177.58	121.55	19.49	0.00	20.68	15.86
2-2-532	塑料护套线明敷设 砖、混凝土结构　二芯单芯导线截面（mm^2）≤6	10m	178.49	123.21	18.24	0.00	20.96	16.08
2-2-533	塑料护套线明敷设 砖、混凝土结构 二芯单芯导线截面（mm^2）≤10	10m	206.64	144.86	18.24	0.00	24.64	18.90
2-2-534	塑料护套线明敷设 砖、混凝土结构　三芯单芯导线截面（mm^2）≤2.5	10m	188.78	129.87	19.87	0.00	22.09	16.95
2-2-535	塑料护套线明敷设 砖、混凝土结构　三芯单芯导线截面（mm^2）≤6	10m	197.19	131.54	26.11	0.00	22.37	17.17
2-2-536	塑料护套线明敷设 砖、混凝土结构　三芯单芯导线截面（mm^2）≤10	10m	221.01	149.85	26.11	0.00	25.49	19.56
2-2-537	塑料护套线明敷设 沿钢索 二芯单芯导线截面（mm^2）≤2.5	10m	63.38	34.97	17.90	0.00	5.95	4.56
2-2-538	塑料护套线明敷设 沿钢索 二芯单芯导线截面（mm^2）≤6	10m	77.79	46.62	17.16	0.00	7.93	6.08
2-2-539	塑料护套线明敷设 沿钢索 二芯单芯导线截面（mm^2）≤10	10m	105.55	68.27	16.76	0.00	11.61	8.91
2-2-540	塑料护套线明敷设 沿钢索 三芯单芯导线截面（mm^2）≤2.5	10m	78.53	46.62	17.90	0.00	7.93	6.08
2-2-541	塑料护套线明敷设 沿钢索 三芯单芯导线截面（mm^2）≤6	10m	97.29	61.61	17.16	0.00	10.48	8.04
2-2-542	塑料护套线明敷设 沿钢索 三芯单芯导线截面（mm^2）≤10	10m	133.69	89.91	16.76	0.00	15.29	11.73
2-2-543	塑料护套线明敷设 砖、混凝土结构粘结二芯单芯导线截面（mm^2）≤2.5	10m	116.40	71.60	23.28	0.00	12.18	9.34
2-2-544	塑料护套线明敷设 砖、混凝土结构粘结二芯单芯导线截面（mm^2）≤6	10m	123.82	78.26	22.04	0.00	13.31	10.21
2-2-545	塑料护套线明敷设 砖、混凝土结构粘结二芯单芯导线截面（mm^2）≤10	10m	154.14	101.57	22.04	0.00	17.28	13.25

续前

编号	项目名称	单位	基价	人工费	材料费	施工机具使用费	管理费	利润
2-2-546	塑料护套线明敷设 砖、混凝土结构粘结三芯单芯导线截面（mm^2）≤2.5	10m	122.36	76.59	22.75	0.00	13.03	9.99
2-2-547	塑料护套线明敷设 砖、混凝土结构粘结三芯单芯导线截面（mm^2）≤6	10m	153.31	94.91	29.87	0.00	16.14	12.39
2-2-548	塑料护套线明敷设 砖、混凝土结构粘结三芯单芯导线截面（mm^2）≤10	10m	196.62	128.21	29.87	0.00	21.81	16.73
2-2-549	接线箱明装　半周长（mm）≤700	个	193.41	122.10	34.61	0.00	20.77	15.93
2-2-550	接线箱明装　半周长（mm）≤1500	个	250.29	165.76	34.70	0.00	28.20	21.63
2-2-551	接线箱明装　半周长（mm）≤2000	个	288.31	194.99	34.70	0.00	33.17	25.45
2-2-552	接线箱明装　半周长（mm）≤2500	个	326.57	224.41	34.70	0.00	38.17	29.29
2-2-553	接线箱暗装　半周长（mm）≤700	个	208.85	136.35	31.52	0.00	23.19	17.79
2-2-554	接线箱暗装　半周长（mm）≤1500	个	303.39	208.31	32.47	0.00	35.43	27.18
2-2-555	接线箱暗装　半周长（mm）≤2000	个	374.87	263.26	32.47	0.00	44.78	34.36
2-2-556	接线箱暗装　半周长（mm）≤2500	个	446.81	318.20	32.95	0.00	54.13	41.53
2-2-557	暗装开关（插座）盒	个	10.83	6.11	2.88	0.00	1.04	0.80
2-2-558	暗装接线盒	个	11.68	5.55	4.47	0.00	0.94	0.72
2-2-559	明装普通接线盒	个	15.79	10.36	2.32	0.00	1.76	1.35
2-2-560	明装防爆接线盒	个	23.02	15.91	2.32	0.00	2.71	2.08
2-2-561	钢索上安装接线盒	个	6.53	3.33	2.20	0.00	0.57	0.43
2-2-562	盘、柜、箱、板配线 导线截面（mm^2）≤2.5	10m	163.41	66.60	76.79	0.00	11.33	8.69
2-2-563	盘、柜、箱、板配线 导线截面（mm^2）≤6	10m	180.73	79.92	76.79	0.00	13.59	10.43
2-2-564	盘、柜、箱、板配线 导线截面（mm^2）≤10	10m	209.52	91.58	90.41	0.00	15.58	11.95
2-2-565	盘、柜、箱、板配线 导线截面（mm^2）≤25	10m	281.06	133.20	107.82	0.00	22.66	17.38
2-2-566	盘、柜、箱、板配线 导线截面（mm^2）≤50	10m	433.91	173.16	208.70	0.00	29.45	22.60

十三、照明器具安装工程

编号	项目名称	单位	基价	人工费	材料费	施工机具使用费	管理费	利润
2-2-567	灯具安装 普通壁灯	套	106.56	23.87	75.51	0.00	4.06	3.12
2-2-568	灯具安装 吊链式荧光灯 单管	套	161.18	27.20	125.80	0.00	4.63	3.55
2-2-569	灯具安装 吊链式荧光灯 双管	套	170.07	34.04	125.80	0.00	5.79	4.44
2-2-570	灯具安装 吊链式荧光灯 三管	套	175.61	38.30	125.80	0.00	6.51	5.00
2-2-571	灯具安装 吊管式荧光灯 单管	套	165.53	28.49	128.47	0.00	4.85	3.72
2-2-572	灯具安装 吊管式荧光灯 双管	套	174.91	35.71	128.47	0.00	6.07	4.66
2-2-573	灯具安装 吊管式荧光灯 三管	套	180.69	40.15	128.47	0.00	6.83	5.24
2-2-574	灯具安装 吸顶式荧光灯 单管	套	109.46	25.72	76.01	0.00	4.37	3.36
2-2-575	灯具安装 吸顶式荧光灯 双管	套	117.88	32.19	76.01	0.00	5.48	4.20
2-2-576	灯具安装 吸顶式荧光灯 三管	套	123.42	36.45	76.01	0.00	6.20	4.76
2-2-577	灯具安装 嵌入式荧光灯 单管	套	149.32	29.79	110.57	0.00	5.07	3.89
2-2-578	灯具安装 嵌入式荧光灯 双管	套	173.61	48.47	110.57	0.00	8.24	6.33
2-2-579	灯具安装 嵌入式荧光灯 三管	套	218.37	59.57	140.90	0.00	10.13	7.77
2-2-580	灯具安装 嵌入式荧光灯 四管	套	233.78	71.41	140.90	0.00	12.15	9.32
2-2-581	灯具安装 防爆荧光灯	套	147.06	49.95	82.09	0.00	8.50	6.52
2-2-582	开关、按钮安装 拉线普通开关	套	22.72	9.81	9.96	0.00	1.67	1.28
2-2-583	开关、按钮安装 跷板普通开关 明装	套	22.48	9.62	9.96	0.00	1.64	1.26
2-2-584	开关、按钮安装 跷板普通暗开关 单控≤3联	套	21.76	10.36	8.29	0.00	1.76	1.35
2-2-585	开关、按钮安装 跷板普通暗开关 单控≤6联	套	26.00	12.95	9.16	0.00	2.20	1.69
2-2-586	开关、按钮安装 跷板普通暗开关 双控≤3联	套	22.93	11.10	8.49	0.00	1.89	1.45
2-2-587	开关、按钮安装 跷板普通暗开关 双控≤6联	套	26.18	12.95	9.34	0.00	2.20	1.69
2-2-588	开关、按钮安装 按钮	套	30.97	9.81	18.21	0.00	1.67	1.28
2-2-589	开关、按钮安装 密封开关 电流≤5A	套	41.52	16.28	20.35	0.00	2.77	2.12
2-2-590	开关、按钮安装 拉线带保险盒开关 明装	套	31.70	11.66	16.54	0.00	1.98	1.52
2-2-591	开关、按钮安装 拉线带保险盒开关 防水	套	40.12	18.13	16.54	0.00	3.08	2.37

续前

编号	项目名称	单位	基价	人工费	材料费	施工机具使用费	管理费	利润
2-2-592	开关、按钮安装 扳手带保险盒开关 明装	套	30.75	10.92	16.54	0.00	1.86	1.43
2-2-593	插座安装 单相明插座 电流（A）≤15	套	28.82	10.36	15.35	0.00	1.76	1.35
2-2-594	插座安装 单相明插座 电流（A）≤30	套	31.55	12.21	15.67	0.00	2.08	1.59
2-2-595	插座安装 单相带接地明插座 电流（A）≤15	套	32.23	12.77	15.62	0.00	2.17	1.67
2-2-596	插座安装 单相带接地明插座 电流（A）≤30	套	33.90	13.69	16.09	0.00	2.33	1.79
2-2-597	插座安装 三相带接地明插座 电流（A）≤15	套	33.72	13.69	15.91	0.00	2.33	1.79
2-2-598	插座安装 三相带接地明插座 电流（A）≤30	套	37.93	14.99	18.43	0.00	2.55	1.96
2-2-599	插座安装 单相暗插座 电流（A）≤15	套	28.57	10.36	15.10	0.00	1.76	1.35
2-2-600	插座安装 单相暗插座 电流（A）≤30	套	29.62	10.92	15.41	0.00	1.86	1.43
2-2-601	插座安装 单相带接地暗插座 电流（A）≤15	套	31.98	12.77	15.37	0.00	2.17	1.67
2-2-602	插座安装 单相带接地暗插座 电流（A）≤30	套	33.65	13.69	15.84	0.00	2.33	1.79
2-2-603	插座安装 三相带接地暗插座 电流（A）≤15	套	33.44	13.69	15.63	0.00	2.33	1.79
2-2-604	插座安装 三相带接地暗插座 电流（A）≤30	套	35.76	14.99	16.26	0.00	2.55	1.96
2-2-605	插座安装 单相防爆插座 电流（A）≤15	套	49.67	17.76	26.57	0.00	3.02	2.32
2-2-606	插座安装 单相防爆插座 电流（A）≤60	套	57.69	23.68	26.89	0.00	4.03	3.09
2-2-607	插座安装 单相带接地防爆插座 电流（A）≤15	套	49.94	17.76	26.84	0.00	3.02	2.32
2-2-608	插座安装 单相带接地防爆插座 电流（A）≤60	套	58.11	23.68	27.31	0.00	4.03	3.09
2-2-609	插座安装 三相带接地防爆插座 电流（A）≤15	套	54.79	21.28	27.11	0.00	3.62	2.78
2-2-610	插座安装 三相带接地防爆插座 电流（A）≤60	套	64.31	28.12	27.74	0.00	4.78	3.67
2-2-611	插座安装 单相带保险盒插座 电流（A）≤10	套	37.90	10.92	23.69	0.00	1.86	1.43
2-2-612	插座安装 单相带保险盒插座 电流（A）≤15	套	50.37	24.98	17.88	0.00	4.25	3.26
2-2-613	插座安装 单相带保险盒插座 电流（A）≤30	套	58.55	31.27	17.88	0.00	5.32	4.08
2-2-614	插座安装 多联组合开关插座 明装	套	54.68	24.98	22.19	0.00	4.25	3.26

续前

编号	项目名称	单位	基价	人工费	材料费	施工机具使用费	管理费	利润
2-2-615	插座安装 多联组合开关插座暗装	套	63.70	29.79	24.95	0.00	5.07	3.89
2-2-616	灯具安装 疏散指示灯	套	116.47	30.71	76.53	0.00	5.22	4.01

十四、低压电器设备安装工程

编号	项目名称	单位	基价	人工费	材料费	施工机具使用费	管理费	利润
2-2-617	插接式空气开关箱安装≤100A	台	188.77	110.26	34.07	11.29	18.76	14.39
2-2-618	插接式空气开关箱安装≤250A	台	261.09	165.21	34.93	11.29	28.10	21.56
2-2-619	插接式空气开关箱安装≤630A	台	477.54	330.97	35.79	11.29	56.30	43.19
2-2-620	插接式空气开关箱安装≤1250A	台	693.47	496.17	36.86	11.29	84.40	64.75
2-2-621	插接式空气开关箱安装 节能开关箱	台	211.11	130.06	41.96	0.00	22.12	16.97
2-2-622	控制开关安装 DW 万能式自动空气开关	个	504.11	308.77	96.97	5.56	52.52	40.29
2-2-623	控制开关安装 电动式自动空气开关	个	377.54	260.30	33.43	5.56	44.28	33.97
2-2-624	控制开关安装 手动式自动空气开关	个	127.58	88.06	13.05	0.00	14.98	11.49
2-2-625	控制开关安装 手柄式刀型开关	个	288.24	162.06	77.46	0.00	27.57	21.15
2-2-626	控制开关安装 操作机构式刀型开关	个	366.50	215.90	85.71	0.00	36.72	28.17
2-2-627	控制开关安装 带熔断器式刀型开关	个	305.64	157.62	100.64	0.00	26.81	20.57
2-2-628	控制开关安装 铁壳刀型开关	个	176.28	65.12	88.80	2.78	11.08	8.50
2-2-629	控制开关安装 胶盖闸刀开关单相	个	43.32	17.95	19.98	0.00	3.05	2.34
2-2-630	控制开关安装 胶盖闸刀开关三相	个	61.32	24.05	30.04	0.00	4.09	3.14
2-2-631	控制开关安装 普通型组合控制开关	个	81.91	32.19	40.04	0.00	5.48	4.20
2-2-632	控制开关安装 防爆型组合控制开关	个	112.75	48.84	48.11	1.12	8.31	6.37
2-2-633	控制开关安装 万能转换开关	个	135.76	86.03	23.87	0.00	14.63	11.23
2-2-634	控制开关安装 单式漏电保护开关 单极	个	179.32	43.11	123.25	0.00	7.33	5.63

续前

编号	项目名称	单位	基价	人工费	材料费	施工机具使用费	管理费	利润
2-2-635	控制开关安装 单式漏电保护开关 三极	个	202.27	60.68	123.35	0.00	10.32	7.92
2-2-636	控制开关安装 单式漏电保护开关 四极	个	234.44	84.73	124.24	0.00	14.41	11.06
2-2-637	控制开关安装 组合式漏电保护开关（回路个数）≤10	个	465.66	181.86	229.14	0.00	30.93	23.73
2-2-638	控制开关安装 组合式漏电保护开关（回路个数）≤20	个	640.41	242.35	325.21	0.00	41.22	31.63
2-2-639	控制开关安装 单相漏电保护开关	个	153.56	20.91	126.36	0.00	3.56	2.73
2-2-640	控制开关安装 三相漏电保护开关	个	186.06	44.03	128.79	0.00	7.49	5.75
2-2-641	DZ 自动空气断路器安装 额定电流（A）≤30	个	54.08	20.91	26.88	0.00	3.56	2.73
2-2-642	DZ 自动空气断路器安装 额定电流（A）≤60	个	98.83	55.32	26.88	0.00	9.41	7.22
2-2-643	DZ 自动空气断路器安装 额定电流（A）≤100	个	110.77	64.01	27.52	0.00	10.89	8.35
2-2-644	DZ 自动空气断路器安装 额定电流（A）≤200	个	118.14	70.67	26.23	0.00	12.02	9.22
2-2-645	DZ 自动空气断路器安装 额定电流（A）≤400	个	158.08	101.38	26.23	0.00	17.24	13.23
2-2-646	熔断器安装 瓷插螺旋式	个	45.66	16.65	24.01	0.00	2.83	2.17
2-2-647	熔断器安装 管式	个	127.59	76.04	28.70	0.00	12.93	9.92
2-2-648	熔断器安装 防爆式	个	70.91	32.19	28.51	0.53	5.48	4.20
2-2-649	限位开关安装 普通式	个	130.88	65.12	43.40	2.78	11.08	8.50
2-2-650	限位开关安装 防爆式	个	160.39	86.03	45.72	2.78	14.63	11.23
2-2-651	用电控制装置安装 控制器主令	台	1090.10	215.90	807.12	2.19	36.72	28.17
2-2-652	用电控制装置安装 控制器 鼓形、凸轮形	台	1083.31	215.90	801.40	1.12	36.72	28.17
2-2-653	用电控制装置安装 接触器、磁力启动器	台	353.28	215.90	72.49	0.00	36.72	28.17
2-2-654	用电控制装置安装 Y-Δ 自耦减压启动器	台	908.20	259.00	569.15	2.19	44.06	33.80
2-2-655	用电控制装置安装 磁力控制器	台	686.23	65.12	598.75	2.78	11.08	8.50
2-2-656	用电控制装置安装 快速自动开关≤1000A	台	851.60	551.30	131.80	2.78	93.78	71.94
2-2-657	用电控制装置安装 快速自动开关≤2000A	台	1161.41	779.22	145.17	2.78	132.55	101.69
2-2-658	用电控制装置安装 快速自动开关≤4000A	台	1480.75	1014.17	158.94	2.78	172.51	132.35
2-2-659	用电控制装置安装 按钮 普通型	个	51.17	32.19	9.30	0.00	5.48	4.20

续前

编号	项目名称	单位	基价	人工费	材料费	施工机具使用费	管理费	利润
2-2-660	用电控制装置安装 按钮 防爆型	个	117.54	54.21	47.04	0.00	9.22	7.07
2-2-661	电阻器安装 一箱	箱	429.91	150.96	230.79	2.78	25.68	19.70
2-2-662	电阻器安装 每增一箱	箱	335.30	82.51	227.99	0.00	14.03	10.77
2-2-663	油浸频敏变阻器安装	台	626.75	302.11	231.63	2.19	51.39	39.43
2-2-664	安全变压器安装 容量（V·A）≤500	台	192.28	37.56	143.43	0.00	6.39	4.90
2-2-665	安全变压器安装 容量（V·A）≤1000	台	195.40	39.96	143.43	0.00	6.80	5.21
2-2-666	安全变压器安装 容量（V·A）≤3000	台	210.80	51.80	143.43	0.00	8.81	6.76
2-2-667	测量表计安装	个	125.75	49.58	61.27	0.00	8.43	6.47
2-2-668	继电器安装	个	130.28	66.05	44.37	0.00	11.24	8.62
2-2-669	辅助电压互感器安装	个	885.44	90.28	768.02	0.00	15.36	11.78
2-2-670	水位电气信号装置安装 机械式	套	1276.99	446.41	636.57	59.82	75.93	58.26
2-2-671	水位电气信号装置安装 电子式	套	550.82	339.66	107.61	1.44	57.78	44.33
2-2-672	水位电气信号装置安装 液位式	套	672.47	415.51	130.62	1.44	70.68	54.22
2-2-673	低压电器装置接线 小母线安装	m	50.21	27.38	14.60	0.00	4.66	3.57

十五、运输设备电气装置安装工程

编号	项目名称	单位	基价	人工费	材料费	施工机具使用费	管理费	利润
2-2-674	电动葫芦电气安装 起重量（t）≤2	台	924.97	601.25	127.43	15.56	102.27	78.46
2-2-675	电动葫芦电气安装 起重量（t）≤5	台	1082.82	722.61	127.43	15.56	122.92	94.30
2-2-676	电动葫芦电气安装 起重量（t）≤10	台	1812.12	1283.35	127.43	15.56	218.30	167.48

十六、电气设备调试工程

编号	项目名称	单位	基价	人工费	材料费	施工机具使用费	管理费	利润
2-2-677	变压器分系统调试 容量（kV·A）≤800	系统	2132.81	1334.29	16.43	381.01	226.96	174.12
2-2-678	变压器分系统调试 容量（kV·A）≤2000	系统	5435.86	3375.50	21.47	1024.22	574.17	440.50
2-2-679	≤1kV 交流供电输配电装置分系统调试	系统	549.75	388.94	2.94	40.95	66.16	50.76
2-2-680	≤10kV 交流供电输配电装置分系统调试带负荷隔离开关	系统	1000.79	672.95	8.83	116.72	114.47	87.82
2-2-681	≤10kV 交流供电输配电装置分系统调试带断路器	系统	1611.82	946.22	8.83	372.34	160.95	123.48
2-2-682	≤10kV 交流供电输配电装置分系统调试带电抗器	系统	1985.07	1219.48	8.83	390.19	207.43	159.14
2-2-683	母线分系统调试 电压≤1kV	段	481.92	273.27	2.04	124.47	46.48	35.66
2-2-684	母线分系统调试 电压≤10kV	段	1618.00	798.94	1.33	577.57	135.90	104.26
2-2-685	变压器保护装置分系统调试	套（台）	2445.57	991.15	54.68	1101.80	168.59	129.35
2-2-686	母线保护装置分系统调试	套（台）	2301.43	932.89	51.45	1036.67	158.68	121.74
2-2-687	线路保护装置分系统调试	套（台）	2589.26	1049.42	57.89	1166.49	178.51	136.95
2-2-688	小电流接地保护装置分系统调试	套（台）	1725.81	699.40	38.60	777.57	118.97	91.27
2-2-689	备用电源自动投入装置分系统调试	系统（套）	1085.20	651.88	27.80	209.57	110.88	85.07
2-2-690	备用电机自动投入装置分系统调试	系统（套）	473.53	273.27	27.80	90.32	46.48	35.66
2-2-691	线路自动重合闸分系统调试单侧电源	系统（套）	1029.59	602.00	27.80	218.83	102.40	78.56
2-2-692	线路自动重合闸分系统调试双侧电源	系统（套）	2208.45	1204.00	27.80	614.73	204.80	157.12
2-2-693	直流监测分系统调试	系统	3341.11	2045.08	42.18	639.10	347.87	266.88
2-2-694	柴油发电机分系统调试 容量（kW）≤600	台	614.31	396.89	16.03	82.09	67.51	51.79
2-2-695	不间断电源分系统调试 容量（kV·A）≤10	台	1015.82	563.52	9.53	273.38	95.85	73.54
2-2-696	不间断电源分系统调试 容量（kV·A）≤30	台	1571.15	946.22	11.43	329.07	160.95	123.48
2-2-697	不间断电源分系统调试 容量（kV·A）≤100	台	2322.11	1429.75	14.17	448.41	243.20	186.58

续前

编号	项目名称	单位	基价	人工费	材料费	施工机具使用费	管理费	利润
2-2-698	无功补偿装置分系统调试 电容器 电压≤1kV	组	950.85	490.63	1.95	310.78	83.46	64.03
2-2-699	无功补偿装置分系统调试 电抗器 干式	组	1717.43	1177.56	7.33	178.57	200.30	153.67
2-2-700	故障录波分系统调试 配电室	座	1019.51	264.45	8.39	667.18	44.98	34.51
2-2-701	普通型 380V 交流同步电机负载调试 直接启动	台	2357.70	1471.89	4.44	438.92	250.37	192.08
2-2-702	普通型 380V 交流同步电机负载调试 降压启动	台	3486.64	2237.29	4.44	572.38	380.56	291.97
2-2-703	交流异步电动机负载调试 低压笼型 刀开关控制	台	362.51	223.60	4.90	66.80	38.03	29.18
2-2-704	交流异步电动机负载调试 低压笼型 电磁控制	台	719.68	447.20	9.81	128.24	76.07	58.36
2-2-705	交流异步电动机负载调试 低压笼型 非电量连锁	台	906.12	588.67	12.26	128.24	100.13	76.82
2-2-706	交流异步电动机负载调试 低压笼型 带过流保护	台	1570.58	894.83	22.07	384.69	152.21	116.78
2-2-707	交流异步电动机负载调试 低压绕线型 电磁控制	台	2184.17	1236.68	24.52	551.22	210.36	161.39
2-2-708	交流异步电动机负载调试 低压绕线型 速断、过流保护	台	3632.51	1884.05	31.88	1150.23	320.48	245.87
2-2-709	交流异步电动机负载调试 低压绕线型 反时限过流保护	台	4174.03	2237.29	39.23	1224.98	380.56	291.97
2-2-710	10kV 及以下开闭所成套装置分系统调试断路器操作 开关间隔单元（个）≤3	座	4102.49	2381.56	8.53	996.51	405.10	310.79
2-2-711	10kV 及以下开闭所成套装置分系统调试断路器操作 开关间隔单元（个）≤5	座	5669.10	3307.99	10.25	1356.48	562.69	431.69
2-2-712	10kV 及以下开闭所成套装置分系统调试断路器操作 开关间隔单元（个）≤7	座	6434.15	3704.67	12.29	1603.57	630.16	483.46
2-2-713	10kV 及以下开闭所成套装置分系统调试断路器操作 开关间隔单元（个）>7	座	8138.79	4630.89	14.76	2101.10	787.71	604.33
2-2-714	10kV 及以下开闭所成套装置分系统调试负荷开关操作 开关间隔单元（个）≤3	座	3317.89	2117.11	8.53	555.85	360.12	276.28
2-2-715	10kV 及以下开闭所成套装置分系统调试负荷开关操作 开关间隔单元（个）≤5	座	4641.80	2977.11	10.25	759.52	506.41	388.51
2-2-716	10kV 及以下开闭所成套装置分系统调试负荷开关操作 开关间隔单元（个）≤7	座	5619.50	3506.22	12.29	1047.02	596.41	457.56

续前

编号	项目名称	单位	基价	人工费	材料费	施工机具使用费	管理费	利润
2-2-717	10kV及以下开闭所成套装置分系统调试负荷开关操作 开关间隔单元（个） ＞7	座	6511.52	3969.33	14.76	1334.25	675.18	518.00
2-2-718	组合型成套箱式变电站分系统调试 变压器容量（kV·A）≤315	座	3458.47	1958.44	8.53	902.79	333.13	255.58
2-2-719	组合型成套箱式变电站分系统调试 变压器容量（kV·A）≤1000	座	4303.58	2345.65	17.07	1235.75	399.00	306.11
2-2-720	组合型成套箱式变电站分系统调试 变压器容量（kV·A）≤2000	座	5528.48	2910.89	21.33	1721.25	495.14	379.87
2-2-721	组合型成套箱式变电站分系统调试 变压器容量（kV·A）2×400 单台容量≤400	座	5844.51	3175.55	16.43	1697.96	540.16	414.41
2-2-722	组合型成套箱式变电站分系统调试 变压器容量（kV·A）2×630 单台容量≤630	座	6963.96	3704.67	19.71	2125.96	630.16	483.46
2-2-723	微机监控分系统调试 配电室	座	2623.52	1443.73	7.92	737.88	245.58	188.41
2-2-724	五防分系统调试 配电室	座	665.54	396.89	12.58	136.77	67.51	51.79
2-2-725	配电智能分系统调试 主（子）站与终端联调≤2个间隔	系统	1297.71	635.11	3.32	468.37	108.03	82.88
2-2-726	配电智能分系统调试 主（子）站与终端联调≤6个间隔	系统	4164.62	2117.11	6.63	1404.48	360.12	276.28
2-2-727	配电智能分系统调试 主（子）站与终端联调≤12个间隔	系统	6838.31	3810.66	9.95	1872.22	648.19	497.29
2-2-728	配电智能分系统调试 主（子）站与终端联调≤20个间隔	系统	9512.35	5504.00	13.26	2340.59	936.23	718.27
2-2-729	配电智能分系统调试 主（子）站与终端联调 >20个间隔	系统	11082.45	6351.10	13.26	2808.95	1080.32	828.82
2-2-730	配电智能分系统调试 主站与子站联调≤2个间隔	系统	788.37	423.55	3.32	234.18	72.05	55.27
2-2-731	配电智能分系统调试 主站与子站联调≤6个间隔	系统	1576.18	846.67	6.63	468.37	144.02	110.49
2-2-732	配电智能分系统调试 主站与子站联调≤12个间隔	系统	2169.78	1270.22	9.95	507.79	216.06	165.76
2-2-733	配电智能分系统调试 主站与子站联调≤20个间隔	系统	2958.05	1693.77	13.26	741.87	288.11	221.04
2-2-734	配电智能分系统调试 主站与子站联调＞20个间隔	系统	3664.71	2117.11	13.26	897.94	360.12	276.28
2-2-735	配电智能分系统调试 电能表与电表采集器联调	系统	436.72	330.89	3.32	3.05	56.28	43.18
2-2-736	配电智能分系统调试 数据集中器与电表采集器联调	系统	607.18	235.43	3.32	297.66	40.05	30.72
2-2-737	配电智能分系统调试 主站与数据集中器联调	系统	544.46	396.89	3.32	24.95	67.51	51.79

续前

编号	项目名称	单位	基价	人工费	材料费	施工机具使用费	管理费	利润
2-2-738	组合型成套箱式变电站整套启动调试	座	1297.59	946.22	18.61	48.33	160.95	123.48
2-2-739	≤ 1kV 配电站（室）整套启动调试	座	1593.50	1156.49	24.19	65.18	196.72	150.92
2-2-740	≤ 10kV 及以下开关站整套启动调试	座	2437.61	1787.30	26.58	86.47	304.02	233.24
2-2-741	计量二次回路阻抗测试	组	1523.27	405.92	0.29	995.04	69.05	52.97

十七、管 廊 支 架

编号	项目名称	单位	基价	人工费	材料费	施工机具使用费	管理费	利润
2-2-742	钢支架制作 单件重量（kg 以内） 5	100kg	1878.88	1039.52	429.97	96.91	176.82	135.66
2-2-743	钢支架制作 单件重量（kg 以内） 10	100kg	1634.46	878.94	412.74	78.57	149.51	114.70
2-2-744	钢支架制作 单件重量（kg 以内） 30	100kg	1463.72	759.61	407.42	68.35	129.21	99.13
2-2-745	钢支架制作 单件重量（kg 以内） 50	100kg	1333.49	679.32	396.11	53.86	115.55	88.65
2-2-746	钢支架制作 单件重量（kg 以内） 100	100kg	1272.23	640.10	391.83	47.89	108.88	83.53
2-2-747	钢支架安装 单件重量（kg 以内） 5	100kg	959.82	560.00	181.52	49.96	95.26	73.08
2-2-748	钢支架安装 单件重量（kg 以内） 10	100kg	787.41	473.42	129.19	42.49	80.53	61.78
2-2-749	钢支架安装 单件重量（kg 以内） 30	100kg	680.17	409.04	112.78	35.39	69.58	53.38
2-2-750	钢支架安装 单件重量（kg 以内） 50	100kg	586.78	366.30	83.30	27.07	62.31	47.80
2-2-751	钢支架安装 单件重量（kg 以内） 100	100kg	538.95	344.29	67.03	24.14	58.56	44.93

十八、补 充 项 目

编号	项目名称	单位	基价	人工费	材料费	施工机具使用费	管理费	利润
2-2-752	刚性防水套管制作介质管道公称直径（mm 以内） 50	个	219.51	106.93	71.58	8.86	18.19	13.95
2-2-753	刚性防水套管制作介质管道公称直径（mm 以内） 80	个	281.51	128.95	101.31	12.49	21.93	16.83
2-2-754	刚性防水套管制作介质管道公称直径（mm 以内） 100	个	358.61	165.76	127.30	15.72	28.20	21.63
2-2-755	刚性防水套管制作介质管道公称直径（mm 以内） 125	个	422.63	205.17	137.10	18.69	34.90	26.77
2-2-756	刚性防水套管制作介质管道公称直径（mm 以内） 150	个	496.74	213.86	199.75	18.84	36.38	27.91
2-2-757	刚性防水套管制作介质管道公称直径（mm 以内） 200	个	647.94	263.44	281.91	23.40	44.81	34.38
2-2-758	刚性防水套管制作介质管道公称直径（mm 以内） 250	个	841.56	330.78	376.31	35.03	56.27	43.17
2-2-759	刚性防水套管制作介质管道公称直径（mm 以内） 300	个	1108.36	412.92	531.87	39.44	70.24	53.89
2-2-760	刚性防水套管制作介质管道公称直径（mm 以内） 350	个	1310.98	511.16	597.31	48.85	86.95	66.71
2-2-761	刚性防水套管制作介质管道公称直径（mm 以内） 400	个	1522.68	577.94	716.93	54.08	98.31	75.42
2-2-762	刚性防水套管制作介质管道公称直径（mm 以内） 450	个	1709.81	655.27	793.91	63.66	111.46	85.51
2-2-763	刚性防水套管安装介质管道公称直径(mm 以内）100 12 根以内	组	2058.48	1145.52	280.68	287.94	194.85	149.49
2-2-764	刚性防水套管安装介质管道公称直径(mm 以内）100 12 根以上	组	3710.52	2291.04	442.85	287.94	389.71	298.98
2-2-765	刚性防水套管安装介质管道公称直径(mm 以内）150 12 根以内	组	2631.52	1502.94	388.86	287.94	255.65	196.13
2-2-766	刚性防水套管安装介质管道公称直径(mm 以内）150 12 根以上	组	4856.59	3005.88	659.20	287.94	511.30	392.27
2-2-767	刚性防水套管安装介质管道公称直径(mm 以内）200 12 根以内	组	2868.95	1678.32	398.19	287.94	285.48	219.02
2-2-768	刚性防水套管安装介质管道公称直径(mm 以内）200 12 根以上	组	5331.45	3356.64	677.87	287.94	570.96	438.04

第三章 消 防 工 程

一、水灭火系统

编号	项目名称	单位	基价	人工费	材料费	施工机具使用费	管理费	利润
2-3-1	水喷淋钢管 镀锌钢管（螺纹连接） 公称直径（mm 以内） 25	10m	627.45	337.44	185.70	2.87	57.40	44.04
2-3-2	水喷淋钢管 镀锌钢管（螺纹连接） 公称直径（mm 以内） 32	10m	704.85	388.69	194.27	5.05	66.12	50.72
2-3-3	水喷淋钢管 镀锌钢管（螺纹连接） 公称直径（mm 以内） 40	10m	892.64	522.81	205.89	6.78	88.93	68.23
2-3-4	水喷淋钢管 镀锌钢管（螺纹连接） 公称直径（mm 以内） 50	10m	935.93	550.01	214.01	6.57	93.56	71.78
2-3-5	水喷淋钢管 镀锌钢管（螺纹连接） 公称直径（mm 以内） 65	10m	1039.82	612.91	236.54	6.13	104.26	79.98
2-3-6	水喷淋钢管 镀锌钢管（螺纹连接） 公称直径（mm 以内） 80	10m	1120.67	657.31	258.55	7.22	111.81	85.78
2-3-7	水喷淋钢管 镀锌钢管（螺纹连接） 公称直径（mm 以内） 100	10m	1152.60	664.89	281.18	6.66	113.10	86.77
2-3-8	水喷淋钢管 钢管（法兰连接） 公称直径（mm 以内） 100	10m	1498.12	990.31	191.16	18.96	168.45	129.24
2-3-9	水喷淋钢管 钢管（法兰连接） 公称直径（mm 以内） 125	10m	1468.21	938.69	222.15	25.20	159.67	122.50
2-3-10	水喷淋钢管 钢管（法兰连接） 公称直径（mm 以内） 150	10m	1593.26	1008.99	248.02	32.95	171.63	131.67
2-3-11	水喷淋钢管 钢管（法兰连接） 公称直径（mm 以内） 200	10m	2237.22	1347.36	308.36	176.48	229.19	175.83
2-3-12	水喷淋钢管 钢管（法兰连接） 公称直径（mm 以内） 250	10m	2497.35	1471.12	361.04	222.97	250.24	191.98
2-3-13	水喷淋钢管 钢管（法兰连接） 公称直径 （mm 以内） 300	10m	2860.00	1699.41	392.32	257.43	289.07	221.77
2-3-14	水喷淋钢管 钢管（法兰连接） 公称直径 （mm 以内） 350	10m	3348.72	1919.56	501.31	350.83	326.52	250.50
2-3-15	水喷淋钢管 钢管（法兰连接） 公称直径 （mm 以内） 400	10m	3785.85	2179.49	540.47	410.74	370.73	284.42
2-3-16	水喷淋钢管 钢管（沟槽连接） 管道安装 公称直径(mm 以内)65	10m	634.95	352.43	175.15	1.43	59.95	45.99
2-3-17	水喷淋钢管 钢管（沟槽连接） 管道安装 公称直径(mm 以内)80	10m	682.31	388.50	175.36	1.67	66.08	50.70

续前

编号	项目名称	单位	基价	人工费	材料费	施工机具使用费	管理费	利润
2-3-18	水喷淋钢管 钢管（沟槽连接）管道安装 公称直径（mm 以内）100	10m	721.17	417.92	175.73	1.89	71.09	54.54
2-3-19	水喷淋钢管 钢管（沟槽连接）管道安装 公称直径（mm 以内）125	10m	820.86	483.96	189.13	2.29	82.32	63.16
2-3-20	水喷淋钢管 钢管（沟槽连接）管道安装 公称直径（mm 以内）150	10m	866.08	518.00	189.39	2.98	88.11	67.60
2-3-21	水喷淋钢管 钢管（沟槽连接）管道安装 公称直径（mm 以内）200	10m	951.26	562.22	190.70	29.34	95.63	73.37
2-3-22	水喷淋钢管 钢管（沟槽连接）管道安装 公称直径（mm 以内）250	10m	1156.19	692.64	209.22	46.12	117.82	90.39
2-3-23	水喷淋钢管 钢管（沟槽连接）管道安装 公称直径（mm 以内）300	10m	1280.72	787.92	209.83	46.12	134.03	102.82
2-3-24	水喷淋钢管 钢管（沟槽连接）管件安装 公称直径（mm 以内）65	10 个	743.49	356.68	262.75	16.84	60.67	46.55
2-3-25	水喷淋钢管 钢管（沟槽连接）管件安装 公称直径（mm 以内）80	10 个	795.83	394.05	263.23	20.10	67.03	51.42
2-3-26	水喷淋钢管 钢管（沟槽连接）管件安装 公称直径（mm 以内）100	10 个	878.91	455.84	263.49	22.55	77.54	59.49
2-3-27	水喷淋钢管 钢管（沟槽连接）管件安装 公称直径（mm 以内）125	10 个	1184.29	686.17	263.91	27.94	116.72	89.55
2-3-28	水喷淋钢管 钢管（沟槽连接）管件安装 公称直径（mm 以内）150	10 个	1304.64	773.86	264.47	33.69	131.63	100.99
2-3-29	水喷淋钢管 钢管（沟槽连接）管件安装 公称直径（mm 以内）200	10 个	1711.14	1081.14	265.64	39.37	183.90	141.09
2-3-30	水喷淋钢管 钢管（沟槽连接）管件安装 公称直径（mm 以内）250	10 个	2989.30	1610.98	848.88	45.18	274.03	210.23
2-3-31	水喷淋钢管 钢管（沟槽连接）管件安装 公称直径（mm 以内）300	10 个	3124.72	1713.10	849.28	47.38	291.40	223.56
2-3-32	消火栓钢管 镀锌钢管（螺纹连接）公称直径（mm 以内）50	10m	828.68	481.74	201.78	0.35	81.94	62.87
2-3-33	消火栓钢管 镀锌钢管（螺纹连接）公称直径（mm 以内）65	10m	918.81	532.62	220.99	5.09	90.60	69.51

续前

编号	项目名称	单位	基价	人工费	材料费	施工机具使用费	管理费	利润
2-3-34	消火栓钢管 镀锌钢管（螺纹连接） 公称直径（mm 以内） 80	10m	904.61	521.89	221.47	4.37	88.77	68.11
2-3-35	消火栓钢管 镀锌钢管（螺纹连接） 公称直径（mm 以内） 100	10m	982.41	559.63	250.21	4.35	95.19	73.03
2-3-36	消火栓钢管 无缝钢管（焊接）管外径（mm 以内） 76	10m	2363.52	448.26	1772.13	8.38	76.25	58.50
2-3-37	消火栓钢管 无缝钢管（焊接）管外径（mm 以内） 89	10m	2429.73	495.62	1775.84	9.29	84.30	64.68
2-3-38	消火栓钢管 无缝钢管（焊接）管外径（mm 以内） 108	10m	2466.37	512.82	1786.65	12.75	87.23	66.92
2-3-39	消火栓钢管 无缝钢管（焊接）管外径（mm 以内） 133	10m	2548.54	552.04	1813.65	16.91	93.90	72.04
2-3-40	消火栓钢管 无缝钢管（焊接）管外径（mm 以内） 159	10m	2596.60	574.06	1828.09	21.89	97.65	74.91
2-3-41	消火栓钢管 无缝钢管（焊接）管外径（mm 以内） 219	10m	2747.53	675.81	1841.08	27.49	114.96	88.19
2-3-42	水喷淋（雾）喷头 无吊顶 公称直径（mm 以内） 15	个	44.39	19.43	18.96	0.15	3.31	2.54
2-3-43	水喷淋（雾）喷头 无吊顶 公称直径（mm 以内） 20	个	45.17	19.98	19.03	0.15	3.40	2.61
2-3-44	水喷淋（雾）喷头 无吊顶 公称直径（mm 以内） 25	个	48.96	20.17	22.58	0.15	3.43	2.63
2-3-45	水喷淋（雾）喷头 有吊顶 公称直径（mm 以内） 15	个	60.85	26.27	26.33	0.35	4.47	3.43
2-3-46	水喷淋（雾）喷头 有吊顶 公称直径（mm 以内） 20	个	61.72	26.83	26.48	0.35	4.56	3.50
2-3-47	水喷淋（雾）喷头 有吊顶 公称直径（mm 以内） 25	个	69.10	27.20	33.37	0.35	4.63	3.55
2-3-48	末端试水装置 公称直径（mm 以内） 25	组	379.14	185.74	136.33	1.24	31.59	24.24
2-3-49	末端试水装置 公称直径（mm 以内） 32	组	440.03	202.95	174.15	1.93	34.52	26.48
2-3-50	消防水泵接合器 地下式 *DN*100	套	860.16	202.02	595.34	2.08	34.36	26.36
2-3-51	消防水泵接合器 地下式 *DN*150	套	969.81	244.02	649.22	3.22	41.51	31.84
2-3-52	消防水泵接合器 墙壁式 *DN*100	套	1015.53	270.47	661.67	2.08	46.01	35.30
2-3-53	消防水泵接合器 墙壁式 *DN*150	套	1159.32	338.18	716.27	3.22	57.52	44.13
2-3-54	消防水泵接合器 地上式 *DN*100	套	1090.76	386.84	585.56	2.08	65.80	50.48
2-3-55	消防水泵接合器 地上式 *DN*150	套	1228.31	449.74	640.16	3.22	76.50	58.69
2-3-56	灭火器 手提式	具	65.20	2.22	62.04	0.27	0.38	0.29

续前

编号	项目名称	单位	基价	人工费	材料费	施工机具使用费	管理费	利润
2-3-57	灭火器 推车式	组	465.91	7.77	455.81	0.00	1.32	1.01
2-3-58	湿式报警装置 公称直径（mm以内） 100	组	3864.33	716.14	2931.50	1.41	121.82	93.46
2-3-59	湿式报警装置 公称直径（mm以内） 150	组	3981.74	799.94	2939.60	1.74	136.07	104.39
2-3-60	湿式报警装置 公称直径（mm以内） 200	组	4257.80	990.12	2967.98	2.07	168.42	129.21
2-3-61	其他报警装置 公称直径（mm以内） 100	组	3303.11	859.33	2184.06	1.41	146.17	112.14
2-3-62	其他报警装置 公称直径（mm以内） 150	组	3442.19	959.78	2192.16	1.74	163.26	125.25
2-3-63	其他报警装置 公称直径（mm以内） 200	组	3768.06	1188.26	2220.54	2.07	202.12	155.07
2-3-64	水流指示器（沟槽法兰连接）公称直径（mm以内） 50	个	287.15	116.92	134.63	0.45	19.89	15.26
2-3-65	水流指示器（沟槽法兰连接）公称直径（mm以内） 80	个	359.44	152.63	160.26	0.67	25.96	19.92
2-3-66	水流指示器（沟槽法兰连接）公称直径（mm以内） 100	个	400.24	183.34	161.11	0.67	31.19	23.93
2-3-67	水流指示器（沟槽法兰连接）公称直径（mm以内） 150	个	506.24	258.45	169.10	1.00	43.96	33.73
2-3-68	水流指示器（沟槽法兰连接）公称直径（mm以内） 200	个	643.70	342.07	197.46	1.34	58.19	44.64
2-3-69	水流指示器（马鞍型连接） 公称直径（mm以内） 50	个	129.64	52.54	59.32	1.98	8.94	6.86
2-3-70	水流指示器（马鞍型连接） 公称直径（mm以内） 80	个	135.34	56.43	59.41	2.54	9.60	7.36
2-3-71	水流指示器（马鞍型连接） 公称直径（mm以内） 100	个	138.72	59.02	59.42	2.54	10.04	7.70
2-3-72	水流指示器（马鞍型连接） 公称直径（mm以内） 150	个	172.45	83.62	59.46	4.24	14.22	10.91
2-3-73	水流指示器（马鞍型连接） 公称直径（mm以内） 200	个	199.89	103.60	59.50	5.65	17.62	13.52
2-3-74	廊内消火栓（明装）普通 公称直径（mm以内） 单栓65	套	980.72	153.18	781.21	0.28	26.06	19.99
2-3-75	廊内消火栓（明装）普通 公称直径（mm以内） 双栓65	套	1036.46	195.36	781.90	0.48	33.23	25.49
2-3-76	廊内消火栓（明装）自救卷盘 公称直径（mm以内） 单栓65	套	1020.33	183.52	781.36	0.28	31.22	23.95
2-3-77	廊内消火栓（明装）自救卷盘 公称直径（mm以内） 双栓65	套	1087.24	234.40	781.90	0.48	39.87	30.59
2-3-78	廊内消火栓（暗装）普通 公称直径（mm以内） 单栓65	套	1009.97	177.42	778.94	0.28	30.18	23.15
2-3-79	廊内消火栓（暗装）普通 公称直径（mm以内） 双栓65	套	1074.09	226.26	779.33	0.48	38.49	29.53

续前

编号	项目名称	单位	基价	人工费	材料费	施工机具使用费	管理费	利润
2-3-80	廊内消火栓（暗装）自救卷盘 公称直径（mm 以内） 单栓 65	套	1055.69	212.57	778.94	0.28	36.16	27.74
2-3-81	廊内消火栓（暗装）自救卷盘 公称直径（mm 以内） 双栓 65	套	1133.03	271.58	779.33	0.48	46.20	35.44

二、气体灭火系统

编号	项目名称	单位	基价	人工费	材料费	施工机具使用费	管理费	利润
2-3-82	无缝钢管 中压加厚无缝钢管（螺纹连接）公称直径（mm 以内） 15	10m	809.69	208.13	538.43	0.57	35.40	27.16
2-3-83	无缝钢管 中压加厚无缝钢管（螺纹连接）公称直径（mm 以内） 20	10m	824.11	217.38	538.51	2.87	36.98	28.37
2-3-84	无缝钢管 中压加厚无缝钢管（螺纹连接）公称直径（mm 以内） 25	10m	834.78	226.63	536.89	3.13	38.55	29.58
2-3-85	无缝钢管 中压加厚无缝钢管（螺纹连接）公称直径（mm 以内） 32	10m	873.58	254.56	537.82	4.68	43.30	33.22
2-3-86	无缝钢管 中压加厚无缝钢管（螺纹连接）公称直径（mm 以内） 40	10m	895.54	269.36	540.17	5.04	45.82	35.15
2-3-87	无缝钢管 中压加厚无缝钢管（螺纹连接）公称直径（mm 以内） 50	10m	912.66	282.31	540.33	5.16	48.02	36.84
2-3-88	无缝钢管 中压加厚无缝钢管（螺纹连接）公称直径（mm 以内） 65	10m	1003.16	351.50	540.24	5.76	59.79	45.87
2-3-89	无缝钢管 中压加厚无缝钢管（螺纹连接）公称直径（mm 以内） 80	10m	1056.69	390.54	542.87	5.88	66.43	50.97
2-3-90	无缝钢管 钢制管件（螺纹连接） 公称直径（mm 以内） 15	10 个	1122.24	199.80	862.38	0.00	33.99	26.07
2-3-91	无缝钢管 钢制管件（螺纹连接） 公称直径（mm 以内） 20	10 个	1179.99	244.20	862.38	0.00	41.54	31.87
2-3-92	无缝钢管 钢制管件（螺纹连接） 公称直径（mm 以内） 25	10 个	1264.58	307.10	865.16	0.00	52.24	40.08
2-3-93	无缝钢管 钢制管件（螺纹连接） 公称直径（mm 以内） 32	10 个	1409.85	418.10	866.07	0.00	71.12	54.56

续前

编号	项目名称	单位	基价	人工费	材料费	施工机具使用费	管理费	利润
2-3-94	无缝钢管 钢制管件（螺纹连接）公称直径（mm 以内） 40	10 个	1495.76	481.00	870.17	0.00	81.82	62.77
2-3-95	无缝钢管 钢制管件（螺纹连接）公称直径（mm 以内） 50	10 个	1610.68	568.14	871.76	0.00	96.64	74.14
2-3-96	无缝钢管 钢制管件（螺纹连接）公称直径（mm 以内） 65	10 个	1714.81	643.80	877.48	0.00	109.51	84.02
2-3-97	无缝钢管 钢制管件（螺纹连接）公称直径（mm 以内） 80	10 个	1780.16	688.20	885.09	0.00	117.06	89.81
2-3-98	无缝钢管 中压加厚无缝钢管（法兰连接）公称直径（mm 以内）100	10m	2829.92	1552.34	667.75	143.20	264.05	202.58
2-3-99	无缝钢管 中压加厚无缝钢管（法兰连接）公称直径（mm 以内）125	10m	3032.35	1659.64	725.40	148.43	282.30	216.58
2-3-100	无缝钢管 中压加厚无缝钢管（法兰连接）公称直径（mm 以内）150	10m	3221.30	1764.90	773.94	151.93	300.21	230.32
2-3-101	气体驱动装置管道 管外径（mm 以内） 10	10m	2103.66	203.50	1837.30	1.68	34.62	26.56
2-3-102	气体驱动装置管道 管外径（mm 以内） 14	10m	2159.56	244.20	1840.27	1.68	41.54	31.87
2-3-103	选择阀 螺纹连接 公称直径（mm 以内） 25	个	4868.57	51.80	4800.40	0.80	8.81	6.76
2-3-104	选择阀 螺纹连接 公称直径（mm 以内） 32	个	4875.70	54.76	4803.31	1.17	9.31	7.15
2-3-105	选择阀 螺纹连接 公称直径（mm 以内） 40	个	4907.30	81.40	4800.17	1.26	13.85	10.62
2-3-106	选择阀 螺纹连接 公称直径（mm 以内） 50	个	4936.49	92.50	4814.93	1.26	15.73	12.07
2-3-107	选择阀 螺纹连接 公称直径（mm 以内） 65	个	4979.27	109.52	4835.48	1.35	18.63	14.29
2-3-108	选择阀 螺纹连接 公称直径（mm 以内） 80	个	5037.37	139.12	4855.08	1.35	23.66	18.16
2-3-109	选择阀 法兰连接 公称直径（mm 以内） 100	个	5264.98	242.54	4923.53	26.00	41.26	31.65
2-3-110	气体喷头 公称直径（mm 以内）15	个	247.03	37.00	190.98	7.93	6.29	4.83
2-3-111	气体喷头 公称直径（mm 以内）20	个	252.19	40.70	191.28	7.98	6.92	5.31
2-3-112	气体喷头 公称直径（mm 以内）25	个	260.94	46.44	192.48	8.06	7.90	6.06
2-3-113	气体喷头 公称直径（mm 以内）32	个	268.00	51.80	192.54	8.09	8.81	6.76
2-3-114	气体喷头 公称直径（mm 以内）40	个	273.31	55.50	193.02	8.11	9.44	7.24

续前

编号	项目名称	单位	基价	人工费	材料费	施工机具使用费	管理费	利润
2-3-115	气体喷头 公称直径（mm 以内）50	个	277.78	58.46	193.62	8.13	9.94	7.63
2-3-116	贮存容器 容积（L 以内） 40	套	2130.61	930.74	202.19	717.90	158.32	121.46
2-3-117	贮存容器 容积（L 以内） 70	套	2856.77	1337.74	253.78	863.12	227.55	174.58
2-3-118	贮存容器 容积（L 以内） 90	套	3318.25	1541.24	305.38	1008.34	262.16	201.13
2-3-119	贮存容器 容积（L 以内） 155	套	4727.32	2375.40	411.70	1226.17	404.06	309.99
2-3-120	贮存容器 容积（L 以内） 270	套	6908.86	3799.90	522.72	1443.99	646.36	495.89
2-3-121	阀驱动装置 容积（L 以内） 4	套	1082.99	458.80	123.23	363.05	78.04	59.87
2-3-122	二氧化碳称重检漏装置	套	358.34	235.51	52.04	0.00	40.06	30.73
2-3-123	无管网气体灭火装置 贮存容器容积（L 以内） 40	套	656.28	384.80	18.78	137.03	65.45	50.22
2-3-124	无管网气体灭火装置 贮存容器容积（L 以内） 70	套	1240.12	832.50	20.34	137.03	141.61	108.64
2-3-125	无管网气体灭火装置 贮存容器容积（L 以内） 90	套	1793.53	1258.00	20.34	137.03	213.99	164.17
2-3-126	无管网气体灭火装置 贮存容器容积（L 以内） 150	套	1961.95	1387.50	20.34	137.03	236.01	181.07
2-3-127	无管网气体灭火装置 贮存容器容积（L 以内） 240	套	3168.15	2312.50	23.48	137.03	393.36	301.78
2-3-128	管网系统试验 气压试验	套	89.75	40.70	35.94	0.88	6.92	5.31

三、火灾自动报警系统

编号	项目名称	单位	基价	人工费	材料费	施工机具使用费	管理费	利润
2-3-129	点型探测器安装 感烟	个	68.77	50.51	2.92	0.16	8.59	6.59
2-3-130	点型探测器安装 感温	个	68.77	50.51	2.92	0.16	8.59	6.59
2-3-131	点型探测器安装 红外光束	对	673.77	505.79	13.14	2.80	86.03	66.01
2-3-132	点型探测器安装 火焰	个	230.18	168.72	10.34	0.40	28.70	22.02
2-3-133	点型探测器安装 可燃气体	个	74.41	50.51	8.68	0.04	8.59	6.59
2-3-134	线型探测器安装 线型探测器	m	60.23	30.53	20.49	0.04	5.19	3.98
2-3-135	线型探测器安装 线性探测器信号转换装置	台	271.16	204.98	4.52	0.04	34.87	26.75
2-3-136	线型探测器安装 报警终端电阻	个	29.50	2.04	26.80	0.04	0.35	0.27
2-3-137	按钮安装 火灾报警按钮	个	119.61	87.14	6.24	0.04	14.82	11.37
2-3-138	按钮安装 消火栓报警按钮	个	158.64	114.89	9.18	0.04	19.54	14.99

续前

编号	项目名称	单位	基价	人工费	材料费	施工机具使用费	管理费	利润
2-3-139	消防警铃、声光报警器安装 消防警铃	个	168.48	89.17	52.46	0.04	15.17	11.64
2-3-140	消防警铃、声光报警器安装 声光报警器	个	170.16	90.28	52.74	0.00	15.36	11.78
2-3-141	空气采样型探测器安装 空气采样管	m	59.09	32.19	17.18	0.04	5.48	4.20
2-3-142	空气采样型探测器安装 极早期空气采样报警器 2 路	台	1617.02	1202.87	52.41	0.16	204.61	156.97
2-3-143	空气采样型探测器安装 极早期空气采样报警器 6 路	台	2683.19	2022.05	53.15	0.16	343.95	263.88
2-3-144	空气采样型探测器安装 极早期空气采样报警器 8 路	台	3307.89	2502.31	53.23	0.16	425.64	326.55
2-3-145	空气采样型探测器安装 极早期空气采样报警器 16 路	台	4211.84	3197.17	53.44	0.16	543.84	417.23
2-3-146	消防报警电话插孔（电话）安装 电话分机	个	51.83	37.37	3.18	0.04	6.36	4.88
2-3-147	消防报警电话插孔（电话）安装 电话插孔	个	29.28	20.17	3.01	0.04	3.43	2.63
2-3-148	消防广播（扬声器）安装 扬声器 吸顶式 （3W-5W）	个	88.74	65.86	3.05	0.04	11.20	8.59
2-3-149	消防广播（扬声器）安装 扬声器 壁挂式 （3W-5W）	个	69.32	50.51	3.59	0.04	8.59	6.59
2-3-150	消防广播（扬声器）安装 音量调节器	个	25.79	16.28	4.58	0.04	2.77	2.12
2-3-151	消防专用模块（模块箱）安装 模块 单输入	个	388.18	254.75	56.05	0.81	43.33	33.24
2-3-152	消防专用模块（模块箱）安装 模块 多输入	个	434.20	286.01	60.60	1.62	48.65	37.32
2-3-153	消防专用模块（模块箱）安装 模块 单输出	个	409.89	269.73	58.27	0.81	45.88	35.20
2-3-154	消防专用模块（模块箱）安装 模块 多输出	个	528.82	357.05	62.82	1.62	60.73	46.60
2-3-155	消防专用模块（模块箱）安装 模块 单输入单输出	个	452.53	300.81	60.48	0.81	51.17	39.26
2-3-156	消防专用模块（模块箱）安装 模块 多输入多输出	个	574.15	388.50	67.25	1.62	66.08	50.70
2-3-157	消防专用模块（模块箱）安装 模块箱	台	104.97	65.12	15.87	4.40	11.08	8.50
2-3-158	消防专用模块（模块箱）安装 端子箱	台	114.02	72.34	15.53	4.40	12.31	9.44
2-3-159	区域报警控制箱安装 报警控制箱（壁挂）64 点以内	台	1208.87	832.50	113.09	13.03	141.61	108.64
2-3-160	区域报警控制箱安装 报警控制箱（壁挂）128 点以内	台	1708.86	1202.50	123.73	21.15	204.55	156.93
2-3-161	区域报警控制箱安装 报警控制箱（壁挂）256 点以内	台	3696.57	2722.09	131.01	25.21	463.03	355.23

续前

编号	项目名称	单位	基价	人工费	材料费	施工机具使用费	管理费	利润
2-3-162	区域报警控制箱安装 报警控制箱（壁挂）500 点以内	台	6098.15	4527.32	180.64	29.27	770.10	590.82
2-3-163	区域报警控制箱安装 报警控制箱（落地）1000 点以内	台	8490.19	6171.79	288.74	174.42	1049.82	805.42
2-3-164	联动控制箱安装 壁挂 256 点以内	台	4085.75	3065.27	77.91	21.15	521.40	400.02
2-3-165	联动控制箱安装 壁挂 500 点以内	台	4498.77	3339.99	129.57	25.21	568.13	435.87
2-3-166	联动控制箱安装 落地 1000 点以内	台	5409.46	3839.12	241.88	174.42	653.03	501.01
2-3-167	远程控制箱（柜）安装 远程控制箱 3 路以内	台	1881.05	1390.46	59.58	13.03	236.52	181.46
2-3-168	远程控制箱（柜）安装 远程控制箱 5 路以内	台	2357.05	1739.19	80.00	15.06	295.84	226.96
2-3-169	远程控制箱（柜）安装 重复显示器	台	3265.92	2469.01	37.63	17.09	419.98	322.21
2-3-170	火灾报警系统控制主机安装 壁挂（点以内） 500	台	5477.78	4072.96	155.28	25.21	692.81	531.52
2-3-171	火灾报警系统控制主机安装 壁挂（点以内） 1000	台	7314.66	5408.11	247.54	33.33	919.92	705.76
2-3-172	火灾报警系统控制主机安装 壁挂（点以内） 2000	台	8633.69	6334.77	353.24	41.45	1077.54	826.69
2-3-173	火灾报警系统控制主机安装 壁挂（点以外）2000	台	11241.09	8132.60	610.20	53.63	1383.36	1061.30
2-3-174	火灾报警系统控制主机安装 落地（点以内） 500	台	5712.77	4137.71	169.03	162.24	703.82	539.97
2-3-175	火灾报警系统控制主机安装 落地（点以内） 1000	台	7396.03	5357.05	258.29	170.36	911.23	699.10
2-3-176	火灾报警系统控制主机安装 落地（点以内） 2000	台	9451.88	6847.41	367.66	178.48	1164.74	893.59
2-3-177	火灾报警系统控制主机安装 落地（点以内） 5000	台	12952.46	9327.52	630.43	190.66	1586.61	1217.24
2-3-178	火灾报警系统控制主机安装 落地 （点以外） 5000	台	14718.88	10552.40	771.29	223.14	1794.96	1377.09
2-3-179	联动控制主机安装 落地（点以内） 256	台	7283.65	5379.06	133.52	154.12	914.98	701.97
2-3-180	联动控制主机安装 落地（点以内） 500	台	7800.98	5727.97	190.97	160.21	974.33	747.50
2-3-181	联动控制主机安装 落地（点以内） 1000	台	8350.88	6065.41	295.90	166.30	1031.73	791.54
2-3-182	联动控制主机安装 落地（点以外） 1000	台	8917.42	6420.61	396.41	170.36	1092.15	837.89
2-3-183	消防广播及电话主机(柜)安装 消防广播控制柜	台	4048.06	2893.96	267.09	17.09	492.26	377.66
2-3-184	消防广播及电话主机(柜)安装 广播功率放大器	台	92.48	63.83	7.43	2.03	10.86	8.33

续前

编号	项目名称	单位	基价	人工费	材料费	施工机具使用费	管理费	利润
2-3-185	消防广播及电话主机(柜)安装 广播录放盘	台	111.45	80.11	7.26	0.00	13.63	10.45
2-3-186	消防广播及电话主机(柜)安装 矩阵	台	74.99	53.28	5.70	0.00	9.06	6.95
2-3-187	消防广播及电话主机(柜)安装 广播分配器	台	1123.27	781.26	107.17	0.00	132.89	101.95
2-3-188	消防广播及电话主机(柜)安装 消防电话主机(路以内) 10	台	3121.30	2275.69	144.45	17.09	387.09	296.98
2-3-189	消防广播及电话主机(柜)安装 消防电话主机(路以内) 30	台	4739.05	3430.46	260.30	17.09	583.52	447.68
2-3-190	消防广播及电话主机(柜)安装 消防电话主机(路以内) 60	台	5836.77	4179.89	375.19	25.21	711.00	545.48
2-3-191	消防广播及电话主机(柜)安装 消防电话主机(路以内) 80	台	7586.41	5432.53	487.53	33.33	924.07	708.95
2-3-192	火灾报警控制微机、图形显示及打印终端	台	1473.11	1067.82	72.12	12.18	181.64	139.35
2-3-193	备用电源及电池主机(柜)	台	1210.69	799.20	21.70	149.55	135.94	104.30
2-3-194	火灾报警联动一体机安装 壁挂 64 点以内	台	1607.94	1154.40	93.50	13.03	196.36	150.65
2-3-195	火灾报警联动一体机安装 壁挂 128 点以内	台	2542.02	1856.11	110.88	17.09	315.72	242.22
2-3-196	火灾报警联动一体机安装 落地 256 点以内	台	6148.10	4502.72	133.69	158.18	765.91	587.60
2-3-197	火灾报警联动一体机安装 落地 500 点以内	台	8670.11	6396.56	188.51	162.24	1088.05	834.75
2-3-198	火灾报警联动一体机安装 落地 1000 点以内	台	10486.42	7727.27	265.97	170.36	1314.41	1008.41
2-3-199	火灾报警联动一体机安装 落地 2000 点以内	台	12537.96	9200.98	349.21	221.95	1565.09	1200.73
2-3-200	火灾报警联动一体机安装 落地 5000 点以内	台	17129.91	12506.00	601.16	263.45	2127.27	1632.03
2-3-201	火灾报警联动一体机安装 落地 5000 点以外	台	20119.96	14530.64	888.83	332.58	2471.66	1896.25

四、消防系统调试

编号	项目名称	单位	基价	人工费	材料费	施工机具使用费	管理费	利润
2-3-202	自动报警系统调试(点以内) 64	系统	4930.16	3548.15	134.01	181.43	603.54	463.03
2-3-203	自动报警系统调试(点以内) 128	系统	8180.19	5957.44	151.04	280.90	1013.36	777.45

续前

编号	项目名称	单位	基价	人工费	材料费	施工机具使用费	管理费	利润
2-3-204	自动报警系统调试（点以内）256	系统	20682.71	15492.69	172.92	359.99	2635.31	2021.80
2-3-205	自动报警系统调试（点以内）500	系统	36701.96	27702.75	188.42	483.34	4712.24	3615.21
2-3-206	自动报警系统调试（点以内）1000	系统	61824.04	46621.25	297.93	890.52	7930.27	6084.07
2-3-207	自动报警系统调试（点以内）2000	系统	81300.91	61146.65	511.64	1261.93	10401.05	7979.64
2-3-208	自动报警系统调试（点以内）5000	系统	122661.64	91720.08	1083.88	2286.62	15601.59	11969.47
2-3-209	自动报警系统调试（5000点以外）每增加256点	系统	3554.59	2608.38	62.23	99.90	443.69	340.39
2-3-210	自动报警系统调试 广播喇叭及音箱、电话插孔	10只	643.97	452.15	40.87	15.03	76.91	59.01
2-3-211	自动报警系统调试 通信分机	部	102.91	68.80	10.22	3.21	11.70	8.98
2-3-212	水灭火控制装置调试 消火栓灭火系统	点	308.03	230.27	4.43	4.11	39.17	30.05
2-3-213	水灭火控制装置调试 自动喷水灭火系统	点	451.00	328.09	10.15	14.13	55.81	42.82
2-3-214	水灭火控制装置调试 消防水炮控制装置调试	点	1202.68	899.99	19.99	12.16	153.09	117.45
2-3-215	防火控制装置调试 防火卷帘门	点	133.27	97.83	0.74	5.29	16.64	12.77
2-3-216	防火控制装置调试 电动防火门（窗）	点	94.00	68.80	0.87	3.65	11.70	8.98
2-3-217	防火控制装置调试 电动防火阀、电动排烟阀、电动正压送风阀	点	181.83	127.28	11.00	5.29	21.65	16.61
2-3-218	防火控制装置调试 切断非消防电源	点	294.68	215.22	10.28	4.48	36.61	28.09
2-3-219	防火控制装置调试 消防风机	点	310.59	235.00	0.47	4.48	39.97	30.67
2-3-220	防火控制装置调试 消防水泵联动调试	点	336.59	254.13	0.71	5.36	43.23	33.16
2-3-221	防火控制装置调试 消防电梯	部	1842.61	1407.39	0.00	12.16	239.40	183.66
2-3-222	气体灭火系统装置调试 试验容器规格（L） 40	点	1130.54	665.21	253.21	12.16	113.15	86.81
2-3-223	气体灭火系统装置调试 试验容器规格（L） 70	点	1640.53	997.82	330.60	12.16	169.73	130.22
2-3-224	气体灭火系统装置调试 试验容器规格（L） 90	点	2124.69	1330.42	382.19	12.16	226.30	173.62
2-3-225	气体灭火系统装置调试 试验容器规格（L） 155	点	2979.42	1858.68	549.86	12.16	316.16	242.56
2-3-226	气体灭火系统装置调试 试验容器规格（L） 270	点	4319.35	2660.84	846.50	12.16	452.61	347.24

第四章 给排水工程

一、给排水管道

编号	项目名称	单位	基价	人工费	材料费	施工机具使用费	管理费	利润
2-4-1	镀锌钢管（螺纹连接）公称直径（mm 以内） 15	10m	702.59	307.47	299.27	3.43	52.30	40.12
2-4-2	镀锌钢管（螺纹连接）公称直径（mm 以内） 20	10m	701.44	321.72	279.28	3.74	54.72	41.98
2-4-3	镀锌钢管（螺纹连接）公称直径（mm 以内） 25	10m	786.12	386.84	275.60	7.40	65.80	50.48
2-4-4	镀锌钢管（螺纹连接）公称直径（mm 以内） 32	10m	816.40	418.29	262.59	9.78	71.15	54.59
2-4-5	镀锌钢管（螺纹连接）公称直径（mm 以内） 40	10m	814.15	427.17	247.35	11.22	72.66	55.75
2-4-6	镀锌钢管（螺纹连接）公称直径（mm 以内） 50	10m	848.47	458.62	237.01	14.98	78.01	59.85
2-4-7	镀锌钢管（螺纹连接）公称直径（mm 以内） 65	10m	871.94	483.41	225.86	17.35	82.23	63.09
2-4-8	镀锌钢管（螺纹连接）公称直径（mm 以内） 80	10m	901.46	506.16	221.46	21.69	86.10	66.05
2-4-9	镀锌钢管（螺纹连接）公称直径（mm 以内） 100	10m	1059.45	578.31	219.26	88.04	98.37	75.47
2-4-10	镀锌钢管（螺纹连接）公称直径（mm 以内） 125	10m	1169.07	641.40	213.70	121.17	109.10	83.70
2-4-11	镀锌钢管（螺纹连接）公称直径（mm 以内） 150	10m	1274.46	713.55	214.70	131.72	121.37	93.12
2-4-12	钢管（焊接）公称直径（mm 以内） 32	10m	579.37	300.44	177.26	11.36	51.10	39.21
2-4-13	钢管（焊接）公称直径（mm 以内） 40	10m	642.78	344.47	180.45	14.32	58.59	44.95
2-4-14	钢管（焊接）公称直径（mm 以内） 50	10m	748.54	405.89	197.86	22.78	69.04	52.97
2-4-15	钢管（焊接）公称直径（mm 以内） 65	10m	814.49	457.14	191.70	28.23	77.76	59.66
2-4-16	钢管（焊接）公称直径（mm 以内） 80	10m	880.94	502.65	193.35	33.84	85.50	65.60
2-4-17	钢管（焊接）公称直径（mm 以内） 100	10m	1052.00	580.16	195.45	101.99	98.69	75.71

续前

编号	项目名称	单位	基价	人工费	材料费	施工机具使用费	管理费	利润
2-4-18	钢管（焊接）公称直径（mm 以内） 125	10m	1118.75	601.07	206.85	130.15	102.24	78.44
2-4-19	钢管（焊接）公称直径（mm 以内） 150	10m	1213.18	666.19	206.72	140.01	113.32	86.94
2-4-20	钢管（焊接）公称直径（mm 以内） 200	10m	1468.78	811.97	216.35	196.38	138.12	105.96
2-4-21	钢管（沟槽连接）公称直径（mm 以内） 65	10m	911.58	399.42	373.70	18.40	67.94	52.12
2-4-22	钢管（沟槽连接）公称直径（mm 以内） 80	10m	968.86	444.00	368.39	23.01	75.52	57.94
2-4-23	钢管（沟槽连接）公称直径（mm 以内） 100	10m	1077.29	496.54	341.28	90.21	84.46	64.80
2-4-24	钢管（沟槽连接）公称直径（mm 以内） 125	10m	1179.74	597.92	280.54	121.54	101.71	78.03
2-4-25	钢管（沟槽连接）公称直径（mm 以内） 150	10m	1181.81	611.98	254.21	131.66	104.10	79.86
2-4-26	钢管（沟槽连接）公称直径（mm 以内） 200	10m	1321.67	685.06	247.01	183.67	116.53	89.40
2-4-27	薄壁不锈钢管（卡压连接）公称直径（mm 以内） 15	10m	835.88	206.46	565.18	2.18	35.12	26.94
2-4-28	薄壁不锈钢管（卡压连接）公称直径（mm 以内） 20	10m	793.99	226.81	496.80	2.20	38.58	29.60
2-4-29	薄壁不锈钢管（卡压连接）公称直径（mm 以内） 25	10m	808.29	245.87	485.38	3.13	41.82	32.09
2-4-30	薄壁不锈钢管（卡压连接）公称直径（mm 以内） 32	10m	781.42	256.41	443.86	4.07	43.62	33.46
2-4-31	薄壁不锈钢管（卡压连接）公称直径（mm 以内） 40	10m	756.72	278.80	389.11	5.01	47.42	36.38
2-4-32	薄壁不锈钢管（卡压连接）公称直径（mm 以内） 50	10m	751.16	299.89	352.50	8.62	51.01	39.14
2-4-33	薄壁不锈钢管（卡压连接）公称直径（mm 以内） 65	10m	743.78	316.91	320.66	10.94	53.91	41.36
2-4-34	薄壁不锈钢管（卡压连接）公称直径（mm 以内） 80	10m	741.83	326.71	302.11	14.80	55.57	42.64
2-4-35	薄壁不锈钢管（卡压连接）公称直径（mm 以内） 100	10m	807.86	380.92	288.90	23.54	64.79	49.71
2-4-36	薄壁不锈钢管（卡套连接）公称直径（mm 以内） 15	10m	591.99	195.73	335.25	2.18	33.29	25.54
2-4-37	薄壁不锈钢管（卡套连接）公称直径（mm 以内） 20	10m	574.25	204.98	305.45	2.20	34.87	26.75
2-4-38	薄壁不锈钢管（卡套连接）公称直径（mm 以内） 25	10m	595.33	223.85	301.06	3.13	38.08	29.21
2-4-39	薄壁不锈钢管（卡套连接）公称直径（mm 以内） 32	10m	605.02	243.65	283.20	4.93	41.44	31.80
2-4-40	薄壁不锈钢管（卡套连接）公称直径（mm 以内） 40	10m	605.89	261.96	260.17	5.01	44.56	34.19

续前

编号	项目名称	单位	基价	人工费	材料费	施工机具使用费	管理费	利润
2-4-41	薄壁不锈钢管（卡套连接）公称直径（mm 以内） 50	10m	630.10	290.27	243.96	8.62	49.37	37.88
2-4-42	薄壁不锈钢管（卡套连接）公称直径（mm 以内） 65	10m	630.72	299.33	230.47	10.94	50.92	39.06
2-4-43	薄壁不锈钢管（卡套连接）公称直径（mm 以内） 80	10m	638.15	308.03	222.72	14.80	52.40	40.20
2-4-44	薄壁不锈钢管（卡套连接）公称直径（mm 以内） 100	10m	708.54	359.27	217.74	23.54	61.11	46.88
2-4-45	薄壁不锈钢管（承插氩弧焊）公称直径（mm 以内） 15	10m	596.64	204.43	313.23	17.53	34.77	26.68
2-4-46	薄壁不锈钢管（承插氩弧焊）公称直径（mm 以内） 20	10m	601.48	223.11	288.83	22.47	37.95	29.12
2-4-47	薄壁不锈钢管（承插氩弧焊）公称直径（mm 以内） 25	10m	636.15	250.68	285.20	24.92	42.64	32.71
2-4-48	薄壁不锈钢管（承插氩弧焊）公称直径（mm 以内） 32	10m	642.39	265.48	270.48	26.62	45.16	34.65
2-4-49	薄壁不锈钢管（承插氩弧焊）公称直径（mm 以内） 40	10m	681.14	308.77	251.44	28.12	52.52	40.29
2-4-50	薄壁不锈钢管（承插氩弧焊）公称直径（mm 以内） 50	10m	695.83	326.16	237.91	33.72	55.48	42.56
2-4-51	薄壁不锈钢管（承插氩弧焊）公称直径（mm 以内） 65	10m	705.17	338.00	227.21	38.36	57.49	44.11
2-4-52	薄壁不锈钢管（承插氩弧焊）公称直径（mm 以内） 80	10m	741.37	365.01	221.38	45.26	62.09	47.63
2-4-53	薄壁不锈钢管（承插氩弧焊）公称直径（mm 以内） 100	10m	803.95	406.08	218.09	57.72	69.07	52.99
2-4-54	不锈钢管（螺纹连接）公称直径（mm 以内） 15	10m	1992.19	326.16	1562.71	5.28	55.48	42.56
2-4-55	不锈钢管（螺纹连接）公称直径（mm 以内） 20	10m	1966.44	339.85	1518.54	5.89	57.81	44.35
2-4-56	不锈钢管（螺纹连接）公称直径（mm 以内） 25	10m	2048.11	409.78	1507.46	7.69	69.70	53.48
2-4-57	不锈钢管（螺纹连接）公称直径（mm 以内） 32	10m	2059.90	439.19	1478.56	10.13	74.71	57.31
2-4-58	不锈钢管（螺纹连接）公称直径（mm 以内） 40	10m	2049.51	448.44	1454.68	11.59	76.28	58.52
2-4-59	不锈钢管（螺纹连接）公称直径（mm 以内） 50	10m	2074.02	481.74	1432.01	15.46	81.94	62.87
2-4-60	不锈钢管（螺纹连接）公称直径（mm 以内） 65	10m	2085.73	507.46	1407.84	17.89	86.32	66.22
2-4-61	不锈钢管（螺纹连接）公称直径（mm 以内） 80	10m	2110.54	531.51	1397.16	22.10	90.41	69.36
2-4-62	不锈钢管（螺纹连接）公称直径（mm 以内） 100	10m	2268.71	607.36	1390.19	88.59	103.31	79.26
2-4-63	不锈钢管（对接电弧焊）公称直径（mm 以内） 15	10m	1623.87	250.68	1292.63	5.21	42.64	32.71

续前

编号	项目名称	单位	基价	人工费	材料费	施工机具使用费	管理费	利润
2-4-64	不锈钢管（对接电弧焊）公称直径（mm 以内） 20	10m	1628.17	261.41	1282.93	5.25	44.47	34.11
2-4-65	不锈钢管（对接电弧焊）公称直径（mm 以内） 25	10m	1700.80	315.43	1284.29	6.27	53.65	41.16
2-4-66	不锈钢管（对接电弧焊）公称直径（mm 以内） 32	10m	1717.15	330.78	1279.52	7.41	56.27	43.17
2-4-67	不锈钢管（对接电弧焊）公称直径（mm 以内） 40	10m	1755.82	348.54	1293.54	8.97	59.29	45.48
2-4-68	不锈钢管（对接电弧焊）公称直径（mm 以内） 50	10m	1857.65	420.88	1292.30	17.96	71.59	54.92
2-4-69	不锈钢管（对接电弧焊）公称直径（mm 以内） 65	10m	1919.70	466.94	1289.36	23.03	79.43	60.94
2-4-70	不锈钢管（对接电弧焊）公称直径（mm 以内） 80	10m	1983.95	512.64	1288.83	28.38	87.20	66.90
2-4-71	不锈钢管（对接电弧焊）公称直径（mm 以内） 100	10m	2156.04	591.45	1290.52	96.28	100.61	77.18
2-4-72	不锈钢管（对接电弧焊）公称直径（mm 以内） 125	10m	2264.70	613.09	1288.89	178.42	104.29	80.01
2-4-73	不锈钢管（对接电弧焊）公称直径（mm 以内） 150	10m	2382.37	679.69	1303.39	194.97	115.62	88.70
2-4-74	不锈钢管（对接电弧焊）公称直径（mm 以内） 200	10m	2661.71	828.06	1320.34	264.40	140.85	108.06
2-4-75	铜管（卡压连接）公称外径（mm 以内） 18	10m	2197.59	188.33	1950.85	1.80	32.03	24.58
2-4-76	铜管（卡压连接）公称外径（mm 以内） 22	10m	2109.00	203.13	1843.01	1.80	34.55	26.51
2-4-77	铜管（卡压连接）公称外径（mm 以内） 28	10m	2109.58	218.30	1822.99	2.67	37.13	28.49
2-4-78	铜管（卡压连接）公称外径（mm 以内） 35	10m	2055.45	227.00	1756.67	3.55	38.61	29.62
2-4-79	铜管（卡压连接）公称外径（mm 以内） 42	10m	1990.56	235.69	1679.58	4.44	40.09	30.76
2-4-80	铜管（卡压连接）公称外径（mm 以内） 54	10m	1941.39	246.24	1613.17	7.96	41.89	32.13
2-4-81	铜管（卡压连接）公称外径（mm 以内） 76	10m	1912.84	260.85	1563.30	10.28	44.37	34.04
2-4-82	铜管（卡压连接）公称外径（mm 以内） 89	10m	1905.50	274.36	1534.57	14.10	46.67	35.80
2-4-83	铜管（卡压连接）公称外径（mm 以内） 108	10m	1954.14	319.31	1513.65	25.20	54.31	41.67
2-4-84	铜管（氧乙炔焊）公称外径（mm 以内） 18	10m	1837.09	301.18	1443.49	1.89	51.23	39.30
2-4-85	铜管（氧乙炔焊）公称外径（mm 以内） 22	10m	1839.77	323.94	1416.57	1.89	55.10	42.27
2-4-86	铜管（氧乙炔焊）公称外径（mm 以内） 28	10m	1861.02	338.37	1418.09	2.84	57.56	44.16

续前

编号	项目名称	单位	基价	人工费	材料费	施工机具使用费	管理费	利润
2-4-87	铜管(氧乙炔焊)公称外径(mm以内) 35	10m	1929.60	399.97	1405.64	3.76	68.03	52.20
2-4-88	铜管(氧乙炔焊)公称外径(mm以内) 42	10m	2002.75	454.73	1406.63	4.70	77.35	59.34
2-4-89	铜管(氧乙炔焊)公称外径(mm以内) 54	10m	2064.61	501.35	1404.24	8.31	85.28	65.43
2-4-90	铜管(氧乙炔焊)公称外径(mm以内) 76	10m	2145.88	557.96	1409.30	10.90	94.91	72.81
2-4-91	铜管(氧乙炔焊)公称外径(mm以内) 89	10m	2236.49	613.09	1424.36	14.74	104.29	80.01
2-4-92	铜管(氧乙炔焊)公称外径(mm以内) 108	10m	2306.69	645.47	1441.32	25.88	109.79	84.23
2-4-93	铜管(钎焊)公称外径(mm以内) 18	10m	2250.32	207.02	1978.39	2.68	35.21	27.02
2-4-94	铜管(钎焊)公称外径(mm以内) 22	10m	2162.35	223.67	1868.76	2.68	38.05	29.19
2-4-95	铜管(钎焊)公称外径(mm以内) 28	10m	2168.76	239.95	1853.84	2.84	40.82	31.31
2-4-96	铜管(钎焊)公称外径(mm以内) 35	10m	2121.29	249.75	1792.71	3.76	42.48	32.59
2-4-97	铜管(钎焊)公称外径(mm以内) 42	10m	2063.40	259.56	1721.12	4.70	44.15	33.87
2-4-98	铜管(钎焊)公称外径(mm以内) 54	10m	2024.97	271.03	1664.16	8.31	46.10	35.37
2-4-99	铜管(钎焊)公称外径(mm以内) 76	10m	2008.84	286.94	1624.74	10.90	48.81	37.45
2-4-100	铜管(钎焊)公称外径(mm以内) 89	10m	2021.92	301.74	1614.73	14.74	51.33	39.38
2-4-101	铜管(钎焊)公称外径(mm以内) 108	10m	2086.11	351.13	1603.55	25.88	59.73	45.82
2-4-102	铸铁排水管(石棉水泥接口)公称直径(mm以内) 50	10m	1379.78	393.68	858.67	9.09	66.96	51.38
2-4-103	铸铁排水管(石棉水泥接口)公称直径(mm以内) 75	10m	1495.60	471.20	864.99	17.77	80.15	61.49
2-4-104	铸铁排水管(石棉水泥接口)公称直径(mm以内) 100	10m	1820.12	608.28	947.49	81.50	103.47	79.38
2-4-105	铸铁排水管(石棉水泥接口)公称直径(mm以内) 150	10m	1760.39	645.10	798.76	122.61	109.73	84.19
2-4-106	铸铁排水管(石棉水泥接口)公称直径(mm以内) 200	10m	1864.53	683.76	797.70	177.53	116.31	89.23
2-4-107	铸铁排水管(石棉水泥接口)公称直径(mm以内) 250	10m	2010.96	748.88	790.16	246.81	127.38	97.73
2-4-108	铸铁排水管(水泥接口)公称直径(mm以内) 50	10m	1328.96	362.23	848.75	9.09	61.62	47.27
2-4-109	铸铁排水管(水泥接口)公称直径(mm以内) 75	10m	1427.51	433.46	845.98	17.77	73.73	56.57

续前

编号	项目名称	单位	基价	人工费	材料费	施工机具使用费	管理费	利润
2-4-110	铸铁排水管（水泥接口）公称直径（mm 以内） 100	10m	1726.15	559.44	917.04	81.50	95.16	73.01
2-4-111	铸铁排水管（水泥接口）公称直径（mm 以内） 150	10m	1663.17	593.30	768.91	122.61	100.92	77.43
2-4-112	铸铁排水管（水泥接口）公称直径（mm 以内） 200	10m	1759.29	629.00	763.69	177.53	106.99	82.08
2-4-113	铸铁排水管（水泥接口）公称直径（mm 以内） 250	10m	1867.44	688.76	724.83	246.81	117.16	89.88
2-4-114	柔性铸铁排水管（机械接口）公称直径（mm 以内） 50	10m	2078.42	334.67	1634.06	9.09	56.93	43.67
2-4-115	柔性铸铁排水管（机械接口）公称直径（mm 以内） 75	10m	2169.21	400.53	1630.51	17.77	68.13	52.27
2-4-116	柔性铸铁排水管（机械接口）公称直径（mm 以内） 100	10m	2536.42	516.71	1782.89	81.50	87.89	67.43
2-4-117	柔性铸铁排水管（机械接口）公称直径（mm 以内） 150	10m	2353.05	548.34	1517.27	122.61	93.27	71.56
2-4-118	柔性铸铁排水管（机械接口）公称直径（mm 以内） 200	10m	2425.92	580.35	1493.58	177.53	98.72	75.74
2-4-119	柔性铸铁排水管（机械接口）公称直径（mm 以内） 250	10m	2454.16	636.40	1379.65	246.81	108.25	83.05
2-4-120	无承口柔性铸铁排水管（卡箍连接）公称直径（mm 以内） 50	10m	1936.77	321.35	1509.73	9.09	54.66	41.94
2-4-121	无承口柔性铸铁排水管（卡箍连接）公称直径（mm 以内） 75	10m	2021.77	388.32	1498.95	17.77	66.05	50.68
2-4-122	无承口柔性铸铁排水管（卡箍连接）公称直径（mm 以内） 100	10m	2376.87	501.35	1643.31	81.50	85.28	65.43
2-4-123	无承口柔性铸铁排水管（卡箍连接）公称直径（mm 以内） 150	10m	2157.95	531.32	1344.30	122.61	90.38	69.34
2-4-124	无承口柔性铸铁排水管（卡箍连接）公称直径（mm 以内） 200	10m	2236.66	563.88	1325.74	177.53	95.92	73.59
2-4-125	无承口柔性铸铁排水管（卡箍连接）公称直径（mm 以内） 250	10m	2278.93	617.16	1229.44	246.81	104.98	80.54
2-4-126	塑料排水管（热熔连接）公称外径（mm 以内） 50	10m	326.70	149.67	132.01	0.03	25.46	19.53
2-4-127	塑料排水管（热熔连接）公称外径（mm 以内） 75	10m	368.30	169.28	148.11	0.03	28.79	22.09
2-4-128	塑料排水管（热熔连接）公称外径（mm 以内） 110	10m	427.13	196.66	171.29	0.07	33.45	25.66
2-4-129	塑料排水管（热熔连接）公称外径（mm 以内） 160	10m	467.14	246.79	121.78	24.38	41.98	32.21
2-4-130	塑料排水管（热熔连接）公称外径（mm 以内） 200	10m	520.33	282.87	114.37	38.06	48.12	36.91
2-4-131	塑料排水管（热熔连接）公称外径（mm 以内） 250	10m	618.68	355.39	97.17	59.29	60.45	46.38
2-4-132	塑料排水管（粘接）公称外径（mm 以内） 50	10m	434.65	231.81	133.13	0.03	39.43	30.25

续前

编号	项目名称	单位	基价	人工费	材料费	施工机具使用费	管理费	利润
2-4-133	塑料排水管（粘接）公称外径（mm 以内） 75	10m	553.03	310.43	149.26	0.03	52.80	40.51
2-4-134	塑料排水管（粘接）公称外径（mm 以内） 110	10m	622.43	345.95	172.41	0.07	58.85	45.15
2-4-135	塑料排水管（粘接）公称外径（mm 以内） 160	10m	781.19	487.85	127.84	18.86	82.98	63.66
2-4-136	塑料排水管（粘接）公称外径（mm 以内） 200	10m	1040.82	683.58	120.71	31.04	116.28	89.21
2-4-137	塑料排水管（粘接）公称外径（mm 以内） 250	10m	1130.54	749.25	103.88	52.18	127.45	97.78
2-4-138	塑料排水管（螺母密封圈连接）公称外径（mm 以内） 50	10m	731.98	219.60	446.34	0.03	37.35	28.66
2-4-139	塑料排水管（螺母密封圈连接）公称外径（mm 以内） 75	10m	861.20	294.34	478.35	0.03	50.07	38.41
2-4-140	塑料排水管（螺母密封圈连接）公称外径（mm 以内） 110	10m	987.37	329.12	559.25	0.07	55.98	42.95
2-4-141	塑料排水管（螺母密封圈连接）公称外径（mm 以内） 160	10m	1014.17	462.50	393.78	18.86	78.67	60.36
2-4-142	塑料排水管（螺母密封圈连接）公称外径（mm 以内） 200	10m	1190.63	602.92	375.43	31.04	102.56	78.68
2-4-143	塑料排水管（螺母密封圈连接）公称外径（mm 以内） 250	10m	1292.26	713.55	312.04	52.18	121.37	93.12
2-4-144	塑铝稳态管（热熔连接）公称外径（mm 以内） 20	10m	927.44	215.53	647.04	0.08	36.66	28.13
2-4-145	塑铝稳态管（热熔连接）公称外径（mm 以内） 25	10m	861.29	238.28	551.30	0.08	40.53	31.10
2-4-146	塑铝稳态管（热熔连接）公称外径（mm 以内） 32	10m	840.38	257.89	504.89	0.08	43.87	33.65
2-4-147	塑铝稳态管（热熔连接）公称外径（mm 以内） 40	10m	826.57	295.45	442.20	0.10	50.26	38.56
2-4-148	塑铝稳态管（热熔连接）公称外径（mm 以内） 50	10m	840.39	342.07	395.36	0.13	58.19	44.64
2-4-149	塑铝稳态管（热熔连接）公称外径（mm 以内） 63	10m	848.31	368.52	368.88	0.13	62.69	48.09
2-4-150	塑铝稳态管（热熔连接）公称外径（mm 以内） 75	10m	840.45	375.92	351.40	0.13	63.94	49.06
2-4-151	塑铝稳态管（热熔连接）公称外径（mm 以内） 90	10m	816.32	408.85	284.41	0.16	69.55	53.35
2-4-152	塑铝稳态管（热熔连接）公称外径（mm 以内） 110	10m	815.54	429.20	257.16	0.16	73.01	56.01
2-4-153	塑铝稳态管（热熔连接）公称外径（mm 以内） 125	10m	815.66	452.70	207.71	19.17	77.00	59.08
2-4-154	塑铝稳态管（热熔连接）公称外径（mm 以内） 160	10m	843.55	474.90	201.55	24.35	80.78	61.97
2-4-155	钢骨架塑料复合管（电熔连接）公称外径 （mm 以内） 20	10m	721.90	230.14	419.07	3.51	39.15	30.03

续前

编号	项目名称	单位	基价	人工费	材料费	施工机具使用费	管理费	利润
2-4-156	钢骨架塑料复合管（电熔连接）公称外径 （mm 以内） 25	10m	697.15	249.75	367.46	4.87	42.48	32.59
2-4-157	钢骨架塑料复合管（电熔连接）公称外径 （mm 以内） 32	10m	703.07	272.51	342.63	6.02	46.35	35.56
2-4-158	钢骨架塑料复合管（电熔连接）公称外径 （mm 以内） 40	10m	729.06	317.65	309.07	6.86	54.03	41.45
2-4-159	钢骨架塑料复合管（电熔连接）公称外径 （mm 以内） 50	10m	752.73	355.02	283.84	7.15	60.39	46.33
2-4-160	钢骨架塑料复合管（电熔连接）公称外径 （mm 以内） 63	10m	785.45	390.72	269.99	7.29	66.46	50.99
2-4-161	钢骨架塑料复合管（电熔连接）公称外径 （mm 以内） 75	10m	790.63	401.64	260.80	7.46	68.32	52.41
2-4-162	钢骨架塑料复合管（电熔连接）公称外径 （mm 以内） 90	10m	801.82	437.71	224.83	7.71	74.45	57.12
2-4-163	钢骨架塑料复合管（电熔连接）公称外径（mm 以内） 110	10m	813.27	457.32	210.61	7.87	77.79	59.68
2-4-164	钢骨架塑料复合管（电熔连接）公称外径（mm 以内） 125	10m	855.39	485.26	203.05	21.21	82.54	63.33
2-4-165	钢骨架塑料复合管（电熔连接）公称外径（mm 以内） 160	10m	895.23	515.60	198.22	26.42	87.70	67.29
2-4-166	钢塑复合管（螺纹连接）公称直径（mm 以内） 15	10m	860.06	313.02	449.52	3.43	53.24	40.85
2-4-167	钢塑复合管（螺纹连接）公称直径（mm 以内） 20	10m	831.65	327.45	402.03	3.74	55.70	42.73
2-4-168	钢塑复合管（螺纹连接）公称直径（mm 以内） 25	10m	910.65	394.79	389.79	7.40	67.15	51.52
2-4-169	钢塑复合管（螺纹连接）公称直径（mm 以内） 32	10m	924.76	427.72	358.68	9.78	72.76	55.82
2-4-170	钢塑复合管（螺纹连接）公称直径（mm 以内） 40	10m	894.32	432.53	320.55	11.22	73.57	56.45
2-4-171	钢塑复合管（螺纹连接）公称直径（mm 以内） 50	10m	917.50	466.57	295.70	14.98	79.36	60.89
2-4-172	钢塑复合管（螺纹连接）公称直径（mm 以内） 65	10m	930.45	495.99	268.01	17.35	84.37	64.73
2-4-173	钢塑复合管（螺纹连接）公称直径（mm 以内） 80	10m	949.02	516.15	256.02	21.69	87.80	67.36
2-4-174	钢塑复合管（螺纹连接）公称直径（mm 以内） 100	10m	1098.44	586.82	247.18	88.04	99.82	76.58
2-4-175	钢塑复合管（螺纹连接）公称直径（mm 以内） 125	10m	1201.77	651.76	233.94	120.16	110.86	85.05
2-4-176	钢塑复合管（螺纹连接）公称直径（mm 以内） 150	10m	1304.28	723.17	233.25	130.48	123.01	94.37
2-4-177	铝塑复合管（卡套连接）公称外径（mm 以内） 20	10m	549.34	144.30	361.58	0.08	24.55	18.83
2-4-178	铝塑复合管（卡套连接）公称外径（mm 以内） 25	10m	537.94	162.80	326.12	0.08	27.69	21.25

续前

编号	项目名称	单位	基价	人工费	材料费	施工机具使用费	管理费	利润
2-4-179	铝塑复合管（卡套连接）公称外径（mm 以内） 32	10m	544.67	183.89	305.42	0.08	31.28	24.00
2-4-180	铝塑复合管（卡套连接）公称外径（mm 以内） 40	10m	542.16	203.32	277.63	0.10	34.58	26.53
2-4-181	铝塑复合管（卡套连接）公称外径（mm 以内） 50	10m	545.44	221.82	256.81	0.13	37.73	28.95
2-4-182	铝塑复合管（卡套连接）公称外径（mm 以内） 63	10m	576.35	254.56	245.14	0.13	43.30	33.22
2-4-183	钢管碰头（焊接）支管公称直径（mm 以内） 50	处	309.20	231.25	3.11	5.32	39.34	30.18
2-4-184	钢管碰头（焊接）支管公称直径（mm 以内） 65	处	337.69	250.68	4.12	7.54	42.64	32.71
2-4-185	钢管碰头（焊接）支管公称直径（mm 以内） 80	处	369.78	271.58	6.96	9.60	46.20	35.44
2-4-186	钢管碰头（焊接）支管公称直径（mm 以内） 100	处	413.93	295.45	12.24	17.42	50.26	38.56
2-4-187	钢管碰头（焊接）支管公称直径（mm 以内） 125	处	494.18	352.06	14.26	22.03	59.89	45.94
2-4-188	钢管碰头（焊接）支管公称直径（mm 以内） 150	处	559.96	388.32	17.41	37.50	66.05	50.68
2-4-189	钢管碰头（焊接）支管公称直径（mm 以内） 200	处	696.45	432.35	27.00	107.14	73.54	56.42
2-4-190	铸铁管碰头（石棉水泥接口）公称直径（mm 以内） 100	处	598.35	333.19	148.83	16.17	56.68	43.48
2-4-191	铸铁管碰头（石棉水泥接口）公称直径（mm 以内） 150	处	807.06	480.26	155.28	27.16	81.69	62.67
2-4-192	铸铁管碰头（石棉水泥接口）公称直径（mm 以内） 200	处	872.58	516.15	161.94	39.33	87.80	67.36
2-4-193	铸铁管碰头（胶圈接口）公称直径（mm 以内） 100	处	577.36	311.54	170.57	1.60	52.99	40.66
2-4-194	铸铁管碰头（胶圈接口）公称直径（mm 以内） 150	处	720.83	417.73	175.93	1.60	71.06	54.51
2-4-195	铸铁管碰头（胶圈接口）公称直径（mm 以内） 200	处	814.88	449.00	192.19	38.73	76.37	58.59

二、管道附件

编号	项目名称	单位	基价	人工费	材料费	施工机具使用费	管理费	利润
2-4-196	螺纹阀门安装公称直径(mm 以内） 15	个	92.49	15.91	71.33	0.46	2.71	2.08
2-4-197	螺纹阀门安装公称直径(mm 以内） 20	个	96.55	17.58	73.15	0.54	2.99	2.29
2-4-198	螺纹阀门安装公称直径(mm 以内） 25	个	103.20	20.35	75.97	0.76	3.46	2.66
2-4-199	螺纹阀门安装公称直径(mm 以内） 32	个	114.73	25.90	80.04	1.00	4.41	3.38
2-4-200	螺纹阀门安装公称直径(mm 以内） 40	个	138.33	40.70	84.23	1.17	6.92	5.31
2-4-201	螺纹阀门安装公称直径(mm 以内） 50	个	161.01	49.95	94.32	1.72	8.50	6.52
2-4-202	螺纹阀门安装公称直径(mm 以内） 65	个	188.81	62.90	104.75	2.25	10.70	8.21
2-4-203	螺纹阀门安装公称直径(mm 以内） 80	个	243.46	92.50	120.42	2.74	15.73	12.07
2-4-204	螺纹阀门安装公称直径(mm 以内） 100	个	400.58	173.90	159.84	14.57	29.58	22.69
2-4-205	螺纹电磁阀安装公称直径（mm 以内） 15	个	438.61	17.58	415.60	0.15	2.99	2.29
2-4-206	螺纹电磁阀安装公称直径（mm 以内） 20	个	441.21	19.43	415.71	0.22	3.31	2.54
2-4-207	螺纹电磁阀安装公称直径（mm 以内） 25	个	445.12	22.20	415.83	0.41	3.78	2.90
2-4-208	螺纹电磁阀安装公称直径（mm 以内） 32	个	455.05	29.60	416.02	0.54	5.03	3.86
2-4-209	螺纹电磁阀安装公称直径（mm 以内） 40	个	477.05	46.25	416.22	0.67	7.87	6.04
2-4-210	螺纹电磁阀安装公称直径（mm 以内） 50	个	487.30	53.65	416.50	1.02	9.13	7.00
2-4-211	螺纹电磁阀安装公称直径（mm 以内） 65	个	509.59	70.30	416.88	1.28	11.96	9.17
2-4-212	螺纹电磁阀安装公称直径（mm 以内） 80	个	548.80	99.90	417.26	1.61	16.99	13.04
2-4-213	螺纹电磁阀安装公称直径（mm 以内） 100	个	678.81	190.55	417.78	13.20	32.41	24.87
2-4-214	法兰阀门安装公称直径(mm 以内） 20	个	476.09	33.30	432.44	0.34	5.66	4.35
2-4-215	法兰阀门安装公称直径(mm 以内） 25	个	478.79	35.15	432.70	0.37	5.98	4.59

续前

编号	项目名称	单位	基价	人工费	材料费	施工机具使用费	管理费	利润
2-4-216	法兰阀门安装公称直径(mm 以内) 32	个	491.03	38.85	440.04	0.46	6.61	5.07
2-4-217	法兰阀门安装公称直径(mm 以内) 40	个	496.58	42.55	440.72	0.52	7.24	5.55
2-4-218	法兰阀门安装公称直径(mm 以内) 50	个	504.75	46.25	443.81	0.78	7.87	6.04
2-4-219	法兰阀门安装公称直径(mm 以内) 65	个	522.59	59.20	444.58	1.01	10.07	7.73
2-4-220	法兰阀门安装公称直径(mm 以内) 80	个	564.18	81.40	457.18	1.13	13.85	10.62
2-4-221	法兰阀门安装公称直径(mm 以内) 100	个	608.37	111.00	462.63	1.37	18.88	14.49
2-4-222	法兰阀门安装公称直径(mm 以内) 125	个	669.30	136.90	464.74	26.50	23.29	17.87
2-4-223	法兰阀门安装公称直径(mm 以内) 150	个	709.66	153.55	483.33	26.62	26.12	20.04
2-4-224	法兰阀门安装公称直径(mm 以内) 200	个	795.12	197.95	505.49	32.18	33.67	25.83
2-4-225	法兰电磁阀安装公称直径（mm 以内） 32	个	393.45	42.55	338.11	0.00	7.24	5.55
2-4-226	法兰电磁阀安装公称直径（mm 以内） 40	个	400.84	48.10	338.28	0.00	8.18	6.28
2-4-227	法兰电磁阀安装公称直径（mm 以内） 50	个	408.16	53.65	338.38	0.00	9.13	7.00
2-4-228	法兰电磁阀安装公称直径（mm 以内） 65	个	427.60	68.45	338.58	0.00	11.64	8.93
2-4-229	法兰电磁阀安装公称直径（mm 以内） 80	个	468.68	90.65	350.78	0.00	15.42	11.83
2-4-230	法兰电磁阀安装公称直径（mm 以内） 100	个	513.23	123.95	352.02	0.00	21.08	16.18
2-4-231	法兰电磁阀安装公称直径（mm 以内） 125	个	571.66	149.85	352.56	24.20	25.49	19.56
2-4-232	法兰电磁阀安装公称直径（mm 以内） 150	个	617.80	173.90	366.83	24.80	29.58	22.69
2-4-233	法兰电磁阀安装公称直径（mm 以内） 200	个	700.68	218.30	386.45	30.31	37.13	28.49
2-4-234	对夹式蝶阀安装公称直径（mm 以内） 50	个	189.33	38.85	138.02	0.78	6.61	5.07
2-4-235	对夹式蝶阀安装公称直径（mm 以内） 65	个	202.33	48.10	138.76	1.01	8.18	6.28
2-4-236	对夹式蝶阀安装公称直径（mm 以内） 80	个	273.07	81.40	166.07	1.13	13.85	10.62
2-4-237	对夹式蝶阀安装公称直径（mm 以内） 100	个	304.42	101.75	170.71	1.37	17.31	13.28
2-4-238	对夹式蝶阀安装公称直径（mm 以内） 125	个	352.71	120.25	172.74	23.58	20.45	15.69

续前

编号	项目名称	单位	基价	人工费	材料费	施工机具使用费	管理费	利润
2-4-239	对夹式蝶阀安装公称直径（mm 以内） 150	个	413.42	135.05	212.36	25.42	22.97	17.62
2-4-240	对夹式蝶阀安装公称直径（mm 以内） 200	个	436.94	153.55	215.55	21.68	26.12	20.04
2-4-241	塑料阀门安装（熔接）公称直径（mm 以内） 15	个	141.92	7.40	132.29	0.00	1.26	0.97
2-4-242	塑料阀门安装（熔接）公称直径（mm 以内） 20	个	144.34	9.25	132.31	0.00	1.57	1.21
2-4-243	塑料阀门安装（熔接）公称直径（mm 以内） 25	个	146.78	11.10	132.34	0.00	1.89	1.45
2-4-244	塑料阀门安装（熔接）公称直径（mm 以内） 32	个	151.64	14.80	132.39	0.00	2.52	1.93
2-4-245	塑料阀门安装（熔接）公称直径（mm 以内） 40	个	158.90	20.35	132.43	0.00	3.46	2.66
2-4-246	塑料阀门安装（熔接）公称直径（mm 以内） 50	个	166.28	25.90	132.59	0.00	4.41	3.38
2-4-247	塑料阀门安装（熔接）公称直径（mm 以内） 65	个	171.10	29.60	132.61	0.00	5.03	3.86
2-4-248	塑料阀门安装（熔接）公称直径（mm 以内） 80	个	180.85	37.00	132.73	0.00	6.29	4.83
2-4-249	塑料阀门安装（熔接）公称直径（mm 以内） 100	个	190.60	44.40	132.86	0.00	7.55	5.79
2-4-250	塑料阀门安装（粘接）公称直径（mm 以内） 15	个	141.95	7.40	132.32	0.00	1.26	0.97
2-4-251	塑料阀门安装（粘接）公称直径（mm 以内） 20	个	144.37	9.25	132.34	0.00	1.57	1.21
2-4-252	塑料阀门安装（粘接）公称直径（mm 以内） 25	个	146.82	11.10	132.38	0.00	1.89	1.45
2-4-253	塑料阀门安装（粘接）公称直径（mm 以内） 32	个	151.69	14.80	132.44	0.00	2.52	1.93
2-4-254	塑料阀门安装（粘接）公称直径（mm 以内） 40	个	156.54	18.50	132.48	0.00	3.15	2.41
2-4-255	塑料阀门安装（粘接）公称直径（mm 以内） 50	个	161.47	22.20	132.59	0.00	3.78	2.90
2-4-256	塑料阀门安装（粘接）公称直径（mm 以内） 65	个	166.29	25.90	132.60	0.00	4.41	3.38
2-4-257	塑料阀门安装（粘接）公称直径（mm 以内） 80	个	173.66	31.45	132.76	0.00	5.35	4.10
2-4-258	塑料阀门安装（粘接）公称直径（mm 以内） 100	个	183.61	38.85	133.08	0.00	6.61	5.07
2-4-259	沟槽阀门安装公称直径（mm 以内） 20	个	471.82	16.65	449.57	0.60	2.83	2.17
2-4-260	沟槽阀门安装公称直径（mm 以内） 25	个	476.89	20.35	449.74	0.68	3.46	2.66
2-4-261	沟槽阀门安装公称直径（mm 以内） 32	个	484.79	25.90	450.27	0.83	4.41	3.38

续前

编号	项目名称	单位	基价	人工费	材料费	施工机具使用费	管理费	利润
2-4-262	沟槽阀门安装公称直径(mm以内) 40	个	492.67	31.45	450.80	0.97	5.35	4.10
2-4-263	沟槽阀门安装公称直径(mm以内) 50	个	514.59	44.40	453.78	3.07	7.55	5.79
2-4-264	沟槽阀门安装公称直径(mm以内) 65	个	542.96	64.75	454.30	4.45	11.01	8.45
2-4-265	沟槽阀门安装公称直径(mm以内) 80	个	572.55	86.95	454.76	4.70	14.79	11.35
2-4-266	沟槽阀门安装公称直径(mm以内) 100	个	616.93	112.85	458.97	11.18	19.20	14.73
2-4-267	沟槽阀门安装公称直径(mm以内) 125	个	683.49	142.45	460.48	37.74	24.23	18.59
2-4-268	沟槽阀门安装公称直径(mm以内) 150	个	728.27	172.05	464.88	39.62	29.27	22.45
2-4-269	沟槽阀门安装公称直径(mm以内) 200	个	787.71	209.05	467.46	48.36	35.56	27.28
2-4-270	螺纹法兰安装公称直径(mm以内) 20	副	65.54	19.43	40.06	0.20	3.31	2.54
2-4-271	螺纹法兰安装公称直径(mm以内) 25	副	72.18	24.05	40.46	0.44	4.09	3.14
2-4-272	螺纹法兰安装公称直径(mm以内) 32	副	84.12	27.75	47.46	0.57	4.72	3.62
2-4-273	螺纹法兰安装公称直径(mm以内) 40	副	96.75	37.00	47.96	0.67	6.29	4.83
2-4-274	螺纹法兰安装公称直径(mm以内) 50	副	111.88	48.10	48.32	1.00	8.18	6.28
2-4-275	螺纹法兰安装公称直径(mm以内) 65	副	127.35	59.20	49.02	1.33	10.07	7.73
2-4-276	螺纹法兰安装公称直径(mm以内) 80	副	156.62	72.15	61.17	1.61	12.27	9.42
2-4-277	螺纹法兰安装公称直径(mm以内) 100	副	166.05	77.70	62.99	2.00	13.22	10.14
2-4-278	螺纹法兰安装公称直径(mm以内) 125	副	213.01	85.10	63.89	38.43	14.48	11.11
2-4-279	螺纹法兰安装公称直径(mm以内) 150	副	245.65	98.05	78.79	39.33	16.68	12.80
2-4-280	碳钢平焊法兰安装公称直径(mm以内) 20	副	130.66	27.75	93.31	1.26	4.72	3.62
2-4-281	碳钢平焊法兰安装公称直径(mm以内) 25	副	136.19	31.45	93.73	1.56	5.35	4.10
2-4-282	碳钢平焊法兰安装公称直径(mm以内) 32	副	150.69	37.00	100.76	1.81	6.29	4.83
2-4-283	碳钢平焊法兰安装公称直径(mm以内) 40	副	156.23	40.70	101.21	2.09	6.92	5.31
2-4-284	碳钢平焊法兰安装公称直径(mm以内) 50	副	174.01	53.65	101.72	2.51	9.13	7.00

续前

编号	项目名称	单位	基价	人工费	材料费	施工机具使用费	管理费	利润
2-4-285	碳钢平焊法兰安装公称直径（mm 以内） 65	副	197.70	70.30	103.11	3.16	11.96	9.17
2-4-286	碳钢平焊法兰安装公称直径（mm 以内） 80	副	218.22	75.85	115.91	3.66	12.90	9.90
2-4-287	碳钢平焊法兰安装公称直径（mm 以内） 100	副	243.20	92.50	118.20	4.70	15.73	12.07
2-4-288	碳钢平焊法兰安装公称直径（mm 以内） 125	副	294.81	112.85	119.82	28.21	19.20	14.73
2-4-289	碳钢平焊法兰安装公称直径（mm 以内） 150	副	338.49	133.20	135.83	29.42	22.66	17.38
2-4-290	碳钢平焊法兰安装公称直径（mm 以内） 200	副	417.98	164.65	162.04	41.79	28.01	21.49
2-4-291	不锈钢平焊法兰安装公称直径（mm 以内） 20	副	498.56	31.45	453.45	4.21	5.35	4.10
2-4-292	不锈钢平焊法兰安装公称直径（mm 以内） 25	副	508.91	37.00	455.65	5.14	6.29	4.83
2-4-293	不锈钢平焊法兰安装公称直径（mm 以内） 32	副	527.13	44.40	463.45	5.94	7.55	5.79
2-4-294	不锈钢平焊法兰安装公称直径（mm 以内） 40	副	538.47	51.80	464.22	6.88	8.81	6.76
2-4-295	不锈钢平焊法兰安装公称直径（mm 以内） 50	副	553.38	61.05	465.41	8.57	10.38	7.97
2-4-296	不锈钢平焊法兰安装公称直径（mm 以内） 65	副	582.79	77.70	470.86	10.87	13.22	10.14
2-4-297	不锈钢平焊法兰安装公称直径（mm 以内） 80	副	616.09	90.65	485.62	12.57	15.42	11.83
2-4-298	不锈钢平焊法兰安装公称直径（mm 以内） 100	副	639.34	101.75	490.97	16.03	17.31	13.28
2-4-299	不锈钢平焊法兰安装公称直径（mm 以内） 125	副	683.17	118.40	484.46	44.72	20.14	15.45
2-4-300	不锈钢平焊法兰安装公称直径（mm 以内） 150	副	743.36	144.30	502.74	52.94	24.55	18.83
2-4-301	不锈钢平焊法兰安装公称直径（mm 以内） 200	副	857.34	175.75	541.60	87.15	29.90	22.94
2-4-302	承（插）盘法兰短管安装（石棉水泥接口）公称直径（mm 以内）80	副	307.58	81.40	201.71	0.00	13.85	10.62
2-4-303	承（插）盘法兰短管安装（石棉水泥接口）公称直径（mm 以内）100	副	328.88	96.20	203.77	0.00	16.36	12.55
2-4-304	承（插）盘法兰短管安装（石棉水泥接口）公称直径（mm 以内）150	副	394.81	116.55	220.22	23.00	19.83	15.21
2-4-305	承（插）盘法兰短管安装（石棉水泥接口）公称直径（mm 以内）200	副	452.06	140.60	241.28	27.91	23.92	18.35

续前

编号	项目名称	单位	基价	人工费	材料费	施工机具使用费	管理费	利润
2-4-306	承（插）盘法兰短管安装（膨胀水泥接口）公称直径（mm 以内）80	副	303.98	79.55	200.52	0.00	13.53	10.38
2-4-307	承（插）盘法兰短管安装（膨胀水泥接口）公称直径（mm 以内）100	副	322.65	92.50	202.35	0.00	15.73	12.07
2-4-308	承（插）盘法兰短管安装（膨胀水泥接口）公称直径（mm 以内）150	副	387.90	112.85	218.12	23.00	19.20	14.73
2-4-309	承（插）盘法兰短管安装（膨胀水泥接口）公称直径（mm 以内）200	副	439.73	133.20	238.58	27.91	22.66	17.38
2-4-310	塑料法兰（带短管）安装（热熔连接）公称直径（mm 内） 15	副	140.10	22.20	111.22	0.00	3.78	2.90
2-4-311	塑料法兰（带短管）安装（热熔连接）公称直径（mm 内） 20	副	142.69	24.05	111.41	0.00	4.09	3.14
2-4-312	塑料法兰（带短管）安装（热熔连接）公称直径（mm 内） 25	副	147.73	27.75	111.64	0.00	4.72	3.62
2-4-313	塑料法兰（带短管）安装（热熔连接）公称直径（mm 内） 32	副	161.89	33.30	118.58	0.00	5.66	4.35
2-4-314	塑料法兰（带短管）安装（热熔连接）公称直径（mm 内） 40	副	169.37	38.85	118.84	0.00	6.61	5.07
2-4-315	塑料法兰（带短管）安装（热熔连接）公称直径（mm 内） 50	副	179.36	46.25	119.20	0.00	7.87	6.04
2-4-316	塑料法兰（带短管）安装（热熔连接）公称直径（mm 内） 65	副	189.25	53.65	119.47	0.00	9.13	7.00
2-4-317	塑料法兰（带短管）安装（热熔连接）公称直径（mm 内） 80	副	216.13	64.75	131.92	0.00	11.01	8.45
2-4-318	塑料法兰（带短管）安装（热熔连接）公称直径（mm 内） 100	副	227.32	72.15	133.48	0.00	12.27	9.42
2-4-319	塑料法兰（带短管）安装（热熔连接）公称直径（mm 内） 125	副	240.82	81.40	133.68	1.27	13.85	10.62
2-4-320	塑料法兰（带短管）安装（热熔连接）公称直径（mm 内） 150	副	269.96	92.50	148.19	1.47	15.73	12.07
2-4-321	塑料法兰（带短管）安装（热熔连接）公称直径（mm 内） 200	副	317.35	112.85	167.89	2.68	19.20	14.73
2-4-322	塑料法兰（带短管）安装（电熔连接）公称直径（mm 内） 15	副	140.39	22.20	111.16	0.35	3.78	2.90
2-4-323	塑料法兰（带短管）安装（电熔连接）公称直径（mm 内） 20	副	143.03	24.05	111.33	0.42	4.09	3.14
2-4-324	塑料法兰（带短管）安装（电熔连接）公称直径（mm 内） 25	副	148.19	27.75	111.55	0.55	4.72	3.62
2-4-325	塑料法兰（带短管）安装（电熔连接）公称直径（mm 内） 32	副	162.42	33.30	118.39	0.72	5.66	4.35

续前

编号	项目名称	单位	基价	人工费	材料费	施工机具使用费	管理费	利润
2-4-326	塑料法兰（带短管）安装（电熔连接）公称直径（mm 内） 40	副	170.07	38.85	118.69	0.85	6.61	5.07
2-4-327	塑料法兰（带短管）安装（电熔连接）公称直径（mm 内） 50	副	180.16	46.25	118.95	1.05	7.87	6.04
2-4-328	塑料法兰（带短管）安装（电熔连接）公称直径（mm 内） 65	副	192.68	55.50	119.23	1.27	9.44	7.24
2-4-329	塑料法兰（带短管）安装（电熔连接）公称直径（mm 内） 80	副	217.37	64.75	131.61	1.55	11.01	8.45
2-4-330	塑料法兰（带短管）安装（电熔连接）公称直径（mm 内） 100	副	231.06	74.00	133.11	1.70	12.59	9.66
2-4-331	塑料法兰（带短管）安装（电熔连接）公称直径（mm 内） 125	副	243.86	83.25	133.69	1.90	14.16	10.86
2-4-332	塑料法兰（带短管）安装（电熔连接）公称直径（mm 内） 150	副	277.75	98.05	148.19	2.03	16.68	12.80
2-4-333	塑料法兰（带短管）安装（电熔连接）公称直径（mm 内） 200	副	317.09	112.85	167.88	2.43	19.20	14.73
2-4-334	塑料法兰（带短管）安装（粘接）公称直径（mm 内） 15	副	137.74	20.35	111.27	0.00	3.46	2.66
2-4-335	塑料法兰（带短管）安装（粘接）公称直径（mm 内） 20	副	140.34	22.20	111.46	0.00	3.78	2.90
2-4-336	塑料法兰（带短管）安装（粘接）公称直径（mm 内） 25	副	145.40	25.90	111.71	0.00	4.41	3.38
2-4-337	塑料法兰（带短管）安装（粘接）公称直径（mm 内） 32	副	159.49	31.45	118.59	0.00	5.35	4.10
2-4-338	塑料法兰（带短管）安装（粘接）公称直径（mm 内） 40	副	169.47	38.85	118.94	0.00	6.61	5.07
2-4-339	塑料法兰（带短管）安装（粘接）公称直径（mm 内） 50	副	176.99	44.40	119.25	0.00	7.55	5.79
2-4-340	塑料法兰（带短管）安装（粘接）公称直径（mm 内） 65	副	186.90	51.80	119.53	0.00	8.81	6.76
2-4-341	塑料法兰（带短管）安装（粘接）公称直径（mm 内） 80	副	211.41	61.05	132.01	0.00	10.38	7.97
2-4-342	塑料法兰（带短管）安装（粘接）公称直径（mm 内） 100	副	225.27	70.30	133.84	0.00	11.96	9.17
2-4-343	塑料法兰（带短管）安装（粘接）公称直径（mm 内） 125	副	238.02	79.55	134.46	0.10	13.53	10.38
2-4-344	塑料法兰（带短管）安装（粘接）公称直径（mm 内） 150	副	267.04	90.65	149.01	0.13	15.42	11.83
2-4-345	塑料法兰（带短管）安装（粘接）公称直径（mm 内） 200	副	306.48	105.45	169.17	0.16	17.94	13.76
2-4-346	沟槽法兰安装公称直径（mm 以内） 20	副	107.42	16.65	85.51	0.26	2.83	2.17
2-4-347	沟槽法兰安装公称直径（mm 以内） 25	副	110.08	18.50	85.71	0.31	3.15	2.41
2-4-348	沟槽法兰安装公称直径（mm 以内） 32	副	121.85	22.20	92.60	0.37	3.78	2.90

续前

编号	项目名称	单位	基价	人工费	材料费	施工机具使用费	管理费	利润
2-4-349	沟槽法兰安装公称直径（mm 以内） 40	副	129.53	27.75	92.98	0.46	4.72	3.62
2-4-350	沟槽法兰安装公称直径（mm 以内） 50	副	141.19	35.15	93.18	2.29	5.98	4.59
2-4-351	沟槽法兰安装公称直径（mm 以内） 65	副	157.06	46.25	93.47	3.43	7.87	6.04
2-4-352	沟槽法兰安装公称直径（mm 以内） 80	副	183.64	57.35	105.48	3.57	9.76	7.48
2-4-353	沟槽法兰安装公称直径（mm 以内） 100	副	205.95	68.45	107.12	9.81	11.64	8.93
2-4-354	沟槽法兰安装公称直径（mm 以内） 125	副	248.39	81.40	107.68	34.84	13.85	10.62
2-4-355	沟槽法兰安装公称直径（mm 以内） 150	副	283.04	96.20	121.93	36.00	16.36	12.55
2-4-356	沟槽法兰安装公称直径（mm 以内） 200	副	341.27	120.25	141.40	43.48	20.45	15.69

三、其　　他

编号	项目名称	单位	基价	人工费	材料费	施工机具使用费	管理费	利润
2-4-357	成品管卡安装公称直径（mm 以内） 20	个	5.32	2.04	2.66	0.00	0.35	0.27
2-4-358	成品管卡安装公称直径（mm 以内） 32	个	5.55	2.22	2.66	0.00	0.38	0.29
2-4-359	成品管卡安装公称直径（mm 以内） 40	个	5.79	2.41	2.66	0.00	0.41	0.31
2-4-360	成品管卡安装公称直径（mm 以内） 50	个	6.53	2.78	2.92	0.00	0.47	0.36
2-4-361	成品管卡安装公称直径（mm 以内） 80	个	7.04	3.15	2.94	0.00	0.54	0.41
2-4-362	成品管卡安装公称直径（mm 以内） 100	个	8.04	3.52	3.46	0.00	0.60	0.46
2-4-363	成品管卡安装公称直径（mm 以内） 125	个	8.52	3.89	3.46	0.00	0.66	0.51
2-4-364	成品管卡安装公称直径（mm 以内） 150	个	9.24	4.44	3.46	0.00	0.76	0.58
2-4-365	一般钢套管制作安装介质管道公称直径 （mm 以内） 20	个	26.62	15.73	5.84	0.32	2.68	2.05
2-4-366	一般钢套管制作安装介质管道公称直径 （mm 以内） 32	个	32.40	17.95	8.69	0.37	3.05	2.34

续前

编号	项目名称	单位	基价	人工费	材料费	施工机具使用费	管理费	利润
2-4-367	一般钢套管制作安装介质管道公称直径（mm 以内）50	个	48.23	25.53	14.61	0.42	4.34	3.33
2-4-368	一般钢套管制作安装介质管道公称直径（mm 以内）65	个	64.83	34.41	19.62	0.46	5.85	4.49
2-4-369	一般钢套管制作安装介质管道公称直径（mm 以内）80	个	88.49	45.51	28.74	0.56	7.74	5.94
2-4-370	一般钢套管制作安装介质管道公称直径（mm 以内）100	个	116.46	62.16	34.95	0.67	10.57	8.11
2-4-371	一般钢套管制作安装介质管道公称直径（mm 以内）125	个	149.81	84.55	39.11	0.74	14.38	11.03
2-4-372	一般钢套管制作安装介质管道公称直径（mm 以内）150	个	200.97	105.27	63.49	0.56	17.91	13.74
2-4-373	一般钢套管制作安装介质管道公称直径（mm 以内）200	个	251.70	128.02	84.55	0.64	21.78	16.71
2-4-374	一般钢套管制作安装介质管道公称直径（mm 以内）250	个	285.52	136.16	107.73	0.70	23.16	17.77
2-4-375	一般钢套管制作安装介质管道公称直径（mm 以内）300	个	344.39	151.89	146.78	0.06	25.84	19.82
2-4-376	一般钢套管制作安装介质管道公称直径（mm 以内）350	个	393.79	175.38	165.63	0.06	29.83	22.89
2-4-377	一般钢套管制作安装介质管道公称直径（mm 以内）400	个	460.22	207.94	189.71	0.06	35.37	27.14
2-4-378	一般塑料套管制作安装介质管道公称直径（mm 以内）32	个	23.88	16.28	2.71	0.00	2.77	2.12
2-4-379	一般塑料套管制作安装介质管道公称直径（mm 以内）50	个	34.46	21.65	6.30	0.00	3.68	2.83
2-4-380	一般塑料套管制作安装介质管道公称直径（mm 以内）65	个	44.19	22.20	15.31	0.00	3.78	2.90
2-4-381	一般塑料套管制作安装介质管道公称直径（mm 以内）100	个	52.31	23.31	21.99	0.00	3.97	3.04
2-4-382	一般塑料套管制作安装介质管道公称直径（mm 以内）150	个	67.27	26.46	32.86	0.00	4.50	3.45
2-4-383	一般塑料套管制作安装介质管道公称直径（mm 以内）200	个	75.36	28.31	38.54	0.00	4.82	3.69
2-4-384	一般塑料套管制作安装介质管道公称直径（mm 以内）250	个	85.21	31.27	44.54	0.00	5.32	4.08
2-4-385	柔性防水套管制作介质管道公称直径（mm 以内）50	个	433.35	232.92	110.58	19.83	39.62	30.40
2-4-386	柔性防水套管制作介质管道公称直径（mm 以内）80	个	550.45	277.87	161.09	27.96	47.27	36.26
2-4-387	柔性防水套管制作介质管道公称直径（mm 以内）100	个	698.79	363.34	190.98	35.25	61.80	47.42
2-4-388	柔性防水套管制作介质管道公称直径（mm 以内）125	个	744.10	372.22	217.86	42.14	63.31	48.57
2-4-389	柔性防水套管制作介质管道公称直径（mm 以内）150	个	905.37	460.28	263.80	42.93	78.29	60.07

续前

编号	项目名称	单位	基价	人工费	材料费	施工机具使用费	管理费	利润
2-4-390	柔性防水套管制作介质管道公称直径（mm以内） 200	个	1086.69	524.85	350.68	53.39	89.28	68.49
2-4-391	柔性防水套管制作介质管道公称直径（mm以内） 250	个	1298.54	594.59	447.21	78.01	101.14	77.59
2-4-392	柔性防水套管制作介质管道公称直径（mm以内） 300	个	1559.89	634.55	647.56	87.03	107.94	82.81
2-4-393	柔性防水套管制作介质管道公称直径（mm以内） 350	个	1778.75	725.20	728.87	106.68	123.36	94.64
2-4-394	柔性防水套管制作介质管道公称直径（mm以内） 400	个	1965.81	787.36	820.80	120.97	133.93	102.75
2-4-395	柔性防水套管制作介质管道公称直径（mm以内） 450	个	2225.39	886.89	932.55	139.35	150.86	115.74
2-4-396	柔性防水套管制作介质管道公称直径（mm以内） 500	个	2479.95	960.71	1087.51	142.94	163.42	125.37
2-4-397	柔性防水套管安装介质管道公称直径（mm以内） 50	个	220.49	52.17	152.64	0.00	8.87	6.81
2-4-398	柔性防水套管安装介质管道公称直径（mm以内） 80	个	242.30	60.31	163.86	0.00	10.26	7.87
2-4-399	柔性防水套管安装介质管道公称直径（mm以内） 100	个	253.20	64.57	169.22	0.00	10.98	8.43
2-4-400	柔性防水套管安装介质管道公称直径（mm以内） 125	个	264.20	66.23	178.06	0.00	11.27	8.64
2-4-401	柔性防水套管安装介质管道公称直径（mm以内） 150	个	272.91	72.34	178.82	0.00	12.31	9.44
2-4-402	柔性防水套管安装介质管道公称直径（mm以内） 200	个	320.51	103.97	185.28	0.00	17.69	13.57
2-4-403	柔性防水套管安装介质管道公称直径（mm以内） 250	个	335.51	108.97	193.78	0.00	18.54	14.22
2-4-404	柔性防水套管安装介质管道公称直径（mm以内） 300	个	364.13	111.74	218.80	0.00	19.01	14.58
2-4-405	柔性防水套管安装介质管道公称直径（mm以内） 350	个	385.82	121.92	227.25	0.00	20.74	15.91
2-4-406	柔性防水套管安装介质管道公称直径（mm以内） 400	个	427.21	130.98	256.86	0.00	22.28	17.09
2-4-407	柔性防水套管安装介质管道公称直径（mm以内） 450	个	463.81	152.44	265.55	0.00	25.93	19.89
2-4-408	柔性防水套管安装介质管道公称直径（mm以内） 500	个	504.31	160.40	295.70	0.00	27.28	20.93
2-4-409	刚性防水套管制作介质管道公称直径（mm以内） 50	个	204.94	106.93	57.01	8.86	18.19	13.95
2-4-410	刚性防水套管制作介质管道公称直径（mm以内） 80	个	259.40	128.95	79.20	12.49	21.93	16.83
2-4-411	刚性防水套管制作介质管道公称直径（mm以内） 100	个	328.81	165.76	97.50	15.72	28.20	21.63
2-4-412	刚性防水套管制作介质管道公称直径（mm以内） 125	个	392.83	205.17	107.30	18.69	34.90	26.77

续前

编号	项目名称	单位	基价	人工费	材料费	施工机具使用费	管理费	利润
2-4-413	刚性防水套管制作介质管道公称直径（mm 以内） 150	个	441.96	213.86	144.97	18.84	36.38	27.91
2-4-414	刚性防水套管制作介质管道公称直径（mm 以内） 200	个	568.02	263.44	201.99	23.40	44.81	34.38
2-4-415	刚性防水套管制作介质管道公称直径（mm 以内） 250	个	732.72	330.78	267.47	35.03	56.27	43.17
2-4-416	刚性防水套管制作介质管道公称直径（mm 以内） 300	个	950.84	412.92	374.35	39.44	70.24	53.89
2-4-417	刚性防水套管制作介质管道公称直径（mm 以内） 350	个	1132.43	511.16	418.76	48.85	86.95	66.71
2-4-418	刚性防水套管制作介质管道公称直径（mm 以内） 400	个	1320.95	577.94	515.20	54.08	98.31	75.42
2-4-419	刚性防水套管制作介质管道公称直径（mm 以内） 450	个	1486.62	655.27	570.72	63.66	111.46	85.51
2-4-420	刚性防水套管制作介质管道公称直径（mm 以内） 500	个	1719.29	717.62	720.81	65.14	122.07	93.65
2-4-421	刚性防水套管安装介质管道公称直径（mm 以内） 50	个	239.23	86.03	127.34	0.00	14.63	11.23
2-4-422	刚性防水套管安装介质管道公称直径（mm 以内） 80	个	245.91	89.54	129.46	0.00	15.23	11.68
2-4-423	刚性防水套管安装介质管道公称直径（mm 以内） 100	个	254.97	95.46	130.81	0.00	16.24	12.46
2-4-424	刚性防水套管安装介质管道公称直径（mm 以内） 125	个	272.93	108.97	131.20	0.00	18.54	14.22
2-4-425	刚性防水套管安装介质管道公称直径（mm 以内） 150	个	302.74	125.25	139.83	0.00	21.31	16.35
2-4-426	刚性防水套管安装介质管道公称直径（mm 以内） 200	个	322.51	139.86	140.61	0.00	23.79	18.25
2-4-427	刚性防水套管安装介质管道公称直径（mm 以内） 250	个	349.30	157.62	144.30	0.00	26.81	20.57
2-4-428	刚性防水套管安装介质管道公称直径（mm 以内） 300	个	365.48	169.09	145.56	0.00	28.76	22.07
2-4-429	刚性防水套管安装介质管道公称直径（mm 以内） 350	个	401.81	196.10	146.76	0.00	33.36	25.59
2-4-430	刚性防水套管安装介质管道公称直径（mm 以内） 400	个	447.85	224.59	155.75	0.00	38.20	29.31
2-4-431	刚性防水套管安装介质管道公称直径（mm 以内） 450	个	490.04	256.60	156.30	0.00	43.65	33.49
2-4-432	刚性防水套管安装介质管道公称直径（mm 以内） 500	个	541.01	282.13	174.07	0.00	47.99	36.82
2-4-433	成品防火套管安装公称直径（mm 以内） 50	个	155.95	23.13	125.87	0.00	3.93	3.02
2-4-434	成品防火套管安装公称直径（mm 以内） 75	个	171.71	34.97	126.23	0.00	5.95	4.56
2-4-435	成品防火套管安装公称直径（mm 以内） 100	个	186.86	45.33	127.90	0.00	7.71	5.92

续前

编号	项目名称	单位	基价	人工费	材料费	施工机具使用费	管理费	利润
2-4-436	成品防火套管安装公称直径（mm 以内） 150	个	196.95	51.25	130.29	0.00	8.72	6.69
2-4-437	成品防火套管安装公称直径（mm 以内） 200	个	218.95	66.97	131.85	0.00	11.39	8.74
2-4-438	成品防火套管安装公称直径（mm 以内） 250	个	229.78	74.37	133.05	0.00	12.65	9.71
2-4-439	碳钢管道保护管制作安装公称直径（mm 以内） 50	10m	691.90	125.43	527.12	1.64	21.34	16.37
2-4-440	碳钢管道保护管制作安装公称直径（mm 以内） 80	10m	781.96	189.07	532.97	3.09	32.16	24.67
2-4-441	碳钢管道保护管制作安装公称直径（mm 以内） 100	10m	840.10	227.92	537.77	5.90	38.77	29.74
2-4-442	碳钢管道保护管制作安装公称直径（mm 以内） 150	10m	948.39	303.59	546.56	6.98	51.64	39.62
2-4-443	碳钢管道保护管制作安装公称直径（mm 以内） 200	10m	1046.06	367.60	558.36	9.60	62.53	47.97
2-4-444	碳钢管道保护管制作安装公称直径（mm 以内） 300	10m	1321.65	494.32	579.22	99.52	84.08	64.51
2-4-445	碳钢管道保护管制作安装公称直径（mm 以内） 400	10m	1593.59	659.16	604.03	132.26	112.12	86.02
2-4-446	碳钢管道保护管制作安装公称直径（mm 以内） 500	10m	1866.62	823.81	628.86	166.31	140.13	107.51
2-4-447	塑料管道保护管制作安装公称直径（mm 以内） 50	10m	98.92	42.37	43.81	0.00	7.21	5.53
2-4-448	塑料管道保护管制作安装公称直径（mm 以内） 90	10m	229.00	75.85	130.35	0.00	12.90	9.90
2-4-449	塑料管道保护管制作安装公称直径（mm 以内） 110	10m	260.38	99.90	130.45	0.00	16.99	13.04
2-4-450	塑料管道保护管制作安装公称直径（mm 以内） 160	10m	499.69	133.76	325.72	0.00	22.75	17.46
2-4-451	塑料管道保护管制作安装公称直径（mm 以内） 200	10m	701.85	167.43	484.09	0.00	28.48	21.85
2-4-452	塑料管道保护管制作安装公称直径（mm 以内） 315	10m	1051.31	199.25	792.17	0.00	33.89	26.00
2-4-453	阻火圈安装公称直径（mm 以内） 75	个	44.92	16.65	23.27	0.00	2.83	2.17
2-4-454	阻火圈安装公称直径（mm 以内） 100	个	47.33	18.50	23.27	0.00	3.15	2.41
2-4-455	阻火圈安装公称直径（mm 以内） 150	个	52.15	22.20	23.27	0.00	3.78	2.90
2-4-456	阻火圈安装公称直径（mm 以内） 200	个	61.46	27.75	25.37	0.00	4.72	3.62
2-4-457	阻火圈安装公称直径（mm 以内） 250	个	76.05	37.00	27.93	0.00	6.29	4.83
2-4-458	成品表箱安装半周长（mm 以内） 500	个	290.92	72.15	196.90	0.18	12.27	9.42

续前

编号	项目名称	单位	基价	人工费	材料费	施工机具使用费	管理费	利润
2-4-459	成品表箱安装半周长（mm 以内） 1000	个	318.29	92.50	197.73	0.26	15.73	12.07
2-4-460	成品表箱安装半周长（mm 以内） 1000 以上	个	408.27	153.55	208.15	0.41	26.12	20.04
2-4-461	剔堵槽、沟 砖结构 宽 mm × 深 mm 70 × 70	10m	269.41	148.00	76.93	0.00	25.17	19.31
2-4-462	剔堵槽、沟 砖结构 宽 mm × 深 mm 90 × 90	10m	348.86	201.65	86.59	0.00	34.30	26.32
2-4-463	剔堵槽、沟 砖结构 宽 mm × 深 mm 100 × 140	10m	457.10	262.70	115.43	0.00	44.69	34.28
2-4-464	剔堵槽、沟 砖结构 宽 mm × 深 mm 120 × 150	10m	707.18	444.00	129.72	0.00	75.52	57.94
2-4-465	剔堵槽、沟 砖结构 宽 mm × 深 mm 150 × 200	10m	1100.97	695.60	196.27	0.00	118.32	90.78
2-4-466	剔堵槽、沟 混凝土结构 宽 mm × 深 mm 70 × 70	10m	678.01	445.85	98.14	0.00	75.84	58.18
2-4-467	剔堵槽、沟 混凝土结构 宽 mm × 深 mm 90 × 90	10m	897.19	606.80	107.98	0.00	103.22	79.19
2-4-468	剔堵槽、沟 混凝土结构 宽 mm × 深 mm 100 × 140	10m	1164.63	789.95	137.22	0.00	134.37	103.09
2-4-469	剔堵槽、沟 混凝土结构 宽 mm × 深 mm 120 × 150	10m	1467.80	1011.95	151.66	0.00	172.13	132.06
2-4-470	剔堵槽、沟 混凝土结构 宽 mm × 深 mm 150 × 200	10m	1936.59	1320.90	218.62	0.00	224.69	172.38
2-4-471	混凝土楼板钻孔 钻孔直径（mm 以内） 63	10 个	342.59	254.75	11.27	0.00	43.33	33.24
2-4-472	混凝土楼板钻孔 钻孔直径（mm 以内） 83	10 个	475.75	356.31	12.33	0.00	60.61	46.50
2-4-473	混凝土楼板钻孔 钻孔直径（mm 以内） 108	10 个	622.47	466.20	16.13	0.00	79.30	60.84
2-4-474	混凝土楼板钻孔 钻孔直径（mm 以内） 132	10 个	713.59	536.13	16.30	0.00	91.20	69.96
2-4-475	混凝土楼板钻孔 钻孔直径（mm 以内） 200	10 个	867.23	649.35	22.69	0.00	110.45	84.74
2-4-476	混凝土墙体钻孔 钻孔直径（mm 以内） 63	10 个	522.22	390.35	14.53	0.00	66.40	50.94
2-4-477	混凝土墙体钻孔 钻孔直径（mm 以内） 83	10 个	704.02	529.10	15.87	0.00	90.00	69.05
2-4-478	混凝土墙体钻孔 钻孔直径（mm 以内） 108	10 个	839.66	632.70	16.77	0.00	107.62	82.57
2-4-479	混凝土墙体钻孔 钻孔直径（mm 以内） 132	10 个	1016.42	765.90	20.29	0.00	130.28	99.95
2-4-480	混凝土墙体钻孔 钻孔直径（mm 以内） 200	10 个	1177.27	884.30	27.15	0.00	150.42	115.40
2-4-481	预留孔洞 混凝土楼板 公称直径（mm 以内） 50	10 个	112.86	79.55	9.17	0.23	13.53	10.38

续前

编号	项目名称	单位	基价	人工费	材料费	施工机具使用费	管理费	利润
2-4-482	预留孔洞 混凝土楼板 公称直径（mm 以内） 65	10 个	135.29	94.35	12.26	0.32	16.05	12.31
2-4-483	预留孔洞 混凝土楼板 公称直径（mm 以内） 80	10 个	145.48	101.75	12.79	0.35	17.31	13.28
2-4-484	预留孔洞 混凝土楼板 公称直径（mm 以内） 100	10 个	163.70	109.15	21.33	0.41	18.57	14.24
2-4-485	预留孔洞 混凝土楼板 公称直径（mm 以内） 125	10 个	177.47	116.55	25.44	0.44	19.83	15.21
2-4-486	预留孔洞 混凝土楼板 公称直径（mm 以内） 150	10 个	199.87	123.95	38.02	0.64	21.08	16.18
2-4-487	预留孔洞 混凝土楼板 公称直径（mm 以内） 200	10 个	228.90	133.20	54.99	0.67	22.66	17.38
2-4-488	预留孔洞 混凝土楼板 公称直径（mm 以内） 250	10 个	249.22	144.30	60.75	0.79	24.55	18.83
2-4-489	预留孔洞 混凝土楼板 公称直径（mm 以内） 300	10 个	270.54	155.40	67.64	0.79	26.43	20.28
2-4-490	预留孔洞 混凝土楼板 公称直径（mm 以内） 350	10 个	312.22	170.94	89.01	0.88	29.08	22.31
2-4-491	预留孔洞 混凝土楼板 公称直径（mm 以内） 400	10 个	351.26	186.48	107.78	0.94	31.72	24.34
2-4-492	预留孔洞 混凝土墙体 公称直径（mm 以内） 50	10 个	162.27	101.75	29.93	0.00	17.31	13.28
2-4-493	预留孔洞 混凝土墙体 公称直径（mm 以内） 65	10 个	196.40	120.25	40.01	0.00	20.45	15.69
2-4-494	预留孔洞 混凝土墙体 公称直径（mm 以内） 80	10 个	213.07	129.50	44.64	0.00	22.03	16.90
2-4-495	预留孔洞 混凝土墙体 公称直径（mm 以内） 100	10 个	229.26	138.75	48.80	0.00	23.60	18.11
2-4-496	预留孔洞 混凝土墙体 公称直径（mm 以内） 125	10 个	245.83	148.00	53.35	0.00	25.17	19.31
2-4-497	预留孔洞 混凝土墙体 公称直径（mm 以内） 150	10 个	291.09	159.10	84.17	0.00	27.06	20.76
2-4-498	预留孔洞 混凝土墙体 公称直径（mm 以内） 200	10 个	310.34	172.05	86.57	0.00	29.27	22.45
2-4-499	预留孔洞 混凝土墙体 公称直径（mm 以内） 250	10 个	359.28	183.15	121.08	0.00	31.15	23.90
2-4-500	预留孔洞 混凝土墙体 公称直径（mm 以内） 300	10 个	382.60	197.95	125.15	0.00	33.67	25.83
2-4-501	预留孔洞 混凝土墙体 公称直径（mm 以内） 350	10 个	415.78	217.75	132.57	0.00	37.04	28.42
2-4-502	预留孔洞 混凝土墙体 公称直径（mm 以内） 400	10 个	454.82	237.54	145.87	0.00	40.41	31.00
2-4-503	堵洞 公称直径（mm 以内） 50	10 个	144.58	46.25	84.42	0.00	7.87	6.04
2-4-504	堵洞 公称直径（mm 以内） 65	10 个	179.00	50.14	113.79	0.00	8.53	6.54
2-4-505	堵洞 公称直径（mm 以内） 80	10 个	205.26	57.35	130.67	0.00	9.76	7.48

续前

编号	项目名称	单位	基价	人工费	材料费	施工机具使用费	管理费	利润
2-4-506	堵洞 公称直径（mm 以内）100	10 个	237.97	66.23	151.83	0.00	11.27	8.64
2-4-507	堵洞 公称直径（mm 以内）125	10 个	250.51	69.56	160.04	0.00	11.83	9.08
2-4-508	堵洞 公称直径（mm 以内）150	10 个	384.78	83.44	276.26	0.00	14.19	10.89
2-4-509	堵洞 公称直径（mm 以内）200	10 个	466.76	106.38	328.40	0.00	18.10	13.88
2-4-510	堵洞 公称直径（mm 以内）250	10 个	539.95	126.73	375.12	0.00	21.56	16.54
2-4-511	堵洞 公称直径（mm 以内）300	10 个	618.52	148.56	425.30	0.00	25.27	19.39
2-4-512	堵洞 公称直径（mm 以内）350	10 个	691.71	168.91	472.03	0.00	28.73	22.04
2-4-513	堵洞 公称直径（mm 以内）400	10 个	790.81	196.84	534.80	0.00	33.48	25.69

第五章 通 风 工 程

一、通风设备及部件制作安装

编号	项目名称	单位	基价	人工费	材料费	施工机具使用费	管理费	利润
2-5-1	离心式通风机安装 风量（m^3/h）≤4500	台	176.39	121.55	18.30	0.00	20.68	15.86
2-5-2	离心式通风机安装 风量（m^3/h）≤7000	台	672.18	485.81	40.33	0.00	82.64	63.40
2-5-3	离心式通风机安装 风量（m^3/h）≤19300	台	1454.50	1060.05	45.45	30.35	180.31	138.34
2-5-4	离心式通风机安装 风量（m^3/h）≤62000	台	3022.51	2208.90	119.27	30.35	375.73	288.26
2-5-5	离心式通风机安装 风量（m^3/h）≤123000	台	5262.66	3881.30	169.76	44.88	660.21	506.51
2-5-6	离心式通风机安装 风量（m^3/h）＞123000	台	7353.03	5450.10	197.42	67.21	927.06	711.24
2-5-7	轴流式、斜流式、混流式通风机安装 风量（m^3/h）≤8900	台	284.04	215.71	3.49	0.00	36.69	28.15
2-5-8	轴流式、斜流式、混流式通风机安装 风量（m^3/h）≤25000	台	406.79	286.75	3.49	30.35	48.78	37.42
2-5-9	轴流式、斜流式、混流式通风机安装 风量（m^3/h）≤63000	台	1291.99	962.00	10.46	30.35	163.64	125.54
2-5-10	轴流式、斜流式、混流式通风机安装 风量（m^3/h）≤140000	台	2855.56	2142.30	24.40	44.88	364.41	279.57
2-5-11	轴流式、斜流式、混流式通风机安装 风量（m^3/h）＞140000	台	4392.16	3298.55	34.86	67.21	561.08	430.46
2-5-12	风机箱落地安装 风量（m^3/h）≤5000	台	538.32	411.63	2.95	0.00	70.02	53.72
2-5-13	风机箱落地安装 风量（m^3/h）≤10000	台	638.63	466.57	5.44	26.37	79.36	60.89
2-5-14	风机箱落地安装 风量（m^3/h）≤20000	台	1099.44	817.52	9.80	26.37	139.06	106.69
2-5-15	风机箱落地安装 风量（m^3/h）≤30000	台	1719.38	1281.31	14.16	38.75	217.95	167.21
2-5-16	风机箱减振台座上安装 风量（m^3/h）≤2000	台	314.87	235.69	8.33	0.00	40.09	30.76
2-5-17	风机箱减振台座上安装 风量（m^3/h）≤10000	台	875.10	641.77	40.41	0.00	109.17	83.75

续前

编号	项目名称	单位	基价	人工费	材料费	施工机具使用费	管理费	利润
2-5-18	风机箱减振台座上安装 风量（m^3/h）≤15000	台	1313.58	968.11	54.45	0.00	164.68	126.34
2-5-19	风机箱减振台座上安装 风量（m^3/h）≤25000	台	1754.34	1269.10	103.75	0.00	215.87	165.62
2-5-20	风机箱减振台座上安装 风量（m^3/h）≤35000	台	2385.08	1796.72	48.27	0.00	305.62	234.47
2-5-21	风机箱减振台座上安装 风量（m^3/h）>35000	台	3208.98	2407.59	77.67	0.00	409.53	314.19
2-5-22	风机箱悬吊安装 风量（m^3/h）≤5000	台	713.96	546.68	2.95	0.00	92.99	71.34
2-5-23	风机箱悬吊安装 风量（m^3/h）≤10000	台	869.61	644.17	5.44	26.37	109.57	84.06
2-5-24	风机箱悬吊安装 风量（m^3/h）≤20000	台	1498.85	1124.62	9.80	26.37	191.30	146.76
2-5-25	风机箱悬吊安装 风量（m^3/h）≤30000	台	2299.25	1727.16	14.16	38.75	293.79	225.39
2-5-26	设备支架制作、安装 ≤50kg	100kg	1909.38	1122.58	424.34	25.01	190.95	146.50
2-5-27	设备支架制作、安装 >50kg	100kg	1168.47	587.19	390.53	14.24	99.88	76.63

二、通风管道制作安装

编号	项目名称	单位	基价	人工费	材料费	施工机具使用费	管理费	利润
2-5-28	镀锌薄钢板法兰风管制作、安装 圆形风管（δ=1.2mm 以内咬口） 直径（mm） ≤320	$10m^2$	2913.32	1860.92	438.40	54.61	316.54	242.85
2-5-29	镀锌薄钢板法兰风管制作、安装 圆形风管（δ=1.2mm 以内咬口） 直径（mm） ≤450	$10m^2$	2527.16	1528.84	504.98	33.77	260.06	199.51
2-5-30	镀锌薄钢板法兰风管制作、安装 圆形风管（δ=1.2mm 以内咬口） 直径（mm） ≤1000	$10m^2$	1992.58	1144.41	487.91	16.25	194.66	149.35
2-5-31	镀锌薄钢板法兰风管制作、安装 圆形风管（δ=1.2mm 以内咬口） 直径（mm） ≤1250	$10m^2$	2191.56	1220.63	589.15	14.86	207.63	159.29
2-5-32	镀锌薄钢板法兰风管制作、安装 圆形风管（δ=1.2mm 以内咬口） 直径（mm） ≤2000	$10m^2$	2593.82	1448.92	698.67	10.69	246.46	189.08
2-5-33	镀锌薄钢板法兰风管制作、安装 矩形风管（δ=1.2mm 以内咬口） 长边长（mm） ≤320	$10m^2$	2531.74	1395.83	668.64	47.68	237.43	182.16

续前

编号	项目名称	单位	基价	人工费	材料费	施工机具使用费	管理费	利润
2-5-34	镀锌薄钢板法兰风管制作、安装 矩形风管（δ = 1.2mm 以内咬口） 长边长（mm） ≤450	10m²	1816.97	1016.21	465.32	29.96	172.86	132.62
2-5-35	镀锌薄钢板法兰风管制作、安装 矩形风管（δ = 1.2mm 以内咬口） 长边长（mm） ≤1000	10m²	1545.55	763.68	534.03	18.28	129.90	99.66
2-5-36	镀锌薄钢板法兰风管制作、安装 矩形风管（δ = 1.2mm 以内咬口） 长边长（mm） ≤1250	10m²	1699.56	804.01	636.96	16.91	136.76	104.92
2-5-37	镀锌薄钢板法兰风管制作、安装 矩形风管（δ = 1.2mm 以内咬口） 长边长（mm） ≤2000	10m²	1979.01	927.59	759.92	12.67	157.78	121.05
2-5-38	镀锌薄钢板法兰风管制作、安装 矩形风管（δ = 1.2mm 以内咬口） 长边长（mm） ≤4000	10m²	2051.46	973.84	772.21	12.67	165.65	127.09
2-5-39	镀锌薄钢板共板法兰风管制作、安装 矩形风管（δ = 1.2mm 以内咬口） 长边长（mm） ≤320	10m²	1910.26	1023.05	467.61	112.07	174.02	133.51
2-5-40	镀锌薄钢板共板法兰风管制作、安装 矩形风管（δ = 1.2mm 以内咬口） 长边长（mm） ≤450	10m²	1476.31	744.81	400.08	107.53	126.69	97.20
2-5-41	镀锌薄钢板共板法兰风管制作、安装 矩形风管（δ = 1.2mm 以内咬口） 长边长（mm） ≤1000	10m²	1214.20	559.81	433.49	52.62	95.22	73.06
2-5-42	镀锌薄钢板共板法兰风管制作、安装 矩形风管（δ = 1.2mm 以内咬口） 长边长（mm） ≤1250	10m²	1346.90	589.78	528.77	51.06	100.32	76.97
2-5-43	镀锌薄钢板共板法兰风管制作、安装 矩形风管（δ = 1.2mm 以内咬口） 长边长（mm） ≤2000	10m²	1753.36	679.69	822.77	46.58	115.62	88.70
2-5-44	薄钢板法兰风管制作、安装 圆形风管（δ = 2mm 以内焊接） 直径（mm） ≤320	10m²	7127.72	4508.27	973.42	290.84	766.86	588.33
2-5-45	薄钢板法兰风管制作、安装 圆形风管（δ = 2mm 以内焊接） 直径（mm） ≤450	10m²	4480.97	2552.63	986.23	174.79	434.20	333.12
2-5-46	薄钢板法兰风管制作、安装 圆形风管（δ = 2mm 以内焊接） 直径（mm） ≤1000	10m²	3469.43	1877.38	902.96	124.75	319.34	245.00
2-5-47	薄钢板法兰风管制作、安装 圆形风管（δ = 2mm 以内焊接） 直径（mm） ≤2000	10m²	3454.47	1843.34	935.94	121.08	313.55	240.56
2-5-48	薄钢板法兰风管制作、安装 圆形风管（δ = 3mm 以内焊接） 直径（mm） ≤320	10m²	9141.82	5652.68	1469.02	320.93	961.52	737.67
2-5-49	薄钢板法兰风管制作、安装 圆形风管（δ = 3mm 以内焊接） 直径（mm） ≤450	10m²	5364.66	2916.53	1388.00	183.42	496.10	380.61

续前

编号	项目名称	单位	基价	人工费	材料费	施工机具使用费	管理费	利润
2-5-50	薄钢板法兰风管制作、安装 圆形风管（δ = 3mm 以内焊接） 直径（mm） ≤ 1000	$10m^2$	4295.37	2200.58	1299.25	134.04	374.32	287.18
2-5-51	薄钢板法兰风管制作、安装 圆形风管（δ = 3mm 以内焊接） 直径（mm） ≤ 2000	$10m^2$	4263.73	2149.52	1349.14	118.93	365.63	280.51
2-5-52	薄钢板法兰风管制作、安装 矩形风管（δ = 2mm 以内焊接） 长边长（mm） ≤ 320	$10m^2$	5170.54	2838.27	1234.13	244.96	482.79	370.39
2-5-53	薄钢板法兰风管制作、安装 矩形风管（δ = 2mm 以内焊接） 长边长（mm） ≤ 450	$10m^2$	3593.97	1865.54	1023.70	143.95	317.33	243.45
2-5-54	薄钢板法兰风管制作、安装 矩形风管（δ = 2mm 以内焊接） 长边长（mm） ≤ 1000	$10m^2$	2672.34	1316.28	870.32	90.07	223.90	171.77
2-5-55	薄钢板法兰风管制作、安装 矩形风管（δ = 2mm 以内焊接） 长边长（mm） ≤ 1250	$10m^2$	2614.06	1275.21	868.88	86.65	216.91	166.41
2-5-56	薄钢板法兰风管制作、安装 矩形风管（δ = 2mm 以内焊接） 长边长（mm） ≤ 2000	$10m^2$	2446.80	1152.92	871.02	76.29	196.11	150.46
2-5-57	薄钢板法兰风管制作、安装 矩形风管（δ = 3mm 以内焊接） 长边长（mm） ≤ 320	$10m^2$	6282.25	3321.12	1707.49	255.31	564.92	433.41
2-5-58	薄钢板法兰风管制作、安装 矩形风管（δ = 3mm 以内焊接） 长边长（mm） ≤ 450	$10m^2$	4428.10	2166.54	1463.28	147.02	368.53	282.73
2-5-59	薄钢板法兰风管制作、安装 矩形风管（δ = 3mm 以内焊接） 长边长（mm） ≤ 1000	$10m^2$	3300.09	1493.14	1268.05	90.07	253.98	194.85
2-5-60	薄钢板法兰风管制作、安装 矩形风管（δ = 3mm 以内焊接） 长边长（mm） ≤ 1250	$10m^2$	3252.86	1457.99	1270.57	86.03	248.00	190.27
2-5-61	薄钢板法兰风管制作、安装 矩形风管（δ = 3mm 以内焊接） 长边长（mm） ≤ 2000	$10m^2$	3116.44	1351.98	1284.65	73.41	229.97	176.43
2-5-62	镀锌薄钢板矩形净化风管制作、安装（咬口）长边长(mm) ≤ 320	$10m^2$	3468.41	2101.97	685.09	49.49	357.55	274.31
2-5-63	镀锌薄钢板矩形净化风管制作、安装（咬口）长边长(mm) ≤ 450	$10m^2$	2791.55	1622.27	648.72	32.90	275.95	211.71
2-5-64	镀锌薄钢板矩形净化风管制作、安装（咬口）长边长(mm) ≤ 1000	$10m^2$	2404.19	1312.95	677.12	19.45	223.33	171.34
2-5-65	镀锌薄钢板矩形净化风管制作、安装（咬口）长边长(mm) ≤ 1250	$10m^2$	2491.11	1304.44	774.66	19.89	221.89	170.23
2-5-66	镀锌薄钢板矩形净化风管制作、安装（咬口）长边长(mm) ≤ 2000	$10m^2$	2532.38	1278.91	848.58	20.45	217.54	166.90

续前

编号	项目名称	单位	基价	人工费	材料费	施工机具使用费	管理费	利润
2-5-67	不锈钢板风管制作、安装 圆形风管（电弧焊）直径×壁厚（mm）≤200×2	$10m^2$	13044.15	6728.82	2867.64	1425.01	1144.57	878.11
2-5-68	不锈钢板风管制作、安装 圆形风管（电弧焊）直径×壁厚（mm）≤400×2	$10m^2$	8787.03	3809.89	2824.00	1007.89	648.06	497.19
2-5-69	不锈钢板风管制作、安装 圆形风管（电弧焊）直径×壁厚（mm）≤560×2	$10m^2$	7788.88	3253.97	2779.60	777.17	553.50	424.64
2-5-70	不锈钢板风管制作、安装 圆形风管（电弧焊）直径×壁厚（mm）≤700×3	$10m^2$	8500.19	2802.01	4144.48	711.42	476.62	365.66
2-5-71	不锈钢板风管制作、安装 圆形风管（电弧焊）直径×壁厚（mm）>700×3	$10m^2$	8114.23	2751.32	4123.45	412.41	468.00	359.05
2-5-72	不锈钢板风管制作、安装 圆形风管（氩弧焊）直径×壁厚（mm）≤200×2	$10m^2$	15906.49	8330.18	2856.41	2215.85	1416.96	1087.09
2-5-73	不锈钢板风管制作、安装 圆形风管（氩弧焊）直径×壁厚（mm）≤400×2	$10m^2$	10607.79	4716.58	2814.78	1658.63	802.29	615.51
2-5-74	不锈钢板风管制作、安装 圆形风管（氩弧焊）直径×壁厚（mm）≤560×2	$10m^2$	9343.54	4028.38	2766.64	1337.59	685.23	525.70
2-5-75	不锈钢板风管制作、安装 圆形风管（氩弧焊）直径×壁厚（mm）≤700×3	$10m^2$	9892.44	3468.94	4085.73	1295.00	590.07	452.70
2-5-76	不锈钢板风管制作、安装 圆形风管（氩弧焊）直径×壁厚（mm）>700×3	$10m^2$	9242.57	3406.22	4043.40	769.04	579.40	444.51
2-5-77	不锈钢板风管制作、安装 矩形风管（电弧焊） 长边长×壁厚（mm） ≤200×2	$10m^2$	11087.03	5537.79	2867.64	1016.94	941.98	722.68
2-5-78	不锈钢板风管制作、安装 矩形风管（电弧焊） 长边长×壁厚（mm） ≤400×2	$10m^2$	7647.09	3135.57	2824.00	744.97	533.36	409.19
2-5-79	不锈钢板风管制作、安装 矩形风管（电弧焊） 长边长×壁厚（mm） ≤560×2	$10m^2$	6853.62	2678.06	2779.60	590.93	455.54	349.49
2-5-80	不锈钢板风管制作、安装 矩形风管（电弧焊） 长边长×壁厚（mm） ≤700×3	$10m^2$	7704.50	2306.03	4144.48	560.79	392.26	300.94
2-5-81	不锈钢板风管制作、安装 矩形风管（电弧焊） 长边长×壁厚（mm） >700×3	$10m^2$	7398.77	2264.40	4123.45	330.25	385.17	295.50
2-5-82	不锈钢板风管制作、安装 矩形风管（氩弧焊） 长边长×壁厚（mm） ≤200×2	$10m^2$	13580.76	6855.73	2856.41	1807.79	1166.16	894.67

续前

编号	项目名称	单位	基价	人工费	材料费	施工机具使用费	管理费	利润
2-5-83	不锈钢板风管制作、安装 矩形风管（氩弧焊） 长边长 × 壁厚（mm） ≤ 400 × 2	$10m^2$	9258.99	3881.67	2814.78	1395.71	660.27	506.56
2-5-84	不锈钢板风管制作、安装 矩形风管（氩弧焊） 长边长 × 壁厚（mm） ≤ 560 × 2	$10m^2$	8230.00	3315.39	2766.64	1151.36	563.95	432.66
2-5-85	不锈钢板风管制作、安装 矩形风管（氩弧焊） 长边长 × 壁厚（mm） ≤ 700 × 3	$10m^2$	8943.22	2854.92	4085.73	1144.38	485.62	372.57
2-5-86	不锈钢板风管制作、安装 矩形风管（氩弧焊） 长边长 × 壁厚（mm） > 700 × 3	$10m^2$	8376.26	2803.31	4043.40	686.88	476.84	365.83
2-5-87	铝板风管制作、安装 圆形风管（氧乙炔焊）直径 × 壁厚（mm）≤ 200 × 2	$10m^2$	14013.05	8947.16	1689.33	687.05	1521.91	1167.60
2-5-88	铝板风管制作、安装 圆形风管（氧乙炔焊）直径 × 壁厚（mm）≤ 400 × 2	$10m^2$	10635.02	6601.17	1610.08	439.46	1122.86	861.45
2-5-89	铝板风管制作、安装 圆形风管（氧乙炔焊）直径 × 壁厚（mm）≤ 630 × 2	$10m^2$	8283.61	4965.77	1583.74	241.39	844.68	648.03
2-5-90	铝板风管制作、安装 圆形风管（氧乙炔焊）直径 × 壁厚（mm）≤ 700 × 2	$10m^2$	7157.44	4115.51	1631.50	173.31	700.05	537.07
2-5-91	铝板风管制作、安装 圆形风管（氧乙炔焊）直径 × 壁厚（mm）≤ 200 × 3	$10m^2$	15654.14	9581.89	2430.61	761.32	1629.88	1250.44
2-5-92	铝板风管制作、安装 圆形风管（氧乙炔焊）直径 × 壁厚（mm）≤ 400 × 3	$10m^2$	11995.51	7057.94	2326.97	488.98	1200.56	921.06
2-5-93	铝板风管制作、安装 圆形风管（氧乙炔焊）直径 × 壁厚（mm）≤ 630 × 3	$10m^2$	9411.54	5266.77	2289.24	272.34	895.88	687.31
2-5-94	铝板风管制作、安装 圆形风管（氧乙炔焊）直径 × 壁厚（mm）≤ 700 × 3	$10m^2$	8208.29	4353.05	2354.84	191.88	740.45	568.07
2-5-95	铝板风管制作、安装 圆形风管（氧乙炔焊）直径 × 壁厚（mm）> 700 × 3	$10m^2$	7376.31	3776.41	2322.35	142.36	642.37	492.82
2-5-96	铝板风管制作、安装 圆形风管（氩弧焊） 直径 × 壁厚（mm） ≤ 200 × 2	$10m^2$	14467.73	8260.07	1744.03	1980.65	1405.04	1077.94
2-5-97	铝板风管制作、安装 圆形风管（氩弧焊） 直径 × 壁厚（mm） ≤ 400 × 2	$10m^2$	11087.60	6094.09	1657.74	1503.89	1036.60	795.28
2-5-98	铝板风管制作、安装 圆形风管（氩弧焊） 直径 × 壁厚（mm） ≤ 630 × 2	$10m^2$	8784.42	4584.49	1624.44	1197.39	779.82	598.28

续前

编号	项目名称	单位	基价	人工费	材料费	施工机具使用费	管理费	利润
2-5-99	铝板风管制作、安装 圆形风管（氩弧焊）直径×壁厚（mm）≤700×2	$10m^2$	7903.26	3799.53	1678.40	1283.19	646.30	495.84
2-5-100	铝板风管制作、安装 圆形风管（氩弧焊）直径×壁厚（mm）≤200×3	$10m^2$	16437.07	8845.78	2513.87	2418.38	1504.67	1154.37
2-5-101	铝板风管制作、安装 圆形风管（氩弧焊）直径×壁厚（mm）≤400×3	$10m^2$	12710.68	6515.89	2394.07	1842.05	1108.35	850.32
2-5-102	铝板风管制作、安装 圆形风管（氩弧焊）直径×壁厚（mm）≤630×3	$10m^2$	10186.88	4862.17	2350.23	1512.91	827.06	634.51
2-5-103	铝板风管制作、安装 圆形风管（氩弧焊）直径×壁厚（mm）≤700×3	$10m^2$	8746.04	4018.76	2372.79	1146.45	683.59	524.45
2-5-104	铝板风管制作、安装 圆形风管（氩弧焊）直径×壁厚（mm）>700×3	$10m^2$	7565.35	3486.33	2305.32	725.71	593.02	454.97
2-5-105	铝板风管制作、安装 矩形风管（氧乙炔焊）长边长×壁厚(mm)≤320×2	$10m^2$	8807.53	5167.61	1794.59	291.95	879.01	674.37
2-5-106	铝板风管制作、安装 矩形风管（氧乙炔焊）长边长×壁厚(mm)≤630×2	$10m^2$	6385.88	3540.72	1546.16	234.66	602.28	462.06
2-5-107	铝板风管制作、安装 矩形风管（氧乙炔焊）长边长×壁厚(mm)≤2000×2	$10m^2$	5179.05	2737.63	1445.94	172.55	465.67	357.26
2-5-108	铝板风管制作、安装 矩形风管（氧乙炔焊）长边长×壁厚(mm)≤320×3	$10m^2$	10060.71	5569.61	2506.30	310.58	947.39	726.83
2-5-109	铝板风管制作、安装 矩形风管（氧乙炔焊）长边长×壁厚(mm)≤630×3	$10m^2$	7160.95	3535.35	2283.36	279.52	601.36	461.36
2-5-110	铝板风管制作、安装 矩形风管（氧乙炔焊）长边长×壁厚(mm)≤2000×3	$10m^2$	5839.66	2737.82	2133.91	144.94	465.70	357.29
2-5-111	铝板风管制作、安装 矩形风管（氩弧焊）长边×壁厚（mm）≤320×2	$10m^2$	11255.06	5741.85	1864.86	1922.35	976.69	749.31
2-5-112	铝板风管制作、安装 矩形风管（氩弧焊）长边×壁厚（mm）≤630×2	$10m^2$	7319.49	3540.72	1585.71	1128.72	602.28	462.06
2-5-113	铝板风管制作、安装 矩形风管（氩弧焊）长边×壁厚（mm）≤2000×2	$10m^2$	5767.41	2737.82	1469.55	737.05	465.70	357.29
2-5-114	铝板风管制作、安装 矩形风管（氩弧焊）长边×壁厚（mm）≤320×3	$10m^2$	12009.38	5569.61	2598.09	2167.46	947.39	726.83

续前

编号	项目名称	单位	基价	人工费	材料费	施工机具使用费	管理费	利润
2-5-115	铝板风管制作、安装 矩形风管（氩弧焊）长边×壁厚（mm）≤630×3	$10m^2$	8483.07	3535.35	2346.63	1538.37	601.36	461.36
2-5-116	铝板风管制作、安装 矩形风管（氩弧焊）长边×壁厚（mm）≤2400×3	$10m^2$	6693.94	2737.82	2174.44	958.69	465.70	357.29
2-5-117	塑料风管制作、安装 圆形风管直径×壁厚（mm）≤320×3	$10m^2$	8214.26	5233.84	860.42	546.70	890.28	683.02
2-5-118	塑料风管制作、安装 圆形风管直径×壁厚（mm）≤500×4	$10m^2$	5305.51	3243.05	799.65	287.95	551.64	423.22
2-5-119	塑料风管制作、安装 圆形风管直径×壁厚（mm）≤1000×5	$10m^2$	5289.29	3161.65	859.45	317.79	537.80	412.60
2-5-120	塑料风管制作、安装 圆形风管直径×壁厚（mm）≤1250×6	$10m^2$	5413.37	3256.56	862.99	314.90	553.94	424.98
2-5-121	塑料风管制作、安装 圆形风管直径×壁厚（mm）≤2000×8	$10m^2$	5718.29	3497.80	861.47	307.58	594.98	456.46
2-5-122	塑料风管制作、安装 矩形风管长边长×壁厚（mm）≤320×3	$10m^2$	6116.29	3908.50	762.69	270.20	664.84	510.06
2-5-123	塑料风管制作、安装 矩形风管长边长×壁厚（mm）≤500×4	$10m^2$	5926.94	3722.94	804.68	280.21	633.27	485.84
2-5-124	塑料风管制作、安装 矩形风管长边长×壁厚（mm）≤800×5	$10m^2$	5789.41	3527.40	903.57	298.10	600.01	460.33
2-5-125	塑料风管制作、安装 矩形风管长边长×壁厚（mm）≤1250×6	$10m^2$	5734.01	3475.23	942.18	271.94	591.14	453.52
2-5-126	塑料风管制作、安装 矩形风管长边长×壁厚（mm）≤2000×8	$10m^2$	5267.15	3119.10	939.07	271.38	530.56	407.04
2-5-127	玻璃钢风管安装 圆形风管直径（mm）≤200	$10m^2$	2996.46	1546.60	963.16	21.79	263.08	201.83
2-5-128	玻璃钢风管安装 圆形风管直径（mm）≤500	$10m^2$	2012.56	807.71	953.59	8.46	137.39	105.41
2-5-129	玻璃钢风管安装 圆形风管直径（mm）≤800	$10m^2$	1826.38	664.15	958.34	4.25	112.97	86.67
2-5-130	玻璃钢风管安装 圆形风管直径（mm）≤2000	$10m^2$	1965.17	765.16	968.16	1.85	130.15	99.85
2-5-131	玻璃钢风管安装 矩形风管长边长（mm）≤200	$10m^2$	2358.41	998.63	1045.83	13.76	169.87	130.32
2-5-132	玻璃钢风管安装 矩形风管长边长（mm）≤500	$10m^2$	1753.87	595.33	973.25	6.33	101.27	77.69
2-5-133	玻璃钢风管安装 矩形风管长边长（mm）≤800	$10m^2$	1532.90	448.44	946.67	2.99	76.28	58.52
2-5-134	玻璃钢风管安装 矩形风管长边长（mm）≤2000	$10m^2$	1660.29	543.16	951.58	2.28	92.39	70.88
2-5-135	复合型风管制作、安装 圆形风管直径（mm）≤300	$10m^2$	3183.03	264.74	2755.28	83.43	45.03	34.55

续前

编号	项目名称	单位	基价	人工费	材料费	施工机具使用费	管理费	利润
2-5-136	复合型风管制作、安装 圆形风管直径 （mm） ⩽630	10m²	2958.95	163.17	2690.62	56.11	27.76	21.29
2-5-137	复合型风管制作、安装 圆形风管直径 （mm） ⩽1000	10m²	2941.12	157.81	2678.28	57.60	26.84	20.59
2-5-138	复合型风管制作、安装 圆形风管直径 （mm） ⩽2000	10m²	2952.09	168.54	2667.53	65.36	28.67	21.99
2-5-139	复合型风管制作、安装 矩形风管周长 （mm） ⩽300	10m²	3082.98	197.58	2767.67	58.34	33.61	25.78
2-5-140	复合型风管制作、安装 矩形风管周长 （mm） ⩽630	10m²	3095.34	188.52	2780.36	69.79	32.07	24.60
2-5-141	复合型风管制作、安装 矩形风管周长 （mm） ⩽1000	10m²	3044.14	177.60	2743.73	69.42	30.21	23.18
2-5-142	复合型风管制作、安装 矩形风管周长 （mm） ⩽2000	10m²	3055.63	175.94	2757.74	69.06	29.93	22.96
2-5-143	复合型风管制作、安装 矩形风管周长 （mm） ＞2000	10m²	3014.81	157.81	2731.65	77.92	26.84	20.59
2-5-144	柔性软风管安装 无保温套管直径（mm） ⩽150	m	39.34	5.37	32.36	0.00	0.91	0.70
2-5-145	柔性软风管安装 无保温套管直径（mm） ⩽250	m	41.75	7.22	32.36	0.00	1.23	0.94
2-5-146	柔性软风管安装 无保温套管直径（mm） ⩽500	m	44.15	9.07	32.36	0.00	1.54	1.18
2-5-147	柔性软风管安装 无保温套管直径（mm） ⩽710	m	48.97	12.77	32.36	0.00	2.17	1.67
2-5-148	柔性软风管安装 无保温套管直径（mm） ⩽910	m	53.53	16.28	32.36	0.00	2.77	2.12
2-5-149	柔性软风管安装 有保温套管直径（mm） ⩽150	m	41.75	7.22	32.36	0.00	1.23	0.94
2-5-150	柔性软风管安装 有保温套管直径（mm） ⩽250	m	44.15	9.07	32.36	0.00	1.54	1.18
2-5-151	柔性软风管安装 有保温套管直径（mm） ⩽500	m	48.97	12.77	32.36	0.00	2.17	1.67
2-5-152	柔性软风管安装 有保温套管直径（mm） ⩽710	m	53.53	16.28	32.36	0.00	2.77	2.12
2-5-153	柔性软风管安装 有保温套管直径（mm） ⩽910	m	60.75	21.83	32.36	0.00	3.71	2.85
2-5-154	弯头导流叶片	m²	309.80	214.42	30.93	0.00	36.47	27.98
2-5-155	软管接口	m²	350.44	166.13	132.70	1.67	28.26	21.68
2-5-156	风管检查孔（100kg）	m²	5725.26	2847.71	1516.16	505.36	484.40	371.63
2-5-157	温度、风量测定孔（个）	m²	141.49	82.88	17.73	15.96	14.10	10.82

三、通风管道部件制作安装

编号	项目名称	单位	基价	人工费	材料费	施工机具使用费	管理费	利润
2-5-158	碳钢调节阀安装 圆形瓣式启动阀直径 （mm） ≤600	个	356.71	185.00	115.97	0.13	31.47	24.14
2-5-159	碳钢调节阀安装 圆形瓣式启动阀直径 （mm） ≤800	个	424.03	231.99	122.18	0.13	39.46	30.27
2-5-160	碳钢调节阀安装 圆形瓣式启动阀直径 （mm） ≤1000	个	505.54	284.90	133.17	1.83	48.46	37.18
2-5-161	碳钢调节阀安装 圆形瓣式启动阀直径 （mm） ≤1300	个	642.77	378.88	147.30	2.70	64.45	49.44
2-5-162	碳钢调节阀安装 风管蝶阀周长（mm） ≤800	个	362.41	38.11	312.72	0.13	6.48	4.97
2-5-163	碳钢调节阀安装 风管蝶阀周长（mm） ≤1600	个	387.81	54.39	314.37	2.70	9.25	7.10
2-5-164	碳钢调节阀安装 风管蝶阀周长（mm） ≤2400	个	449.23	94.35	322.42	4.10	16.05	12.31
2-5-165	碳钢调节阀安装 风管蝶阀周长（mm） ≤3200	个	497.01	126.91	326.56	5.39	21.59	16.56
2-5-166	碳钢调节阀安装 风管蝶阀周长（mm） ≤4000	个	563.81	173.90	330.09	7.55	29.58	22.69
2-5-167	碳钢调节阀安装 圆、方形风管止回阀周长（mm） ≤800	个	241.63	45.14	180.22	2.70	7.68	5.89
2-5-168	碳钢调节阀安装 圆、方形风管止回阀周长（mm） ≤1200	个	249.29	50.69	180.66	2.70	8.62	6.62
2-5-169	碳钢调节阀安装 圆、方形风管止回阀周长（mm） ≤2000	个	293.96	77.70	188.80	4.10	13.22	10.14
2-5-170	碳钢调节阀安装 圆、方形风管止回阀周长（mm） ≤3200	个	316.67	90.65	193.38	5.39	15.42	11.83
2-5-171	碳钢调节阀安装 密闭式斜插板阀直径 （mm） ≤140	个	239.11	38.11	189.50	0.05	6.48	4.97
2-5-172	碳钢调节阀安装 密闭式斜插板阀直径 （mm） ≤280	个	247.08	43.29	190.70	0.08	7.36	5.65
2-5-173	碳钢调节阀安装 密闭式斜插板阀直径 （mm） ≤340	个	257.85	50.69	191.82	0.10	8.62	6.62
2-5-174	碳钢调节阀安装 对开多叶调节阀周长（mm） ≤2800	个	414.51	81.40	304.54	4.10	13.85	10.62
2-5-175	碳钢调节阀安装 对开多叶调节阀周长（mm） ≤4000	个	431.45	90.65	308.16	5.39	15.42	11.83
2-5-176	碳钢调节阀安装 对开多叶调节阀周长 （mm） ≤5200	个	461.77	108.78	312.74	7.55	18.50	14.20
2-5-177	碳钢调节阀安装 对开多叶调节阀周长 （mm） ≤6500	个	498.30	130.61	318.77	9.66	22.22	17.04

续前

编号	项目名称	单位	基价	人工费	材料费	施工机具使用费	管理费	利润
2-5-178	碳钢调节阀安装 对开多叶调节阀周长（mm）≤8000	个	542.52	156.51	326.53	12.44	26.62	20.42
2-5-179	碳钢调节阀安装 对开多叶调节阀周长（mm）≤10000	个	596.54	187.96	336.22	15.86	31.97	24.53
2-5-180	碳钢调节阀安装 风管防火阀周长（mm）≤2200	个	481.59	129.87	308.58	4.10	22.09	16.95
2-5-181	碳钢调节阀安装 风管防火阀周长（mm）≤3600	个	592.80	211.27	312.63	5.39	35.94	27.57
2-5-182	碳钢调节阀安装 风管防火阀周长（mm）≤5400	个	702.52	290.45	317.21	7.55	49.41	37.90
2-5-183	碳钢调节阀安装 风管防火阀周长（mm）≤8000	个	898.31	429.94	327.96	11.17	73.13	56.11
2-5-184	碳钢风口安装 百叶风口周长（mm）≤900	个	115.38	28.49	78.19	0.13	4.85	3.72
2-5-185	碳钢风口安装 百叶风口周长（mm）≤1280	个	126.17	36.26	78.88	0.13	6.17	4.73
2-5-186	碳钢风口安装 百叶风口周长（mm）≤1800	个	173.74	71.23	80.96	0.13	12.12	9.30
2-5-187	碳钢风口安装 百叶风口周长（mm）≤2500	个	191.63	82.70	83.94	0.13	14.07	10.79
2-5-188	碳钢风口安装 百叶风口周长（mm）≤3300	个	208.18	93.24	86.78	0.13	15.86	12.17
2-5-189	碳钢风口安装 百叶风口周长（mm）≤4800	个	247.75	121.36	89.78	0.13	20.64	15.84
2-5-190	碳钢风口安装 百叶风口周长（mm）≤6000	个	297.29	156.33	93.84	0.13	26.59	20.40
2-5-191	碳钢风口安装 百叶风口周长（mm）≤7000	个	338.37	185.19	97.34	0.17	31.50	24.17
2-5-192	碳钢风口安装 矩形送风口周长（mm）≤400	个	105.85	26.46	71.44	0.00	4.50	3.45
2-5-193	碳钢风口安装 矩形送风口周长（mm）≤600	个	114.97	33.30	71.66	0.00	5.66	4.35
2-5-194	碳钢风口安装 矩形送风口周长（mm）≤800	个	126.91	42.37	71.80	0.00	7.21	5.53
2-5-195	碳钢风口安装 矩形空气分布器周长（mm）≤1200	个	668.31	93.24	547.04	0.00	15.86	12.17
2-5-196	碳钢风口安装 矩形空气分布器周长（mm）≤1500	个	690.09	109.52	547.65	0.00	18.63	14.29
2-5-197	碳钢风口安装 矩形空气分布器周长（mm）≤2100	个	717.69	130.24	548.30	0.00	22.15	17.00
2-5-198	碳钢风口安装 旋转吹风口直径（mm）≤320	个	209.18	83.07	101.14	0.00	14.13	10.84
2-5-199	碳钢风口安装 旋转吹风口直径（mm）≤450	个	284.31	137.64	105.30	0.00	23.41	17.96

续前

编号	项目名称	单位	基价	人工费	材料费	施工机具使用费	管理费	利润
2-5-200	碳钢风口安装 带调节阀（过滤器）百叶风口周长（mm）≤800	个	179.91	55.32	107.96	0.00	9.41	7.22
2-5-201	碳钢风口安装 带调节阀（过滤器）百叶风口周长（mm）≤1200	个	195.52	65.49	110.34	0.00	11.14	8.55
2-5-202	碳钢风口安装 带调节阀（过滤器）百叶风口周长（mm）≤1800	个	246.96	100.46	116.30	0.00	17.09	13.11
2-5-203	碳钢风口安装 带调节阀（过滤器）百叶风口周长（mm）≤2400	个	296.56	133.94	122.36	0.00	22.78	17.48
2-5-204	碳钢风口安装 带调节阀（过滤器）百叶风口周长（mm）≤3200	个	364.22	179.82	130.34	0.00	30.59	23.47
2-5-205	碳钢风口安装 带调节阀（过滤器）百叶风口周长（mm）≤4000	个	399.86	201.10	138.31	0.00	34.21	26.24
2-5-206	碳钢风口安装 带调节阀散流器（圆形） 直径（mm） ≤150	个	145.01	42.37	89.90	0.00	7.21	5.53
2-5-207	碳钢风口安装 带调节阀散流器（圆形） 直径（mm） ≤200	个	161.91	55.32	89.96	0.00	9.41	7.22
2-5-208	碳钢风口安装 带调节阀散流器（圆形） 直径（mm） ≤250	个	183.98	71.97	90.38	0.00	12.24	9.39
2-5-209	碳钢风口安装 带调节阀散流器（圆形） 直径（mm） ≤300	个	203.26	85.47	92.10	0.00	14.54	11.15
2-5-210	碳钢风口安装 带调节阀散流器（圆形） 直径（mm） ≤350	个	223.26	100.46	92.60	0.00	17.09	13.11
2-5-211	碳钢风口安装 带调节阀散流器（圆形） 直径（mm） ≤400	个	234.74	105.45	97.59	0.00	17.94	13.76
2-5-212	碳钢风口安装 带调节阀散流器（圆形） 直径（mm） ≤450	个	242.42	110.63	98.53	0.00	18.82	14.44
2-5-213	碳钢风口安装 带调节阀散流器（圆形） 直径（mm） ≤500	个	273.43	130.61	103.56	0.00	22.22	17.04
2-5-214	碳钢风口安装 带调节阀散流器（方、矩形）周长（mm）≤800	个	187.24	73.63	91.48	0.00	12.52	9.61
2-5-215	碳钢风口安装 带调节阀散流器（方、矩形） 周长（mm） ≤1200	个	211.96	90.28	94.54	0.00	15.36	11.78
2-5-216	碳钢风口安装 带调节阀散流器（方、矩形） 周长（mm） ≤1800	个	237.88	105.45	100.73	0.00	17.94	13.76
2-5-217	碳钢风口安装 带调节阀散流器（方、矩形） 周长（mm） ≤2400	个	310.06	155.96	107.22	0.00	26.53	20.35
2-5-218	碳钢风口安装 送吸风口周长（mm） ≤1000	个	145.13	49.21	81.13	0.00	8.37	6.42
2-5-219	碳钢风口安装 送吸风口周长（mm） ≤1600	个	152.64	54.58	81.66	0.00	9.28	7.12
2-5-220	碳钢风口安装 送吸风口周长（mm） ≤2000	个	162.09	57.35	87.50	0.00	9.76	7.48
2-5-221	碳钢风口安装 活动箅式风口周长（mm） ≤1330	个	139.31	61.42	59.08	0.34	10.45	8.02

续前

编号	项目名称	单位	基价	人工费	材料费	施工机具使用费	管理费	利润
2-5-222	碳钢风口安装 活动箅式风口周长（mm）≤1910	个	154.03	72.52	59.33	0.38	12.34	9.46
2-5-223	碳钢风口安装 活动箅式风口周长（mm）≤2590	个	179.61	91.58	60.08	0.42	15.58	11.95
2-5-224	碳钢风口安装 网式风口周长（mm）≤900	个	112.75	22.76	83.15	0.00	3.87	2.97
2-5-225	碳钢风口安装 网式风口周长（mm）≤1500	个	119.72	28.12	83.15	0.00	4.78	3.67
2-5-226	碳钢风口安装 网式风口周长（mm）≤2000	个	123.70	29.79	84.95	0.00	5.07	3.89
2-5-227	碳钢风口安装 网式风口周长（mm）≤2600	个	128.26	33.30	84.95	0.00	5.66	4.35
2-5-228	碳钢风口安装 钢百叶窗框内面积（m^2）≤0.5	个	265.45	57.72	190.38	0.00	9.82	7.53
2-5-229	碳钢风口安装 钢百叶窗框内面积（m^2）≤1.0	个	304.66	86.21	192.54	0.00	14.66	11.25
2-5-230	碳钢风口安装 钢百叶窗框内面积（m^2）≤2.0	个	389.85	149.85	194.95	0.00	25.49	19.56
2-5-231	碳钢风口安装 钢百叶窗框内面积（m^2）≤4.0	个	405.43	158.73	198.99	0.00	27.00	20.71
2-5-232	碳钢风口安装 板式排烟口周长（mm）≤800	个	315.03	42.37	259.92	0.00	7.21	5.53
2-5-233	碳钢风口安装 板式排烟口周长（mm）≤1280	个	328.73	52.91	259.92	0.00	9.00	6.90
2-5-234	碳钢风口安装 板式排烟口周长（mm）≤1600	个	340.17	61.42	260.28	0.00	10.45	8.02
2-5-235	碳钢风口安装 板式排烟口周长（mm）≤2000	个	353.04	70.49	261.36	0.00	11.99	9.20
2-5-236	碳钢风口安装 板式排烟口周长（mm）≤2800	个	385.65	95.28	261.73	0.00	16.21	12.43
2-5-237	碳钢风口安装 板式排烟口周长（mm）≤3200	个	406.69	111.19	262.08	0.00	18.91	14.51
2-5-238	碳钢风口安装 板式排烟口周长（mm）≤4000	个	455.52	148.19	262.78	0.00	25.21	19.34
2-5-239	碳钢风口安装 多叶排烟口（送风口）周长（mm）≤1200	个	366.86	31.82	325.35	0.13	5.41	4.15
2-5-240	碳钢风口安装 多叶排烟口（送风口）周长（mm）≤2000	个	367.29	31.82	325.78	0.13	5.41	4.15
2-5-241	碳钢风口安装 多叶排烟口（送风口）周长（mm）≤2600	个	372.05	35.34	325.96	0.13	6.01	4.61
2-5-242	碳钢风口安装 多叶排烟口（送风口）周长（mm）≤3200	个	376.78	38.67	326.35	0.13	6.58	5.05
2-5-243	碳钢风口安装 多叶排烟口（送风口）周长（mm）≤3800	个	381.88	42.37	326.64	0.13	7.21	5.53
2-5-244	碳钢风口安装 多叶排烟口（送风口）周长（mm）≤4400	个	387.13	45.51	327.81	0.13	7.74	5.94

续前

编号	项目名称	单位	基价	人工费	材料费	施工机具使用费	管理费	利润
2-5-245	碳钢风口安装 多叶排烟口（送风口） 周长 （mm） ≤4800	个	390.22	47.55	328.24	0.13	8.09	6.21
2-5-246	碳钢风口安装 多叶排烟口（送风口） 周长 （mm） ≤5200	个	392.70	49.21	328.57	0.13	8.37	6.42
2-5-247	铝制孔板口安装 百叶风口周长（mm） ≤900	个	67.35	23.68	36.55	0.00	4.03	3.09
2-5-248	铝制孔板口安装 百叶风口周长（mm） ≤1280	个	76.83	29.97	37.85	0.00	5.10	3.91
2-5-249	铝制孔板口安装 百叶风口周长（mm） ≤1800	个	114.37	58.83	37.85	0.00	10.01	7.68
2-5-250	铝制孔板口安装 百叶风口周长（mm） ≤2500	个	128.50	67.71	40.43	0.00	11.52	8.84
2-5-251	铝制孔板口安装 百叶风口周长（mm） ≤3300	个	142.63	76.59	43.02	0.00	13.03	9.99
2-5-252	铝制孔板口安装 百叶风口周长（mm） ≤4800	个	176.82	99.90	46.89	0.00	16.99	13.04
2-5-253	铝制孔板口安装 百叶风口周长（mm） ≤6000	个	216.46	128.39	49.48	0.00	21.84	16.75
2-5-254	铝制孔板口安装 百叶风口周长（mm） ≤7000	个	248.56	152.07	50.77	0.00	25.87	19.85
2-5-255	不锈钢风口安装	100kg	6215.18	4324.56	13.35	577.30	735.61	564.36
2-5-256	不锈钢圆形法兰制作、安装（手工氩弧焊、电焊） ≤5kg	100kg	12584.23	4949.49	2057.58	4089.34	841.91	645.91
2-5-257	不锈钢圆形法兰制作、安装（手工氩弧焊、电焊） ＞5kg	100kg	5474.81	1813.00	1861.73	1255.09	308.39	236.60
2-5-258	吊托支架制作、安装	100kg	2108.19	1074.11	688.28	22.92	182.71	140.17
2-5-259	柔性软风管阀门安装 直径（mm） ≤150	个	168.44	7.03	159.29	0.00	1.20	0.92
2-5-260	柔性软风管阀门安装 直径（mm） ≤250	个	170.84	8.88	159.29	0.00	1.51	1.16
2-5-261	柔性软风管阀门安装 直径（mm） ≤500	个	178.05	14.43	159.29	0.00	2.45	1.88
2-5-262	柔性软风管阀门安装 直径（mm） ≤710	个	182.87	18.13	159.29	0.00	3.08	2.37
2-5-263	柔性软风管阀门安装 直径（mm） ≤910	个	192.01	25.16	159.29	0.00	4.28	3.28

第六章　自动化控制装置及仪表安装工程

一、计算机及网络系统工程

编号	项目名称	单位	基价	人工费	材料费	施工机具使用费	管理费	利润
2-6-1	输入设备 数字化仪 A0、A1	台	297.29	185.00	0.00	56.68	31.47	24.14
2-6-2	输入设备 数字化仪 A3、A4	台	120.77	92.50	0.00	0.47	15.73	12.07
2-6-3	输入设备 扫描仪 B0、B1	台	416.19	277.50	0.00	55.28	47.20	36.21
2-6-4	输入设备 扫描仪 A3、A4	台	48.59	37.00	0.00	0.47	6.29	4.83
2-6-5	输出设备 宽行打印机	台	60.63	46.25	0.00	0.47	7.87	6.04
2-6-6	输出设备 激光打印机 A0、A1	台	108.74	83.25	0.00	0.47	14.16	10.86
2-6-7	输出设备 激光打印机 A3、A4	台	60.63	46.25	0.00	0.47	7.87	6.04
2-6-8	输出设备 喷墨打印机 A0、A1	台	120.77	92.50	0.00	0.47	15.73	12.07
2-6-9	输出设备 喷墨打印机 A3、A4	台	60.63	46.25	0.00	0.47	7.87	6.04
2-6-10	输出设备 网络打印机 A0、A1	台	146.71	111.00	0.00	2.34	18.88	14.49
2-6-11	输出设备 网络打印机 A3、A4	台	74.52	55.50	0.00	2.34	9.44	7.24
2-6-12	输出设备 绘图仪 B0、B1	台	422.39	277.50	4.80	56.68	47.20	36.21
2-6-13	输出设备 绘图仪 A3、A4	台	53.39	37.00	4.80	0.47	6.29	4.83
2-6-14	输出设备 X-Y 记录仪	台	176.51	92.50	0.00	56.21	15.73	12.07
2-6-15	输出设备 多功能一体机	台	121.73	92.50	0.50	0.93	15.73	12.07
2-6-16	输出设备 监视器 CRT 摆放	台	156.71	92.50	6.11	30.30	15.73	12.07
2-6-17	输出设备 监视器 CRT 吊装	台	401.31	231.25	6.11	94.43	39.34	30.18
2-6-18	输出设备 监视器 液晶监视器摆放	台	97.59	46.25	7.13	30.30	7.87	6.04
2-6-19	输出设备 监视器 液晶监视器壁挂	台	217.89	138.75	7.13	30.30	23.60	18.11
2-6-20	输出设备 监视器 液晶监视器吊装	台	282.02	138.75	7.13	94.43	23.60	18.11
2-6-21	控制设备 微机处理通信控制器	台	868.75	555.00	1.88	145.03	94.41	72.43
2-6-22	控制设备 A/D、D/A 转换设备 8 路、8 位	台	387.44	185.00	12.18	134.65	31.47	24.14
2-6-23	控制设备 A/D、D/A 转换设备 8/16 路、12 位	台	713.33	370.00	12.18	219.92	62.94	48.29
2-6-24	控制设备 A/D、D/A 转换设备 16/32 路、 32 位	台	918.90	462.50	12.18	305.19	78.67	60.36

续前

编号	项目名称	单位	基价	人工费	材料费	施工机具使用费	管理费	利润
2-6-25	控制设备 A/D、D/A 转换设备 32/48 路、 32 位	台	1137.97	555.00	12.18	403.95	94.41	72.43
2-6-26	控制设备 A/D、D/A 转换设备 48/64 路、 32 位	台	1463.84	740.00	12.18	489.22	125.87	96.57
2-6-27	控制设备 A/D、D/A 转换设备 96/128 路、 32/64 位	台	1669.42	832.50	12.18	574.49	141.61	108.64
2-6-28	控制设备 A/D、D/A 转换设备 128/256 路、32/64 位	台	2115.61	1110.00	12.18	659.76	188.81	144.86
2-6-29	控制设备 KVM 切换器 ≤8 端口	台	403.18	296.00	17.08	1.12	50.35	38.63
2-6-30	控制设备 KVM 切换器 ≤32 端口	台	500.54	370.00	17.08	2.23	62.94	48.29
2-6-31	控制设备 KVM 切换器 ＞32 端口	台	743.38	555.00	17.08	4.46	94.41	72.43
2-6-32	存储设备 数字硬盘录像机 带环路 ≤16	台	749.03	555.00	12.90	14.29	94.41	72.43
2-6-33	存储设备 数字硬盘录像机 带环路 ＞16	台	1489.54	1110.00	12.90	32.97	188.81	144.86
2-6-34	存储设备 数字硬盘录像机 不带环路 ≤16	台	508.42	370.00	12.90	14.29	62.94	48.29
2-6-35	存储设备 数字硬盘录像机 不带环路 ＞16	台	1248.92	925.00	12.90	32.97	157.34	120.71
2-6-36	存储设备 磁盘阵列机 2 通道	台	653.61	370.00	27.88	144.50	62.94	48.29
2-6-37	存储设备 磁盘阵列机 4 通道	台	1138.56	740.00	27.88	148.24	125.87	96.57
2-6-38	存储设备 磁盘阵列机 8 通道	台	2177.98	1480.00	47.24	205.85	251.75	193.14
2-6-39	存储设备 磁盘阵列机 16 通道	台	3279.22	2220.00	94.48	297.41	377.62	289.71
2-6-40	存储设备 磁盘阵列机 32 通道	台	4881.52	3330.00	188.96	361.56	566.43	434.57
2-6-41	存储设备 磁盘阵列机 128 通道	台	8216.46	5550.00	467.45	530.67	944.06	724.28
2-6-42	存储设备 磁盘阵列机 每增加 1 个标准硬盘	台	53.37	37.00	4.50	0.75	6.29	4.83
2-6-43	存储设备 光盘库 光盘匣 ≤4 个	台	717.27	462.50	49.72	66.02	78.67	60.36
2-6-44	存储设备 光盘库 光盘匣 ≤16 个	台	1696.08	1110.00	87.36	165.05	188.81	144.86
2-6-45	存储设备 光盘库 光盘匣 ≤32 个	台	3545.46	2405.00	160.30	257.22	409.09	313.85
2-6-46	存储设备 光盘库 每增加 1 个光盘匣	台	168.36	120.25	9.17	2.80	20.45	15.69
2-6-47	台架 650×700	台	303.50	185.00	32.25	30.64	31.47	24.14
2-6-48	台架 650×1200	台	423.80	277.50	32.25	30.64	47.20	36.21
2-6-49	插箱 固定式标准插箱	台	286.57	185.00	15.32	30.64	31.47	24.14
2-6-50	插箱 翻转式标准插箱	台	406.87	277.50	15.32	30.64	47.20	36.21
2-6-51	标准机柜 19#	台	678.40	370.00	60.02	137.15	62.94	48.29
2-6-52	互联电缆制作、安装 带连接器的圆导体带状电缆 ≤10 线	条	72.96	55.50	0.50	0.28	9.44	7.24

续前

编号	项目名称	单位	基价	人工费	材料费	施工机具使用费	管理费	利润
2-6-53	互联电缆制作、安装 带连接器的圆导体带状电缆 ≤20 线	条	85.10	64.75	0.50	0.39	11.01	8.45
2-6-54	互联电缆制作、安装 带连接器的圆导体带状电缆 ≤34 线	条	109.33	83.25	0.50	0.56	14.16	10.86
2-6-55	互联电缆制作、安装 带连接器的圆导体带状电缆 ≤50 线	条	121.64	92.50	0.50	0.84	15.73	12.07
2-6-56	互联电缆制作、安装 带连接器的圆导体带状电缆 ≤60 线	条	145.87	111.00	0.50	1.00	18.88	14.49
2-6-57	互联电缆制作、安装 带连接器的外设接口电缆 ≤7 芯	条	77.18	55.50	0.50	4.50	9.44	7.24
2-6-58	互联电缆制作、安装 带连接器的外设接口电缆 ≤37 芯	条	113.27	83.25	0.50	4.50	14.16	10.86
2-6-59	互联电缆制作、安装 带连接器的外设接口电缆 ≤19 芯	条	77.18	55.50	0.50	4.50	9.44	7.24
2-6-60	互联电缆制作、安装 带连接器的外设接口电缆 ≤32 芯	条	113.27	83.25	0.50	4.50	14.16	10.86
2-6-61	互联电缆制作、安装 中继连接电缆 3 芯	条	65.16	46.25	0.50	4.50	7.87	6.04
2-6-62	互联电缆制作、安装 中继连接电缆 6 芯	条	77.18	55.50	0.50	4.50	9.44	7.24
2-6-63	互联电缆制作、安装 中继连接电缆 9 芯	条	89.21	64.75	0.50	4.50	11.01	8.45
2-6-64	互联电缆制作、安装 中继连接电缆 15 芯	条	115.13	83.25	0.50	6.36	14.16	10.86
2-6-65	路由器安装、调试 固定配置 ≤4 口	台	261.43	185.00	17.08	3.74	31.47	24.14
2-6-66	路由器安装、调试 固定配置 ≤8 口	台	385.46	277.50	17.08	7.47	47.20	36.21
2-6-67	路由器安装、调试 插槽式 ≤4 槽	台	750.13	555.00	17.08	11.21	94.41	72.43
2-6-68	路由器安装、调试 插槽式 >4 槽	台	1484.10	1110.00	17.08	23.35	188.81	144.86
2-6-69	适配器安装、调试	台	623.28	462.50	17.08	4.67	78.67	60.36
2-6-70	中继器安装、调试	台	502.98	370.00	17.08	4.67	62.94	48.29
2-6-71	防火墙安装、调试 包过滤防火墙	台	507.65	370.00	17.08	9.34	62.94	48.29
2-6-72	防火墙安装、调试 状态/动态防火墙	台	1248.15	925.00	17.08	28.02	157.34	120.71
2-6-73	防火墙安装、调试 应用程序防火墙	台	877.90	647.50	17.08	18.68	110.14	84.50
2-6-74	防火墙安装、调试 NAT 防火墙	台	1002.87	740.00	17.08	23.35	125.87	96.57
2-6-75	防火墙安装、调试 个人防火墙	台	380.47	277.50	10.22	9.34	47.20	36.21
2-6-76	防火墙安装、调试 网闸	台	757.60	555.00	17.08	18.68	94.41	72.43
2-6-77	交换机安装、调试 固定配置 ≤24 口	台	748.26	555.00	17.08	9.34	94.41	72.43
2-6-78	交换机安装、调试 固定配置 >24 口	台	1234.14	925.00	17.08	14.01	157.34	120.71
2-6-79	交换机安装、调试 插槽式 ≤4 槽	台	1411.91	1054.50	17.08	23.35	179.37	137.61

续前

编号	项目名称	单位	基价	人工费	材料费	施工机具使用费	管理费	利润
2-6-80	交换机安装、调试 插槽式 ＞4 槽	台	2219.94	1665.00	17.08	37.36	283.22	217.28
2-6-81	交换机安装、调试（带 POE 供电） 固定配置 ≤24 口	台	748.26	555.00	17.08	9.34	94.41	72.43
2-6-82	交换机安装、调试（带 POE 供电） 固定配置 ＞24 口	台	1234.14	925.00	17.08	14.01	157.34	120.71
2-6-83	交换机安装、调试（带 POE 供电） 插槽式 ≤4 槽	台	1411.91	1054.50	17.08	23.35	179.37	137.61
2-6-84	交换机安装、调试（带 POE 供电） 插槽式 ＞4 槽	台	2219.94	1665.00	17.08	37.36	283.22	217.28
2-6-85	网桥安装、调试	台	858.52	647.50	16.38	0.00	110.14	84.50
2-6-86	台式服务器安装、调试 工作组级	台	378.61	277.50	17.08	0.62	47.20	36.21
2-6-87	台式服务器安装、调试 部门级	台	498.93	370.00	17.08	0.62	62.94	48.29
2-6-88	台式服务器安装、调试 企业级	台	859.84	647.50	17.08	0.62	110.14	84.50
2-6-89	插箱式服务器安装、调试 1U	台	157.86	111.00	12.87	0.62	18.88	14.49
2-6-90	插箱式服务器安装、调试 2U	台	207.65	148.00	14.55	0.62	25.17	19.31
2-6-91	插箱式服务器安装、调试 4U	台	305.37	222.00	16.02	0.62	37.76	28.97
2-6-92	服务器安装、调试 刀片式（套） ≤7	台	1220.75	925.00	17.08	0.62	157.34	120.71
2-6-93	服务器安装、调试 刀片式（套） ＞7	台	1942.59	1480.00	17.08	0.62	251.75	193.14
2-6-94	调制解调器安装、调试 有线	台	257.69	185.00	17.08	0.00	31.47	24.14
2-6-95	调制解调器安装、调试 无线	台	442.30	333.00	9.20	0.00	56.64	43.46
2-6-96	台式电脑安装、调试	台	80.06	55.50	7.88	0.00	9.44	7.24
2-6-97	工作站安装、调试	台	373.46	277.50	7.88	4.67	47.20	36.21
2-6-98	无线设备 室内定向	套	48.12	37.00	0.00	0.00	6.29	4.83
2-6-99	无线设备 室外定向	套	96.25	74.00	0.00	0.00	12.59	9.66
2-6-100	无线设备 室内全向	套	72.18	55.50	0.00	0.00	9.44	7.24
2-6-101	无线设备 室外全向	套	144.37	111.00	0.00	0.00	18.88	14.49
2-6-102	无线控制器 ≤100 用户	套	500.39	370.00	9.20	9.96	62.94	48.29
2-6-103	无线控制器 ≤250 用户	套	1240.89	925.00	9.20	28.64	157.34	120.71
2-6-104	无线控制器 ≤500 用户	套	1981.41	1480.00	9.20	47.32	251.75	193.14
2-6-105	计算机及网络系统联调 ≤100 个信息点	系统	12470.12	8600.00	8.66	1276.30	1462.86	1122.30
2-6-106	计算机及网络系统联调 ≤300 个信息点	系统	31317.50	21715.00	17.33	3057.64	3693.72	2833.81
2-6-107	计算机及网络系统联调 ＞300 个信息点，每增加 50 个信息点	系统	5280.01	3655.00	2.45	523.86	621.72	476.98
2-6-108	计算机及网络系统试运行 信息点 ≤100	系统	8726.25	6450.00	25.88	311.49	1097.15	841.73
2-6-109	计算机及网络系统试运行 信息点 ≤300	系统	20842.03	15480.00	75.76	632.98	2633.15	2020.14

续前

编号	项目名称	单位	基价	人工费	材料费	施工机具使用费	管理费	利润
2-6-110	计算机及网络系统试运行 ＞300个信息点，每增加50个信息点	系统	2279.81	1720.00	12.94	29.84	292.57	224.46
2-6-111	系统服务器软件 ≤25用户	套	2253.75	1720.00	13.39	3.33	292.57	224.46
2-6-112	系统服务器软件 ≤50用户	套	4498.81	3440.00	21.15	3.60	585.14	448.92
2-6-113	系统服务器软件 ≤100用户	套	8986.77	6880.00	34.78	3.86	1170.29	897.84
2-6-114	系统服务器软件 ＞100 用户，每增加10用户	套	1401.98	1075.00	2.38	1.45	182.86	140.29
2-6-115	服务器操作软件 单核	套	2824.23	2150.00	13.39	14.54	365.72	280.58
2-6-116	服务器操作软件 双核	套	4236.59	3225.00	18.28	23.88	548.57	420.86
2-6-117	服务器操作软件 四核	套	6210.88	4730.00	21.15	37.89	804.57	617.27
2-6-118	服务器操作软件 ＞四核	套	7070.80	5375.00	23.50	56.57	914.29	701.44
2-6-119	办公软件	套	280.56	215.00	0.00	0.93	36.57	28.06
2-6-120	工具软件	套	421.32	322.50	0.00	1.87	54.86	42.09
2-6-121	工作站操作系统	套	561.13	430.00	0.00	1.87	73.14	56.12
2-6-122	专业工作站软件	套	843.55	645.00	0.00	4.67	109.71	84.17

二、综合布线系统工程

编号	项目名称	单位	基价	人工费	材料费	施工机具使用费	管理费	利润
2-6-123	凿砖槽（管径mm） ≤40	m	31.01	23.13	0.93	0.00	3.93	3.02
2-6-124	凿砖槽（管径mm） ≤75	m	45.78	33.30	2.47	0.00	5.66	4.35
2-6-125	凿混凝土槽（管径mm） ≤40	m	116.72	88.80	1.23	0.00	15.10	11.59
2-6-126	凿混凝土槽（管径mm） ≤75	m	291.50	222.00	2.77	0.00	37.76	28.97
2-6-127	机柜、机架 安装机柜、机架 落地式	台	541.12	370.00	59.77	0.12	62.94	48.29
2-6-128	机柜、机架 安装机柜、机架 墙挂式（600×600）	台	223.63	120.25	67.12	0.12	20.45	15.69
2-6-129	机柜、机架 机柜通风散热装置	台	69.75	46.25	9.47	0.12	7.87	6.04
2-6-130	机柜、机架 安装抗震底座	台	270.67	185.00	30.06	0.00	31.47	24.14
2-6-131	安装接线箱（半周长） ≤700	个	127.02	66.60	40.40	0.00	11.33	8.69
2-6-132	安装接线箱（半周长） ＞700	个	165.74	96.20	40.63	0.00	16.36	12.55
2-6-133	安装过线（路）盒（半周长）≤200	个	9.63	7.40	0.00	0.00	1.26	0.97
2-6-134	安装过线（路）盒（半周长）＞200	个	31.28	24.05	0.00	0.00	4.09	3.14
2-6-135	电视插座 明装	个	19.52	14.80	0.27	0.00	2.52	1.93

续前

编号	项目名称	单位	基价	人工费	材料费	施工机具使用费	管理费	利润
2-6-136	电视插座 暗装	个	12.30	9.25	0.27	0.00	1.57	1.21
2-6-137	大对数线缆 管内穿放 ≤25 对	m	3.95	2.96	0.06	0.04	0.50	0.39
2-6-138	大对数线缆 管内穿放 ≤50 对	m	5.44	4.07	0.09	0.06	0.69	0.53
2-6-139	大对数线缆 管内穿放 ≤100 对	m	7.92	5.92	0.11	0.11	1.01	0.77
2-6-140	大对数线缆 管内穿放 ≤200 对	m	11.15	8.33	0.14	0.17	1.42	1.09
2-6-141	大对数线缆 线槽内布放 ≤25 对	m	3.71	2.78	0.06	0.04	0.47	0.36
2-6-142	大对数线缆 线槽内布放 ≤50 对	m	5.21	3.89	0.09	0.06	0.66	0.51
2-6-143	大对数线缆 线槽内布放 ≤100 对	m	7.20	5.37	0.11	0.11	0.91	0.70
2-6-144	大对数线缆 线槽内布放 ≤200 对	m	9.94	7.40	0.14	0.17	1.26	0.97
2-6-145	大对数线缆 桥架内布放 ≤25 对	m	3.47	2.59	0.06	0.04	0.44	0.34
2-6-146	大对数线缆 桥架内布放 ≤50 对	m	4.73	3.52	0.09	0.06	0.60	0.46
2-6-147	大对数线缆 桥架内布放 ≤100 对	m	6.72	5.00	0.11	0.11	0.85	0.65
2-6-148	大对数线缆 桥架内布放 ≤200 对	m	9.46	7.03	0.14	0.17	1.20	0.92
2-6-149	双绞线缆 管内穿放 ≤4 对	m	3.20	2.41	0.04	0.03	0.41	0.31
2-6-150	双绞线缆 线槽内布放 ≤4 对	m	2.96	2.22	0.04	0.03	0.38	0.29
2-6-151	双绞线缆 桥架内布放 ≤4 对	m	2.73	2.04	0.04	0.03	0.35	0.27
2-6-152	光缆 管内穿放 ≤12 芯	m	2.93	2.22	0.02	0.02	0.38	0.29
2-6-153	光缆 管内穿放 ≤36 芯	m	4.86	3.70	0.02	0.03	0.63	0.48
2-6-154	光缆 管内穿放 ≤72 芯	m	6.56	5.00	0.02	0.04	0.85	0.65
2-6-155	光缆 管内穿放 ≤144 芯	m	8.49	6.48	0.02	0.04	1.10	0.85
2-6-156	光缆 线槽内布放 ≤12 芯	m	5.75	4.26	0.20	0.01	0.72	0.56
2-6-157	光缆 线槽内布放 ≤36 芯	m	7.43	5.55	0.20	0.02	0.94	0.72
2-6-158	光缆 线槽内布放 ≤72 芯	m	8.17	6.11	0.20	0.02	1.04	0.80
2-6-159	光缆 线槽内布放 ≤144 芯	m	9.85	7.40	0.20	0.02	1.26	0.97
2-6-160	光缆 桥架内布放 ≤12 芯	m	2.13	1.48	0.20	0.01	0.25	0.19
2-6-161	光缆 桥架内布放 ≤36 芯	m	3.83	2.78	0.20	0.02	0.47	0.36
2-6-162	光缆 桥架内布放 ≤72 芯	m	4.55	3.33	0.20	0.02	0.57	0.43
2-6-163	光缆 桥架内布放 ≤144 芯	m	5.51	4.07	0.20	0.02	0.69	0.53
2-6-164	跳线 制作卡接跳线	条	23.47	14.80	0.00	4.22	2.52	1.93
2-6-165	跳线 安装双绞线跳线	条	12.43	9.25	0.40	0.00	1.57	1.21
2-6-166	跳线 跳线卡接（对）	条	4.81	3.70	0.00	0.00	0.63	0.48
2-6-167	跳线 安装光纤跳线	条	24.46	18.50	0.40	0.00	3.15	2.41
2-6-168	跳线 BNC 插头	个	29.39	22.20	0.45	0.06	3.78	2.90
2-6-169	跳线 RJ45 接头 RJ11 接头	个	15.63	11.10	0.14	1.05	1.89	1.45

续前

编号	项目名称	单位	基价	人工费	材料费	施工机具使用费	管理费	利润
2-6-170	跳线 F 型插头	个	17.35	12.95	0.45	0.06	2.20	1.69
2-6-171	跳线 VGA 插头	个	48.63	37.00	0.45	0.06	6.29	4.83
2-6-172	跳线 有线电视接头	个	24.26	18.50	0.14	0.06	3.15	2.41
2-6-173	跳线 端子头	个	3.48	2.22	0.59	0.00	0.38	0.29
2-6-174	跳线 压接针 ≤100	个	120.30	92.50	0.00	0.00	15.73	12.07
2-6-175	跳线 压接针 >100,每增加20个	个	24.06	18.50	0.00	0.00	3.15	2.41
2-6-176	配线架 12 口	架	205.80	148.00	13.32	0.00	25.17	19.31
2-6-177	配线架 24 口	架	453.10	333.00	20.00	0.00	56.64	43.46
2-6-178	配线架 48 口	架	892.86	666.00	26.66	0.00	113.29	86.91
2-6-179	配线架 96 口	架	1916.76	1443.00	40.00	0.00	245.45	188.31
2-6-180	电子配线架 ≤24	架	501.23	370.00	20.00	0.00	62.94	48.29
2-6-181	电子配线架 >24	架	989.10	740.00	26.66	0.00	125.87	96.57
2-6-182	安装跳线架打接 50 对	架	201.39	148.00	8.91	0.00	25.17	19.31
2-6-183	安装跳线架打接 100 对	架	374.24	277.50	13.33	0.00	47.20	36.21
2-6-184	安装跳线架打接 200 对	架	741.84	555.00	20.00	0.00	94.41	72.43
2-6-185	安装跳线架打接 400 对	架	1470.33	1110.00	26.66	0.00	188.81	144.86
2-6-186	安装信息插座底盒(接线盒)明装	个	10.39	7.40	0.76	0.00	1.26	0.97
2-6-187	安装信息插座底盒(接线盒)砖墙内	个	24.34	18.13	0.76	0.00	3.08	2.37
2-6-188	安装信息插座底盒(接线盒)混凝土墙内	个	32.04	24.05	0.76	0.00	4.09	3.14
2-6-189	安装信息插座底盒(接线盒)木地板内	个	20.97	15.54	0.76	0.00	2.64	2.03
2-6-190	安装信息插座底盒(接线盒)防静电钢制地板内	个	41.19	31.08	0.76	0.00	5.29	4.06
2-6-191	安装 8 位模块式信息插座 单口	个	14.64	11.10	0.20	0.00	1.89	1.45
2-6-192	安装 8 位模块式信息插座 双口	个	21.85	16.65	0.20	0.00	2.83	2.17
2-6-193	安装 8 位模块式信息插座 四口	个	36.29	27.75	0.20	0.00	4.72	3.62
2-6-194	光纤信息插座 单口	个	7.36	5.55	0.15	0.00	0.94	0.72
2-6-195	光纤信息插座 双口	个	10.41	7.40	0.78	0.00	1.26	0.97
2-6-196	安装光纤连接盘(块)	个	156.39	120.25	0.00	0.00	20.45	15.69
2-6-197	光纤连接 机械法 单模	芯	107.34	79.55	1.28	2.60	13.53	10.38
2-6-198	光纤连接 机械法 多模	芯	85.69	62.90	1.28	2.60	10.70	8.21
2-6-199	光纤连接 熔接法 单模	芯	48.22	27.75	1.28	10.85	4.72	3.62
2-6-200	光纤连接 熔接法 多模	芯	48.22	27.75	1.28	10.85	4.72	3.62
2-6-201	光纤连接 磨制法(端口)单模	芯	124.18	92.50	1.28	2.60	15.73	12.07
2-6-202	光纤连接 磨制法(端口)多模	芯	112.15	83.25	1.28	2.60	14.16	10.86
2-6-203	安装光缆终端盒 ≤12 芯	个	124.65	92.50	2.22	2.13	15.73	12.07

续前

编号	项目名称	单位	基价	人工费	材料费	施工机具使用费	管理费	利润
2-6-204	安装光缆终端盒 ≤24芯	个	139.35	103.60	2.22	2.39	17.62	13.52
2-6-205	安装光缆终端盒 ≤48芯	个	237.30	177.60	2.22	4.09	30.21	23.18
2-6-206	安装光缆终端盒 ≤72芯	个	354.85	266.40	2.24	6.13	45.31	34.77
2-6-207	安装光缆终端盒 ≤96芯	个	472.39	355.20	2.24	8.18	60.42	46.35
2-6-208	安装光缆终端盒 ≤144芯	个	613.99	462.50	2.24	10.22	78.67	60.36
2-6-209	布放尾纤 终端盒至光纤配线架	条	48.74	37.00	0.09	0.53	6.29	4.83
2-6-210	布放尾纤 光纤配线架至设备	条	25.22	18.50	0.09	1.07	3.15	2.41
2-6-211	布放尾纤 光纤配线架架内跳线	条	36.71	27.75	0.09	0.53	4.72	3.62
2-6-212	线管理器 1U	个	27.53	18.50	3.47	0.00	3.15	2.41
2-6-213	线管理器 2U	个	82.59	55.50	10.41	0.00	9.44	7.24
2-6-214	测试 4对双绞线缆	链路	10.73	5.55	0.09	3.43	0.94	0.72
2-6-215	测试 光纤	链路	20.17	9.25	0.09	8.05	1.57	1.21
2-6-216	测试 大对数线缆（对）	链路	3.73	1.85	0.00	1.33	0.31	0.24
2-6-217	视频同轴电缆 管内穿放 $\phi\leqslant9$	m	2.93	2.22	0.03	0.01	0.38	0.29
2-6-218	视频同轴电缆 管内穿放 $\phi>9$	m	3.89	2.96	0.03	0.01	0.50	0.39
2-6-219	视频同轴电缆 沿桥架敷设 $\phi\leqslant9$	m	3.41	2.59	0.03	0.01	0.44	0.34
2-6-220	视频同轴电缆 沿桥架敷设 $\phi>9$	m	4.37	3.33	0.03	0.01	0.57	0.43
2-6-221	系统调试 ≤400点	系统	3813.55	2775.00	0.00	204.38	472.03	362.14
2-6-222	系统调试 >400点，每增加100点	系统	369.77	277.50	0.00	8.86	47.20	36.21
2-6-223	试运行	系统	11440.24	8325.00	0.00	612.75	1416.08	1086.41

三、设备自动化系统工程

编号	项目名称	单位	基价	人工费	材料费	施工机具使用费	管理费	利润
2-6-224	中央管理系统 界面编制 ≤500点	系统	8652.79	6450.00	50.66	213.25	1097.15	841.73
2-6-225	中央管理系统 界面编制 ≤1000点	系统	20167.24	15050.00	101.32	491.88	2560.01	1964.03
2-6-226	中央管理系统 界面编制 ≤2000点	系统	46028.22	34400.00	182.40	1105.18	5851.44	4489.20
2-6-227	中央管理系统 界面编制 ≤3500点	系统	100620.29	75250.00	296.93	2453.20	12800.03	9820.13
2-6-228	中央管理系统 界面编制 ≤5000点	系统	215192.97	161250.00	378.01	5093.20	27428.63	21043.13

续前

编号	项目名称	单位	基价	人工费	材料费	施工机具使用费	管理费	利润
2-6-229	中央管理系统 界面编制 >5000点，每增加500点	系统	28732.53	21500.00	36.48	733.15	3657.15	2805.75
2-6-230	通信网络控制设备 终端电阻	个	25.19	18.50	0.91	0.22	3.15	2.41
2-6-231	通信网络控制设备 干线连接器	个	128.35	92.50	7.77	0.28	15.73	12.07
2-6-232	通信网络控制设备 干线隔离/扩充器	个	146.47	111.00	1.82	0.28	18.88	14.49
2-6-233	通信网络控制设备 通信接口卡	个	148.08	111.00	0.91	2.80	18.88	14.49
2-6-234	控制器（DDC） 安装及接线 ≤24点	台	372.68	222.00	25.66	58.29	37.76	28.97
2-6-235	控制器（DDC） 安装及接线 ≤40点	台	468.98	277.50	34.54	73.53	47.20	36.21
2-6-236	控制器（DDC） 安装及接线 ≤60点	台	602.25	370.00	44.84	76.18	62.94	48.29
2-6-237	控制器（DDC） 安装及接线 >60点，每增加20点	台	254.72	185.00	11.40	2.71	31.47	24.14
2-6-238	控制器（DDC） 编程、调试 ≤24点	台	1502.09	1110.00	3.00	55.42	188.81	144.86
2-6-239	控制器（DDC） 编程、调试 ≤40点	台	2008.94	1480.00	3.00	81.05	251.75	193.14
2-6-240	控制器（DDC） 编程、调试 ≤60点	台	2515.80	1850.00	3.00	106.68	314.69	241.43
2-6-241	控制器（DDC） 编程、调试 >60点，每增加20点	台	1250.84	925.00	1.20	46.59	157.34	120.71
2-6-242	远端模块 ≤12点	台	1004.34	740.00	9.32	32.58	125.87	96.57
2-6-243	远端模块 ≤24点	台	1507.58	1110.00	15.04	48.87	188.81	144.86
2-6-244	风管式温度传感器	支	116.94	83.25	7.97	0.70	14.16	10.86
2-6-245	风管式湿度传感器	支	116.94	83.25	7.97	0.70	14.16	10.86
2-6-246	风管式温度湿度传感器	支	141.13	101.75	8.09	0.70	17.31	13.28
2-6-247	室内壁挂式温度传感器	支	102.55	74.00	5.60	0.70	12.59	9.66
2-6-248	室内壁挂式湿度传感器	支	102.55	74.00	5.60	0.70	12.59	9.66
2-6-249	室内壁挂式温度湿度传感器	支	102.55	74.00	5.60	0.70	12.59	9.66
2-6-250	室外壁挂式温度传感器	支	175.31	129.50	6.32	0.56	22.03	16.90
2-6-251	室外壁挂式湿度传感器	支	175.38	129.50	6.32	0.63	22.03	16.90
2-6-252	室外壁挂式温度湿度传感器	支	199.50	148.00	6.32	0.70	25.17	19.31
2-6-253	接触式温度传感器	支	29.75	18.50	4.99	0.70	3.15	2.41
2-6-254	无线温湿度传感器	支	30.40	18.50	5.71	0.63	3.15	2.41
2-6-255	浸入式温度传感器 普通型	支	132.44	92.50	11.51	0.63	15.73	12.07
2-6-256	浸入式温度传感器 本安型	支	180.57	129.50	11.51	0.63	22.03	16.90
2-6-257	浸入式温度传感器 隔爆型	支	204.62	148.00	11.51	0.63	25.17	19.31
2-6-258	电动调节阀执行机构 电动二通调节阀及执行机构 ≤*DN*50	个	471.73	268.25	50.54	72.30	45.63	35.01

续前

编号	项目名称	单位	基价	人工费	材料费	施工机具使用费	管理费	利润
2-6-259	电动调节阀执行机构 电动二通调节阀及执行机构 ≤*DN*100	个	1040.22	675.25	81.09	80.90	114.86	88.12
2-6-260	电动调节阀执行机构 电动二通调节阀及执行机构 ≤*DN*200	个	2146.12	897.25	96.66	882.50	152.62	117.09
2-6-261	电动调节阀执行机构 电动三通调节阀及执行机构 ≤*DN*50	个	542.01	305.25	72.70	72.30	51.92	39.84
2-6-262	电动调节阀执行机构 电动三通调节阀及执行机构 ≤*DN*100	个	1148.62	730.75	117.31	80.90	124.30	95.36
2-6-263	电动调节阀执行机构 电动三通调节阀及执行机构 ≤*DN*200	个	2291.50	971.25	137.18	891.11	165.21	126.75
2-6-264	电动调节阀执行机构 电动蝶阀及执行机构 ≤*DN*100	个	990.95	647.50	67.63	81.18	110.14	84.50
2-6-265	电动调节阀执行机构 电动蝶阀及执行机构 ≤*DN*250	个	2529.67	1165.50	108.73	905.09	198.25	152.10
2-6-266	电动调节阀执行机构 电动蝶阀及执行机构 ≤*DN*400	个	3185.21	1480.00	143.29	1117.03	251.75	193.14
2-6-267	电动调节阀执行机构 电动风阀执行机构	个	367.02	277.50	5.55	0.56	47.20	36.21
2-6-268	电动调节阀执行机构 两通电动阀 *DN*20	个	121.76	83.25	13.21	0.28	14.16	10.86
2-6-269	电动调节阀执行机构 两通电动阀 *DN*25	个	165.52	111.00	20.87	0.28	18.88	14.49
2-6-270	电动调节阀执行机构 启动柜接点接线 ≤5点	个	128.42	92.50	6.17	1.95	15.73	12.07
2-6-271	电动调节阀执行机构 启动柜接点接线 ≤10点	个	252.61	185.00	8.10	3.90	31.47	24.14
2-6-272	电动调节阀执行机构 启动柜接点接线 ≤20点	个	500.18	370.00	11.16	7.79	62.94	48.29
2-6-273	电动调节阀执行机构 启动柜接点接线 ≤35点	个	752.16	555.00	16.96	13.36	94.41	72.43
2-6-274	电动调节阀执行机构 变压器温度接线	个	33.25	22.20	3.81	0.56	3.78	2.90
2-6-275	暖通空调监控分系统调试 ≤100点	系统	3158.79	2150.00	40.27	322.22	365.72	280.58
2-6-276	暖通空调监控分系统调试 ≤200点	系统	6918.86	4730.00	74.97	692.05	804.57	617.27
2-6-277	暖通空调监控分系统调试 >200点，每增加50点	系统	2501.34	1720.00	9.93	254.38	292.57	224.46
2-6-278	给排水监控分系统调试 ≤50点	系统	1746.47	1290.00	21.08	47.61	219.43	168.35
2-6-279	给排水监控分系统调试 ≤100点	系统	4333.99	3225.00	44.34	95.22	548.57	420.86
2-6-280	给排水监控分系统调试 >100点，每增加20点	系统	869.58	645.00	7.95	22.75	109.71	84.17
2-6-281	公共照明监控分系统调试 ≤100点	系统	2946.71	2150.00	40.27	110.14	365.72	280.58
2-6-282	公共照明监控分系统调试 ≤200点	系统	6494.70	4730.00	74.97	267.89	804.57	617.27

续前

编号	项目名称	单位	基价	人工费	材料费	施工机具使用费	管理费	利润
2-6-283	公共照明监控分系统调试 ＞200 点，每增加 50 点	系统	2331.67	1720.00	9.93	84.71	292.57	224.46
2-6-284	变配电监测分系统调试 ≤ 50 点	系统	1746.47	1290.00	21.08	47.61	219.43	168.35
2-6-285	变配电监测分系统调试 ≤ 100 点	系统	4333.99	3225.00	44.34	95.22	548.57	420.86
2-6-286	变配电监测分系统调试 ＞100 点，每增加 20 点	系统	869.58	645.00	7.95	22.75	109.71	84.17
2-6-287	能耗监测分系统调试 ≤ 100 点	系统	2946.71	2150.00	40.27	110.14	365.72	280.58
2-6-288	能耗监测分系统调试 ≤ 200 点	系统	6522.72	4730.00	74.97	295.91	804.57	617.27
2-6-289	能耗监测分系统调试 ＞200 点，每增加 50 点	系统	2341.01	1720.00	9.93	94.05	292.57	224.46
2-6-290	环境与设备监控系统调试 ≤ 500 点	系统	8882.16	6450.00	43.69	449.59	1097.15	841.73
2-6-291	环境与设备监控系统调试 ≤ 1000 点	系统	20648.72	15050.00	87.39	987.29	2560.01	1964.03
2-6-292	环境与设备监控系统调试 ≤ 2000 点	系统	47311.79	34400.00	213.93	2357.22	5851.44	4489.20
2-6-293	环境与设备监控系统调试 ≤ 3500 点	系统	103439.57	75250.00	553.61	5015.80	12800.03	9820.13
2-6-294	环境与设备监控系统调试 ≤ 5000 点	系统	221214.01	161250.00	990.75	10501.50	27428.63	21043.13
2-6-295	环境与设备监控系统调试 ＞5000 点，每增加 500 点	系统	29181.52	21500.00	65.99	1152.63	3657.15	2805.75
2-6-296	环境与设备监控系统试运行 ≤ 500 点	系统	13334.10	9675.00	193.69	557.10	1645.72	1262.59
2-6-297	环境与设备监控系统试运行 ＞500 点，每增加 500 点	系统	8637.81	6450.00	153.53	95.40	1097.15	841.73
2-6-298	能耗监测系统 基表 远传氧气表	个	139.14	101.75	4.35	2.45	17.31	13.28
2-6-299	能耗监测系统 采集器电源	个	125.53	92.50	4.67	0.56	15.73	12.07
2-6-300	能耗监测系统 通信接口卡	个	299.14	222.00	4.12	6.29	37.76	28.97
2-6-301	能耗监测系统 便携式抄收仪	个	51.13	37.00	3.01	0.00	6.29	4.83
2-6-302	能耗监测系统 分线器	个	34.91	24.05	3.63	0.00	4.09	3.14
2-6-303	能耗监测系统 通信接口转换器	个	78.66	55.50	4.74	1.74	9.44	7.24
2-6-304	能耗监测系统 抄表网关	个	77.20	55.50	3.81	1.21	9.44	7.24
2-6-305	能耗监测系统 电流变送器	支	245.93	185.00	5.04	0.28	31.47	24.14
2-6-306	能耗监测系统 风道式空气质量传感器	支	126.35	92.50	5.77	0.28	15.73	12.07
2-6-307	能耗监测系统 室内壁挂式空气质量传感器	支	102.41	74.00	5.60	0.56	12.59	9.66
2-6-308	能耗监测系统 风道式烟感探测器	支	126.35	92.50	5.77	0.28	15.73	12.07
2-6-309	能耗监测系统 风道式气体探测器	支	126.35	92.50	5.77	0.28	15.73	12.07
2-6-310	能耗监测系统 室内壁挂式空气传感器	支	102.07	74.00	5.60	0.22	12.59	9.66
2-6-311	能耗监测系统 防霜冻开关	支	78.00	55.50	5.60	0.22	9.44	7.24

续前

编号	项目名称	单位	基价	人工费	材料费	施工机具使用费	管理费	利润
2-6-312	能耗监测系统 风速传感器	支	103.07	74.00	6.60	0.22	12.59	9.66
2-6-313	能耗监测系统 液位开关	支	103.07	74.00	6.60	0.22	12.59	9.66
2-6-314	能耗监测系统 静压液位变送器 普通型	套	208.46	138.75	27.72	0.28	23.60	18.11
2-6-315	能耗监测系统 静压液位变送器 本安型	套	220.48	148.00	27.72	0.28	25.17	19.31
2-6-316	能耗监测系统 静压液位变送器 隔爆型	套	220.48	148.00	27.72	0.28	25.17	19.31
2-6-317	能耗监测系统 液位计 普通型	套	208.46	138.75	27.72	0.28	23.60	18.11
2-6-318	能耗监测系统 液位计 本安型	套	220.48	148.00	27.72	0.28	25.17	19.31
2-6-319	能耗监测系统 液位计 隔爆型	套	220.48	148.00	27.72	0.28	25.17	19.31
2-6-320	能耗监测系统 电磁流量计	套	442.35	333.00	4.98	4.27	56.64	43.46
2-6-321	能耗监测系统 涡街流量计	套	454.38	342.25	4.98	4.27	58.22	44.66
2-6-322	能耗监测系统 超声波流量计	套	490.48	370.00	4.98	4.27	62.94	48.29
2-6-323	能耗监测系统 弯管流量计	套	490.48	370.00	4.98	4.27	62.94	48.29
2-6-324	能耗监测系统 转子流量计	套	490.48	370.00	4.98	4.27	62.94	48.29
2-6-325	能耗监测系统 光照度传感计	套	365.94	277.50	4.47	0.56	47.20	36.21

四、视频系统工程

编号	项目名称	单位	基价	人工费	材料费	施工机具使用费	管理费	利润
2-6-326	信号采集设备安装 流媒体会议直播机	套	1216.59	925.00	4.20	9.34	157.34	120.71
2-6-327	信号采集设备安装 流媒体课程直录/播机	套	1457.21	1110.00	4.20	9.34	188.81	144.86
2-6-328	信号处理设备安装 视/音频（AV） 矩阵 4×4	台	505.40	370.00	15.02	9.15	62.94	48.29
2-6-329	信号处理设备安装 视/音频（AV） 矩阵 8×4	台	748.68	555.00	15.83	11.01	94.41	72.43
2-6-330	信号处理设备安装 视/音频（AV） 矩阵 8×8	台	995.31	740.00	16.63	16.24	125.87	96.57
2-6-331	信号处理设备安装 VGA 矩阵 4×4	台	625.70	462.50	15.02	9.15	78.67	60.36
2-6-332	信号处理设备安装 VGA 矩阵 8×4	台	917.10	684.50	15.83	11.01	116.43	89.33
2-6-333	信号处理设备安装 VGA 矩阵 8×8	台	1235.92	925.00	16.63	16.24	157.34	120.71
2-6-334	信号处理设备安装 组合矩阵（VGA＋Audio） 4×4	台	1236.30	925.00	16.63	16.62	157.34	120.71

续前

编号	项目名称	单位	基价	人工费	材料费	施工机具使用费	管理费	利润
2-6-335	信号处理设备安装 组合矩阵（VGA + Audio） 8×4	台	1843.18	1387.50	18.25	20.35	236.01	181.07
2-6-336	信号处理设备安装 组合矩阵（VGA + Audio） 8×8	台	2456.24	1850.00	19.87	30.25	314.69	241.43
2-6-337	信号处理设备安装 视/音频分配放大器 1×4	台	319.81	231.25	13.81	5.23	39.34	30.18
2-6-338	信号处理设备安装 视/音频分配放大器 1×8	台	560.81	416.25	14.21	5.23	70.80	54.32
2-6-339	信号处理设备安装 VGA 分配放大器 1×4	台	379.95	277.50	13.81	5.23	47.20	36.21
2-6-340	信号处理设备安装 VGA 分配放大器 1×8	台	693.15	518.00	14.21	5.23	88.11	67.60
2-6-341	信号处理设备安装 视/音频切换器 4×1	台	319.81	231.25	13.81	5.23	39.34	30.18
2-6-342	信号处理设备安装 视/音频切换器 8×1	台	560.81	416.25	14.21	5.23	70.80	54.32
2-6-343	信号处理设备安装 VGA 切换器 4×1	台	379.95	277.50	13.81	5.23	47.20	36.21
2-6-344	信号处理设备安装 VGA 切换器 8×1	台	620.97	462.50	14.21	5.23	78.67	60.36
2-6-345	信号处理设备安装 转换器	台	74.32	46.25	13.60	0.56	7.87	6.04
2-6-346	信号处理设备安装 VGA 转 Video/Video 转 VGA	台	98.37	64.75	13.60	0.56	11.01	8.45
2-6-347	信号处理设备安装 数字接口转换器	台	74.32	46.25	13.60	0.56	7.87	6.04
2-6-348	信号处理设备安装 融合器	台	134.46	92.50	13.60	0.56	15.73	12.07
2-6-349	信号处理设备安装 3D 图像处理器	台	261.31	185.00	13.60	7.10	31.47	24.14
2-6-350	信号处理设备安装 数字特技机	台	737.88	555.00	13.81	2.23	94.41	72.43
2-6-351	信号处理设备安装 模拟特技机	台	497.27	370.00	13.81	2.23	62.94	48.29
2-6-352	信号处理设备安装 多点控制器 MCU（单点）	台	62.28	37.00	13.60	0.56	6.29	4.83
2-6-353	信号处理设备安装 会议终端	台	206.85	148.00	13.81	0.56	25.17	19.31
2-6-354	信号处理设备安装 DVI、RGB、UTP 矩阵切换	台	1458.04	1110.00	13.81	0.56	188.81	144.86
2-6-355	信号处理设备安装 显示器 摆放 ≤50″	台	197.80	148.00	4.20	1.12	25.17	19.31
2-6-356	信号处理设备安装 显示器 摆放 >50″	台	421.04	277.50	4.20	55.93	47.20	36.21
2-6-357	信号处理设备安装 显示器 壁挂或悬挂 ≤50″	台	504.68	240.50	30.44	161.44	40.91	31.39
2-6-358	信号处理设备安装 显示器 壁挂或悬挂 >50″	台	872.28	481.00	30.44	216.25	81.82	62.77
2-6-359	信号处理设备安装 投影仪 摆放式 ≤5000 1m	台	76.38	55.50	4.20	0.00	9.44	7.24

续前

编号	项目名称	单位	基价	人工费	材料费	施工机具使用费	管理费	利润
2-6-360	信号处理设备安装 投影仪 摆放式 ＞5000 1m	台	124.50	92.50	4.20	0.00	15.73	12.07
2-6-361	信号处理设备安装 投影仪 吊装式 ≤5000 1m	台	222.92	148.00	30.44	0.00	25.17	19.31
2-6-362	信号处理设备安装 投影仪 吊装式 ＞5000 1m	台	271.05	185.00	30.44	0.00	31.47	24.14
2-6-363	信号处理设备安装 幻灯机	台	124.78	92.50	4.20	0.28	15.73	12.07
2-6-364	信号处理设备安装 展示台	台	124.78	92.50	4.20	0.28	15.73	12.07
2-6-365	信号处理设备安装 电子白板	套	495.05	370.00	4.20	9.62	62.94	48.29
2-6-366	信号处理设备安装 卷帘屏幕 ≤120″	套	519.68	370.00	35.65	2.80	62.94	48.29
2-6-367	信号处理设备安装 卷帘屏幕 ＞120″	套	1482.12	1110.00	35.65	2.80	188.81	144.86
2-6-368	信号处理设备安装 软幕	套	519.68	370.00	35.65	2.80	62.94	48.29
2-6-369	信号处理设备安装 硬质银幕、金属幕 ≤100″	套	399.36	277.50	35.65	2.80	47.20	36.21
2-6-370	信号处理设备安装 硬质银幕、金属幕 ＞100″	套	1000.89	740.00	35.65	2.80	125.87	96.57
2-6-371	信号处理设备安装 背投箱体 ≤80″	套	735.38	555.00	4.20	9.34	94.41	72.43
2-6-372	信号处理设备安装 背投箱体 ≤120″	套	1461.88	1110.00	4.20	14.01	188.81	144.86
2-6-373	信号处理设备安装 背投箱体 ＞120″	套	1947.77	1480.00	4.20	18.68	251.75	193.14
2-6-374	信号处理设备安装 拼接控制器（输入＋输出） ≤16路	套	985.32	740.00	4.20	18.68	125.87	96.57
2-6-375	信号处理设备安装 拼接控制器（输入＋输出） ≤32路	套	1480.56	1110.00	4.20	32.69	188.81	144.86
2-6-376	信号处理设备安装 拼接控制器（输入＋输出） ＞32路	套	1961.78	1480.00	4.20	32.69	251.75	193.14
2-6-377	信号处理设备安装 拼接卡（个）	套	126.37	92.50	4.20	1.87	15.73	12.07
2-6-378	信号处理设备安装 拼接屏（台） ≤50″	套	387.08	277.50	21.50	4.67	47.20	36.21
2-6-379	信号处理设备安装 拼接屏（台） ＞50″	套	510.70	370.00	24.80	4.67	62.94	48.29
2-6-380	信号处理设备安装 LED 显示屏（壁挂、吊装） 室内 双基色	m^2	410.20	277.50	30.18	19.11	47.20	36.21
2-6-381	信号处理设备安装 LED 显示屏（壁挂、吊装） 室内 全彩	m^2	650.82	462.50	30.18	19.11	78.67	60.36
2-6-382	信号处理设备安装 LED 显示屏（壁挂、吊装） 室外 全彩、双基色	m^2	773.21	555.00	30.18	21.19	94.41	72.43
2-6-383	信号处理设备安装 摄像头彩色提词器	套	122.17	92.50	0.00	1.87	15.73	12.07
2-6-384	信号处理设备安装 微机型提词器	套	147.17	111.00	0.00	2.80	18.88	14.49

续前

编号	项目名称	单位	基价	人工费	材料费	施工机具使用费	管理费	利润
2-6-385	信号处理设备安装 综合型平板提词器	m^2	195.28	148.00	0.00	2.80	25.17	19.31
2-6-386	录编设备安装 录像机/放像机	台	512.07	370.00	30.84	0.00	62.94	48.29
2-6-387	录编设备安装 编辑控制器	台	391.75	277.50	30.84	0.00	47.20	36.21
2-6-388	录编设备安装 高保真复制机	台	271.45	185.00	30.84	0.00	31.47	24.14
2-6-389	录编设备安装 硬盘放像机	台	993.28	740.00	30.84	0.00	125.87	96.57
2-6-390	视频系统设备调试 信号通道数 ≤20 个	系统	4305.27	3225.00	0.00	110.84	548.57	420.86
2-6-391	视频系统设备调试 信号通道数 >20 个，每增加 5 个	系统	356.85	258.00	0.00	21.29	43.89	33.67
2-6-392	视频系统测量 显示屏图像清晰度	系统	61.32	43.00	0.00	5.40	7.31	5.61
2-6-393	视频系统测量 显示屏亮度	系统	122.66	86.00	0.00	10.81	14.63	11.22
2-6-394	视频系统测量 显示屏对比度	系统	61.32	43.00	0.00	5.40	7.31	5.61
2-6-395	视频系统测量 视角	系统	61.32	43.00	0.00	5.40	7.31	5.61
2-6-396	视频系统测量 亮度均匀性	系统	306.65	215.00	0.00	27.02	36.57	28.06
2-6-397	视频系统测量 色度不均匀性	系统	374.46	215.00	0.00	94.83	36.57	28.06
2-6-398	视频系统测量 换帧频率(LED)	系统	113.61	86.00	0.00	1.76	14.63	11.22
2-6-399	视频系统测量 刷新频率	系统	113.61	86.00	0.00	1.76	14.63	11.22
2-6-400	视频系统测量 像素失控率(LED)	系统	285.47	215.00	0.00	5.84	36.57	28.06
2-6-401	视频系统测量 色域覆盖率(LED)	系统	149.78	86.00	0.00	37.93	14.63	11.22
2-6-402	视频系统测量 信噪比	系统	68.68	43.00	0.00	12.76	7.31	5.61
2-6-403	视频系统测量 通断比（LED）	系统	61.32	43.00	0.00	5.40	7.31	5.61
2-6-404	视频系统测量 灰度等级	系统	57.09	43.00	0.00	1.17	7.31	5.61
2-6-405	视频系统测量 平整度	系统	111.85	86.00	0.00	0.00	14.63	11.22
2-6-406	视频系统测量 图像拼接误差	系统	142.15	107.50	0.00	2.33	18.29	14.03
2-6-407	视频系统试运行	系统	25671.52	19350.00	0.00	504.90	3291.44	2525.18

五、安全防范系统工程

编号	项目名称	单位	基价	人工费	材料费	施工机具使用费	管理费	利润
2-6-408	入侵探测设备安装、调试 门磁、窗磁开关 有线	套	40.74	27.75	4.37	0.28	4.72	3.62
2-6-409	入侵探测设备安装、调试 门磁、窗磁开关 无线	套	35.65	24.05	4.37	0.00	4.09	3.14

续前

编号	项目名称	单位	基价	人工费	材料费	施工机具使用费	管理费	利润
2-6-410	入侵探测设备安装、调试 紧急脚踏开关有线	套	40.74	27.75	4.37	0.28	4.72	3.62
2-6-411	入侵探测设备安装、调试 紧急脚踏开关无线	套	35.65	24.05	4.37	0.00	4.09	3.14
2-6-412	入侵探测设备安装、调试 紧急手动开关有线	套	40.74	27.75	4.37	0.28	4.72	3.62
2-6-413	入侵探测设备安装、调试 紧急手动开关无线	套	33.53	22.20	4.37	0.28	3.78	2.90
2-6-414	入侵探测设备安装、调试 主动红外探测器（对）	套	365.56	277.50	4.37	0.28	47.20	36.21
2-6-415	入侵探测设备安装、调试 被动红外探测器 有线	套	197.13	148.00	4.37	0.28	25.17	19.31
2-6-416	入侵探测设备安装、调试 被动红外探测器 无线	套	172.80	129.50	4.37	0.00	22.03	16.90
2-6-417	入侵探测设备安装、调试 红外幕帘探测器	套	365.56	277.50	4.37	0.28	47.20	36.21
2-6-418	入侵探测设备安装、调试 多技术复合探测器 吸顶	套	365.56	277.50	4.37	0.28	47.20	36.21
2-6-419	入侵探测设备安装、调试 多技术复合探测器 壁装	套	437.75	333.00	4.37	0.28	56.64	43.46
2-6-420	入侵探测设备安装、调试 多技术复合探测器 长距离	套	485.88	370.00	4.37	0.28	62.94	48.29
2-6-421	入侵探测设备安装、调试 微波探测器	套	245.26	185.00	4.37	0.28	31.47	24.14
2-6-422	入侵探测设备安装、调试 微波墙式探测器（对）	套	317.45	240.50	4.37	0.28	40.91	31.39
2-6-423	入侵探测设备安装、调试 超声波探测器	套	293.38	222.00	4.37	0.28	37.76	28.97
2-6-424	入侵探测设备安装、调试 激光探测器（一收、一发）	套	365.56	277.50	4.37	0.28	47.20	36.21
2-6-425	入侵探测设备安装、调试 玻璃破碎探测器	套	293.38	222.00	4.37	0.28	37.76	28.97
2-6-426	入侵探测设备安装、调试 振动探测器	套	317.45	240.50	4.37	0.28	40.91	31.39
2-6-427	入侵探测设备安装、调试 电子围栏控制器	套	606.18	462.50	4.37	0.28	78.67	60.36
2-6-428	入侵探测设备安装、调试 无线按钮控制器	套	52.77	37.00	4.37	0.28	6.29	4.83
2-6-429	入侵探测设备安装、调试 振动泄漏电缆	m	36.74	27.75	0.65	0.00	4.72	3.62
2-6-430	入侵探测设备安装、调试 电子围栏（延长米）	套	49.09	37.00	0.97	0.00	6.29	4.83
2-6-431	入侵探测设备安装、调试 驻波探测器	套	365.56	277.50	4.37	0.28	47.20	36.21
2-6-432	入侵探测设备安装、调试 泄漏电缆控制器（不含线缆）	套	365.56	277.50	4.37	0.28	47.20	36.21

续前

编号	项目名称	单位	基价	人工费	材料费	施工机具使用费	管理费	利润
2-6-433	入侵探测设备安装、调试 无线报警探测器	套	341.51	259.00	4.37	0.28	44.06	33.80
2-6-434	入侵探测设备安装、调试 感应式控制器（不含线） 振动电缆控制器	套	606.18	462.50	4.37	0.28	78.67	60.36
2-6-435	入侵探测设备安装、调试 报警声音复核装置（声音探头）	套	124.95	92.50	4.37	0.28	15.73	12.07
2-6-436	入侵探测设备安装、调试 无线传输报警按钮	套	64.72	46.25	4.28	0.28	7.87	6.04
2-6-437	入侵探测设备安装、调试 探测器支架安装	套	48.73	37.00	0.61	0.00	6.29	4.83
2-6-438	入侵探测设备安装、调试 多线制报警控制器 ≤8路	套	1934.40	1480.00	6.72	2.79	251.75	193.14
2-6-439	入侵探测设备安装、调试 多线制报警控制器 ≤16路	套	2418.71	1850.00	9.24	3.35	314.69	241.43
2-6-440	入侵探测设备安装、调试 多线制报警控制器 ≤32路	套	3026.38	2312.50	14.28	4.46	393.36	301.78
2-6-441	入侵探测设备安装、调试 多线制报警控制器 ≤64路	套	3879.72	2960.00	24.36	5.58	503.50	386.28
2-6-442	入侵探测设备安装、调试 总线制报警控制器 ≤8路	套	1453.18	1110.00	6.72	2.79	188.81	144.86
2-6-443	入侵探测设备安装、调试 总线制报警控制器 ≤16路	套	2178.09	1665.00	9.24	3.35	283.22	217.28
2-6-444	入侵探测设备安装、调试 总线制报警控制器 ≤32路	套	2665.46	2035.00	14.28	4.46	346.15	265.57
2-6-445	入侵探测设备安装、调试 总线制报警控制器 ≤64路	套	3398.50	2590.00	24.36	5.58	440.56	338.00
2-6-446	入侵探测设备安装、调试 总线制报警控制器 ≤128路	套	4151.52	3145.00	44.40	16.74	534.96	410.42
2-6-447	入侵探测设备安装、调试 总线制报警控制器 ≤256路	套	5385.75	4070.00	64.40	27.90	692.31	531.14
2-6-448	入侵探测设备安装、调试 地址模块 ≤2路	套	77.55	55.50	4.81	0.56	9.44	7.24
2-6-449	入侵探测设备安装、调试 地址模块 ≤4路	套	102.22	74.00	5.41	0.56	12.59	9.66
2-6-450	入侵探测设备安装、调试 地址模块 ≤8路	套	152.10	111.00	6.61	1.12	18.88	14.49
2-6-451	入侵探测设备安装、调试 有线对讲主机 ≤8路	套	977.26	740.00	9.24	5.58	125.87	96.57
2-6-452	入侵探测设备安装、调试 有线对讲主机 ≤16路	套	1827.23	1387.50	14.28	8.37	236.01	181.07
2-6-453	入侵探测设备安装、调试 用户机	套	77.27	55.50	4.81	0.28	9.44	7.24
2-6-454	入侵探测设备安装、调试 警灯、警铃、警号	套	28.54	18.50	4.20	0.28	3.15	2.41
2-6-455	入侵探测设备安装、调试 有线报警信号前端传输设备（不含线缆） 电话线传输发送器	套	727.21	555.00	4.81	0.56	94.41	72.43

续前

编号	项目名称	单位	基价	人工费	材料费	施工机具使用费	管理费	利润
2-6-456	入侵探测设备安装、调试 有线报警信号前端传输设备（不含线缆） 电源线传输发送器	套	727.21	555.00	4.81	0.56	94.41	72.43
2-6-457	入侵探测设备安装、调试 有线报警信号前端传输设备（不含线缆） 专线传输发送器	套	727.21	555.00	4.81	0.56	94.41	72.43
2-6-458	入侵探测设备安装、调试 有线报警信号前端传输设备（不含线缆） 网络传输接口	套	125.67	92.50	4.81	0.56	15.73	12.07
2-6-459	入侵探测设备安装、调试 联动通信接口	套	366.28	277.50	4.81	0.56	47.20	36.21
2-6-460	入侵探测设备安装、调试 报警信号接收机（不含线缆） 专线传输接收机	系统	849.74	647.50	4.81	2.79	110.14	84.50
2-6-461	入侵探测设备安装、调试 报警信号接收机（不含线缆） 电话线接收机	系统	849.74	647.50	4.81	2.79	110.14	84.50
2-6-462	入侵探测设备安装、调试 报警信号接收机（不含线缆） 电源线接收机	系统	1090.35	832.50	4.81	2.79	141.61	108.64
2-6-463	入侵探测设备安装、调试 报警信号接收机（不含线缆） 无线门磁开关接收器	系统	970.04	740.00	4.81	2.79	125.87	96.57
2-6-464	入侵探测设备安装、调试 报警信号接收机（不含线缆） 共用天线信号接收机	系统	849.74	647.50	4.81	2.79	110.14	84.50
2-6-465	入侵探测设备安装、调试 无线报警发送、接收设备 发送设备 ≤ 2W	套	493.00	370.00	9.36	2.41	62.94	48.29
2-6-466	入侵探测设备安装、调试 无线报警发送、接收设备 发送设备 ≤ 5W	套	733.61	555.00	9.36	2.41	94.41	72.43
2-6-467	入侵探测设备安装、调试 无线报警发送、接收设备 无线报警接收设备	套	731.04	555.00	9.20	0.00	94.41	72.43
2-6-468	出入口设备安装、调试 读卡器不带键盘	台	125.23	92.50	4.37	0.56	15.73	12.07
2-6-469	出入口设备安装、调试 读卡器带键盘	台	173.36	129.50	4.37	0.56	22.03	16.90
2-6-470	出入口设备安装、调试 人体生物特征识别系统 采集器	台	124.95	92.50	4.37	0.28	15.73	12.07
2-6-471	出入口设备安装、调试 人体生物特征识别系统 识别器	台	293.38	222.00	4.37	0.28	37.76	28.97
2-6-472	出入口设备安装、调试 密码键盘	台	124.95	92.50	4.37	0.28	15.73	12.07
2-6-473	出入口设备安装、调试 出入门按钮	台	24.06	18.50	0.00	0.00	3.15	2.41
2-6-474	出入口设备安装、调试 门禁控制器 单门	台	248.24	185.00	6.51	1.12	31.47	24.14

续前

编号	项目名称	单位	基价	人工费	材料费	施工机具使用费	管理费	利润
2-6-475	出入口设备安装、调试 门禁控制器 双门	台	443.67	333.00	8.34	2.23	56.64	43.46
2-6-476	出入口设备安装、调试 门禁控制器 四门	台	785.33	592.00	12.02	3.35	100.70	77.26
2-6-477	出入口设备安装、调试 门禁控制器 八门	台	1349.06	1017.50	20.12	5.58	173.08	132.78
2-6-478	出入口设备安装、调试 门禁控制器 十六门	台	2093.22	1572.50	36.87	11.16	267.48	205.21
2-6-479	出入口设备安装、调试 电控锁	台	101.40	74.00	4.98	0.17	12.59	9.66
2-6-480	出入口设备安装、调试 电磁吸力锁	台	89.36	64.75	4.98	0.17	11.01	8.45
2-6-481	出入口设备安装、调试 电子密码锁	台	125.45	92.50	4.98	0.17	15.73	12.07
2-6-482	出入口设备安装、调试 自动闭门器	台	52.49	37.00	4.37	0.00	6.29	4.83
2-6-483	电子巡更系统安装、调试 信息钮	套	24.06	18.50	0.00	0.00	3.15	2.41
2-6-484	电子巡更系统安装、调试 通信钮	套	361.19	277.50	0.00	0.28	47.20	36.21
2-6-485	电视监控摄像设备安装、调试 彩色、黑白摄像机（含拍照功能）	台	185.47	138.75	4.29	0.72	23.60	18.11
2-6-486	电视监控摄像设备安装、调试 半球形摄像机	台	207.29	155.40	4.46	0.72	26.43	20.28
2-6-487	电视监控摄像设备安装、调试 球形摄像机 室内	台	259.41	194.25	4.29	2.48	33.04	25.35
2-6-488	电视监控摄像设备安装、调试 球形摄像机 室外	台	343.63	259.00	4.29	2.48	44.06	33.80
2-6-489	电视监控摄像设备安装、调试 防爆摄像机	台	368.71	277.50	5.32	2.48	47.20	36.21
2-6-490	电视监控摄像设备安装、调试 微型摄像机	台	342.31	259.00	4.29	1.16	44.06	33.80
2-6-491	电视监控摄像设备安装、调试 室内外云台摄像机	台	392.56	297.85	4.46	0.72	50.66	38.87
2-6-492	电视监控摄像设备安装、调试 高速智能球型摄像机	台	477.73	362.60	4.53	1.60	61.68	47.32
2-6-493	电视监控摄像设备安装、调试 微光摄像机	台	428.08	323.75	4.53	2.48	55.07	42.25
2-6-494	电视监控摄像设备安装、调试 红外光源摄像机	台	343.87	259.00	4.53	2.48	44.06	33.80
2-6-495	电视监控摄像设备安装、调试 X 光摄像机	台	175.44	129.50	4.53	2.48	22.03	16.90
2-6-496	电视监控摄像设备安装、调试 定焦距 手动光圈镜头	台	48.56	37.00	0.00	0.44	6.29	4.83
2-6-497	电视监控摄像设备安装、调试 定焦距 自动光圈镜头	台	72.62	55.50	0.00	0.44	9.44	7.24
2-6-498	电视监控摄像设备安装、调试 变焦变倍自动光圈镜头	台	101.50	77.70	0.00	0.44	13.22	10.14
2-6-499	电视监控摄像设备安装、调试 变焦变倍电动光圈镜头	台	84.65	64.75	0.00	0.44	11.01	8.45

续前

编号	项目名称	单位	基价	人工费	材料费	施工机具使用费	管理费	利润
2-6-500	电视监控摄像设备安装、调试 摄像机小孔镜头 明装	台	144.81	111.00	0.00	0.44	18.88	14.49
2-6-501	电视监控摄像设备安装、调试 摄像机小孔镜头 暗装	台	241.05	185.00	0.00	0.44	31.47	24.14
2-6-502	电视监控摄像设备安装、调试 摄像机防护罩 普通	套	39.03	27.75	2.94	0.00	4.72	3.62
2-6-503	电视监控摄像设备安装、调试 摄像机防护罩 密封	套	63.10	46.25	2.94	0.00	7.87	6.04
2-6-504	电视监控摄像设备安装、调试 摄像机防护罩 全天候	套	183.40	138.75	2.94	0.00	23.60	18.11
2-6-505	电视监控摄像设备安装、调试 摄像机防护罩 防爆	套	147.31	111.00	2.94	0.00	18.88	14.49
2-6-506	电视监控摄像设备安装、调试 摄像机支架 壁式	套	122.59	74.00	26.34	0.00	12.59	9.66
2-6-507	电视监控摄像设备安装、调试 摄像机支架 悬挂式	套	170.71	111.00	26.34	0.00	18.88	14.49
2-6-508	电视监控摄像设备安装、调试 摄像机支架 立柱式	套	141.83	88.80	26.34	0.00	15.10	11.59
2-6-509	电视监控摄像设备安装、调试 摄像机云台（载重量）≤8kg	套	194.26	148.00	1.22	0.56	25.17	19.31
2-6-510	电视监控摄像设备安装、调试 摄像机云台（载重量）≤25kg	台	643.95	370.00	1.84	160.88	62.94	48.29
2-6-511	电视监控摄像设备安装、调试 摄像机云台（载重量）≤45kg	台	819.06	462.50	1.84	215.69	78.67	60.36
2-6-512	电视监控摄像设备安装、调试 云台控制器	台	299.20	222.00	5.55	4.92	37.76	28.97
2-6-513	电视监控摄像设备安装、调试 照明灯（含红外灯）	台	77.24	55.50	4.50	0.56	9.44	7.24
2-6-514	电视监控摄像设备安装、调试 控制台和监视器柜架 单联控制台机架	台	428.63	277.50	9.19	58.53	47.20	36.21
2-6-515	电视监控摄像设备安装、调试 控制台和监视器柜架 双联控制台机架	台	545.85	370.00	9.19	55.43	62.94	48.29
2-6-516	电视监控摄像设备安装、调试 控制台和监视器柜架 监视器柜	台	658.93	456.95	9.19	55.43	77.73	59.63
2-6-517	电视监控摄像设备安装、调试 控制台和监视器柜架 监视器吊架	台	251.03	185.00	9.80	0.62	31.47	24.14
2-6-518	电视监控摄像设备安装、调试 电源	台	49.03	37.00	0.91	0.00	6.29	4.83
2-6-519	电视监控摄像设备安装、调试 视频切换器 4×1	台	156.52	116.55	4.37	0.56	19.83	15.21
2-6-520	电视监控摄像设备安装、调试 视频切换器 8×1	台	276.82	209.05	4.37	0.56	35.56	27.28
2-6-521	电视监控摄像设备安装、调试 微机矩阵切换设备 ≤8路	台	491.68	370.00	4.37	6.08	62.94	48.29

续前

编号	项目名称	单位	基价	人工费	材料费	施工机具使用费	管理费	利润
2-6-522	电视监控摄像设备安装、调试 微机矩阵切换设备 ≤16 路	台	732.85	555.00	4.37	6.64	94.41	72.43
2-6-523	电视监控摄像设备安装、调试 微机矩阵切换设备 ≤32 路	台	1215.18	925.00	4.37	7.76	157.34	120.71
2-6-524	电视监控摄像设备安装、调试 微机矩阵切换设备 ≤64 路	台	1949.57	1480.00	13.57	11.11	251.75	193.14
2-6-525	电视监控摄像设备安装、调试 微机矩阵切换设备 ≤128 路	台	2681.44	2035.00	13.57	21.15	346.15	265.57
2-6-526	电视监控摄像设备安装、调试 微机矩阵切换设备 ≤256 路	台	3643.89	2775.00	13.57	21.15	472.03	362.14
2-6-527	电视监控摄像设备安装、调试 多画面分割器（合成器） 4 画面	台	150.41	111.00	4.37	1.67	18.88	14.49
2-6-528	电视监控摄像设备安装、调试 多画面分割器（合成器） 9 画面	台	318.84	240.50	4.37	1.67	40.91	31.39
2-6-529	电视监控摄像设备安装、调试 多画面分割器（合成器） 16 画面	台	511.88	388.50	4.37	2.23	66.08	50.70
2-6-530	电视监控摄像设备安装、调试 多画面分割器（合成器） 24 画面	台	608.13	462.50	4.37	2.23	78.67	60.36
2-6-531	电视监控摄像设备安装、调试 监视管理系统（多画面）16 入/1 出	台	721.84	555.00	0.00	0.00	94.41	72.43
2-6-532	电视监控摄像设备安装、调试 监视管理系统（多画面）256 入/16 出	台	1203.05	925.00	0.00	0.00	157.34	120.71
2-6-533	电视监控摄像设备安装、调试 音频、视频及脉冲分配器 ≤6 路	台	379.89	277.50	13.57	5.41	47.20	36.21
2-6-534	电视监控摄像设备安装、调试 音频、视频及脉冲分配器 ≤12 路	台	502.08	370.00	13.57	7.28	62.94	48.29
2-6-535	电视监控摄像设备安装、调试 音频、视频及脉冲分配器 ≤24 路	台	746.42	555.00	13.57	11.01	94.41	72.43
2-6-536	电视监控摄像设备安装、调试 视频补偿器 ≤3 通道	台	160.28	111.00	13.57	2.34	18.88	14.49
2-6-537	电视监控摄像设备安装、调试 视频补偿器 ≤6 通道	台	378.22	277.50	13.57	3.74	47.20	36.21
2-6-538	电视监控摄像设备安装、调试 视频传输设备 多路遥控发射设备	台	973.62	740.00	4.37	6.81	125.87	96.57
2-6-539	电视监控摄像设备安装、调试 视频传输设备 接收设备	台	730.88	555.00	4.37	4.67	94.41	72.43
2-6-540	电视监控摄像设备安装、调试 视频传输设备 编码器、解码器 ≤4 路	台	103.05	74.00	4.37	2.43	12.59	9.66
2-6-541	电视监控摄像设备安装、调试 视频传输设备 编码器、解码器 >4 路	台	206.06	148.00	8.73	4.85	25.17	19.31
2-6-542	电视监控摄像设备安装、调试 双绞线视频传输系统 发送器	台	193.04	148.00	0.00	0.56	25.17	19.31
2-6-543	电视监控摄像设备安装、调试 双绞线视频传输系统 接收器	台	241.17	185.00	0.00	0.56	31.47	24.14
2-6-544	电视监控摄像设备安装、调试 录像设备不带编辑机	台	172.80	129.50	4.37	0.00	22.03	16.90

续前

编号	项目名称	单位	基价	人工费	材料费	施工机具使用费	管理费	利润
2-6-545	电视监控摄像设备安装、调试 录像设备带编辑机	台	365.28	277.50	4.37	0.00	47.20	36.21
2-6-546	电视监控摄像设备安装、调试 录像设备时滞录像机	台	172.80	129.50	4.37	0.00	22.03	16.90
2-6-547	电视监控摄像设备安装、调试 录像设备磁带录像机	台	148.74	111.00	4.37	0.00	18.88	14.49
2-6-548	电视监控摄像设备安装、调试 视频服务器 ≤50 路视频	台	1967.12	1480.00	11.54	30.69	251.75	193.14
2-6-549	电视监控摄像设备安装、调试 视频服务器 ≤100 路视频	台	3670.95	2775.00	12.41	49.37	472.03	362.14
2-6-550	电视监控摄像设备安装、调试 视频服务器 ≤200 路视频	台	4903.79	3700.00	14.18	77.39	629.37	482.85
2-6-551	电视监控摄像设备安装、调试 中心控制器	台	4812.38	3700.00	0.16	0.00	629.37	482.85
2-6-552	电视监控摄像设备安装、调试 主控键盘	台	192.48	148.00	0.00	0.00	25.17	19.31
2-6-553	安全防范分系统调试 入侵报警系统 ≤30 点	系统	5616.22	4300.00	0.00	23.64	731.43	561.15
2-6-554	安全防范分系统调试 入侵报警系统 ＞30 点，每增加 5 个点	系统	701.43	537.50	0.00	2.36	91.43	70.14
2-6-555	安全防范分系统调试 电视监视系统 ≤50 台	系统	7017.16	5375.00	0.00	26.43	914.29	701.44
2-6-556	安全防范分系统调试 电视监视系统 ＞50 台，每增加 10 台	系统	702.55	537.50	0.00	3.48	91.43	70.14
2-6-557	安全防范分系统调试 出入口控制系统 ≤50 门	系统	6210.00	4730.00	0.00	58.16	804.57	617.27
2-6-558	安全防范分系统调试 出入口控制系统 ＞50 门，每增加 5 门	系统	507.33	387.00	0.00	4.00	65.83	50.50
2-6-559	安全防范分系统调试 电子巡更 ≤50 个点	系统	3361.13	2580.00	0.00	5.58	438.86	336.69
2-6-560	安全防范分系统调试 电子巡更 ＞50 个点，每增加 50 个点	系统	700.19	537.50	0.00	1.12	91.43	70.14
2-6-561	安全防范分系统调试 管理系统 ≤2 进 2 出	系统	985.45	752.50	0.00	6.75	128.00	98.20
2-6-562	安全防范分系统调试 管理系统 增加 1 进 1 出	系统	280.98	215.00	0.00	1.35	36.57	28.06
2-6-563	安全防范系统联合调试 ≤200 点	系统	7262.36	5375.00	21.56	250.07	914.29	701.44
2-6-564	安全防范系统联合调试 ≤400 点	系统	13099.55	9675.00	42.19	474.05	1645.72	1262.59
2-6-565	安全防范系统联合调试 ≤600 点	系统	20334.23	15050.00	62.16	698.03	2560.01	1964.03
2-6-566	安全防范系统联合调试 ≤800 点	系统	26150.32	19350.00	82.49	901.21	3291.44	2525.18
2-6-567	安全防范系统联合调试 ≤1000 点	系统	32002.54	23650.00	102.64	1140.70	4022.87	3086.33
2-6-568	安全防范系统联合调试 ＞1000 点，每增加 100 点	系统	2892.02	2150.00	10.36	85.36	365.72	280.58
2-6-569	安全防范系统试运行 ≤200 点	系统	12742.74	9675.00	5.58	153.85	1645.72	1262.59
2-6-570	安全防范系统试运行 ＞200 点，每增加 200 点	系统	4252.32	3225.00	2.23	55.66	548.57	420.86

六、过程检测仪表

编号	项目名称	单位	基价	人工费	材料费	施工机具使用费	管理费	利润
2-6-571	温度仪表 膨胀式温度计 工业液体温度计	支	48.61	21.83	19.85	0.37	3.71	2.85
2-6-572	温度仪表 膨胀式温度计 双金属温度计	支	60.77	24.79	28.05	0.47	4.22	3.24
2-6-573	温度仪表 膨胀式温度计 电接点双金属温度计	支	139.85	83.25	28.46	3.12	14.16	10.86
2-6-574	温度仪表 温度开关	支	116.21	71.97	20.12	2.49	12.24	9.39
2-6-575	温度仪表 温度控制器	支	80.63	59.76	0.27	2.63	10.17	7.80
2-6-576	温度仪表 接触式光纤温度计	支	124.43	79.18	20.12	1.33	13.47	10.33
2-6-577	温度仪表 辐射温度计 在线红外线温度计	支	87.95	57.91	11.38	1.25	9.85	7.56
2-6-578	温度仪表 辐射温度计 光电比色温度计	支	84.80	55.69	11.25	1.12	9.47	7.27
2-6-579	温度仪表 辐射温度计 轻型辅助装置	支	194.48	130.80	23.99	0.37	22.25	17.07
2-6-580	温度仪表 辐射温度计 重型辅助装置	支	296.95	208.31	25.66	0.37	35.43	27.18
2-6-581	温度仪表 压力式温度变送器/控制器/控制开关 电远传变送	支	143.28	95.28	11.31	8.05	16.21	12.43
2-6-582	温度仪表 压力式温度变送器/控制器/控制开关 气远传变送	支	169.73	97.31	41.05	2.12	16.55	12.70
2-6-583	温度仪表 热电偶（阻）普通式	支	100.06	54.58	27.95	1.13	9.28	7.12
2-6-584	温度仪表 热电偶（阻）耐磨式	支	110.16	62.16	28.19	1.13	10.57	8.11
2-6-585	温度仪表 热电偶（阻）吹气式	支	214.94	118.77	58.34	2.13	20.20	15.50
2-6-586	温度仪表 热电偶（阻）油罐平均温度计	支	525.91	321.72	103.08	4.41	54.72	41.98
2-6-587	温度仪表 热电偶（阻）室内固定式	支	90.83	52.73	21.12	1.13	8.97	6.88
2-6-588	物位检测仪表 磁翻板浮子液位计现场就地安装（测量范围 m 以下） 远传变送器	台	315.20	203.32	12.66	38.11	34.58	26.53
2-6-589	物位检测仪表 浮标（子）液位计	台	391.66	269.18	33.80	7.76	45.79	35.13
2-6-590	物位检测仪表 浮球液位控制器/液位开关	台	175.20	113.78	20.33	6.89	19.35	14.85
2-6-591	物位检测仪表 光电式液位开关	台	272.28	164.47	40.72	17.65	27.98	21.46
2-6-592	物位检测仪表 音叉物位开关	台	220.94	140.42	31.24	7.07	23.89	18.32

续前

编号	项目名称	单位	基价	人工费	材料费	施工机具使用费	管理费	利润
2-6-593	物位检测仪表 可编程雷达液位计 带导波管	台	1262.72	843.05	36.18	130.07	143.40	110.02
2-6-594	物位检测仪表 可编程雷达液位计 不带导波管	台	947.82	613.65	36.04	113.67	104.38	80.08
2-6-595	物位检测仪表 钢带液位计 现场指示积算	台	1826.66	1081.51	357.68	62.37	183.96	141.14
2-6-596	物位检测仪表 钢带液位计 电变送远传	台	2217.29	1337.00	361.71	116.68	227.42	174.48
2-6-597	物位检测仪表 钢带液位计 光电变送远传	台	2295.89	1355.50	361.97	170.96	230.57	176.89
2-6-598	物位检测仪表 浮筒液位计 现场指示 外浮筒	台	561.71	363.16	42.44	46.95	61.77	47.39
2-6-599	物位检测仪表 浮筒液位计 现场指示 内浮筒	台	348.19	216.45	19.72	46.95	36.82	28.25
2-6-600	物位检测仪表 浮筒液位计 变送器 电动	台	231.02	156.33	2.80	24.90	26.59	20.40
2-6-601	物位检测仪表 浮筒液位计 变送器 气动	台	266.75	165.02	31.63	20.49	28.07	21.54
2-6-602	物位检测仪表 多功能储罐液位计	台	1567.43	1034.15	34.19	188.22	175.91	134.96
2-6-603	物位检测仪表 阻旋式物位计料位开关	台	248.62	161.69	21.78	16.55	27.50	21.10
2-6-604	物位检测仪表 重锤探测物位计	台	2611.26	1191.03	832.40	229.81	202.59	155.43
2-6-605	物位检测仪表 贮罐液位称重仪	台	3168.59	1416.92	1023.59	302.15	241.02	184.91
2-6-606	物位检测仪表 多功能磁致伸缩液位计	台	1774.19	1169.76	36.55	216.25	198.98	152.65
2-6-607	物位检测仪表 伺服式物位计	台	1518.54	980.69	50.69	192.36	166.82	127.98
2-6-608	物位检测仪表 电接触式液位计（电极） 10 只以下	台	469.13	339.29	26.37	1.48	57.71	44.28
2-6-609	物位检测仪表 电接触式液位计（电极） 10 只以上	台	771.93	568.51	30.30	2.23	96.70	74.19
2-6-610	物位检测仪表 光导电子液位计	台	1325.41	865.62	35.27	164.32	147.24	112.96
2-6-611	物位检测仪表 射频导纳液位计/物位开关	台	425.95	227.18	74.86	55.62	38.64	29.65
2-6-612	物位检测仪表 电容式物位计/物位开关	台	350.75	175.94	89.01	32.91	29.93	22.96
2-6-613	物位检测仪表 电阻式物位计/信号器	台	253.45	165.21	20.83	17.75	28.10	21.56
2-6-614	物位检测仪表 超声波物位计物位开关	台	509.17	332.08	32.06	45.20	56.49	43.34
2-6-615	物位检测仪表 放射性物位计	台	2004.14	1347.73	62.25	189.03	229.25	175.88
2-6-616	物位检测仪表 差压开关	台	276.91	142.82	83.06	8.10	24.29	18.64

续前

编号	项目名称	单位	基价	人工费	材料费	施工机具使用费	管理费	利润
2-6-617	物位检测仪表 吹气装置	台	298.66	142.82	112.54	0.37	24.29	18.64
2-6-618	显示记录仪表 数字显示仪表 单点数显仪	台	334.98	168.35	2.66	113.36	28.64	21.97
2-6-619	显示记录仪表 数字显示仪表 数显调节仪	台	386.03	194.81	2.95	129.71	33.14	25.42
2-6-620	显示记录仪表 数字显示仪表 多屏幕数显仪	台	464.94	234.03	3.97	156.59	39.81	30.54
2-6-621	显示记录仪表 多功能、多通道、多笔记录仪	台	652.14	325.60	7.94	220.73	55.38	42.49
2-6-622	显示记录仪表 X～Y函数记录仪	台	514.02	256.78	3.46	176.59	43.68	33.51
2-6-623	显示记录仪表 多通道无纸记录仪	台	492.07	248.46	3.20	165.73	42.26	32.42
2-6-624	显示记录仪表 电位差计/平衡电桥（指示、记录、报警） 单点	台	286.94	193.70	3.12	31.89	32.95	25.28
2-6-625	显示记录仪表 电位差计/平衡电桥（指示、记录、报警） 多点	台	367.01	245.50	6.38	41.33	41.76	32.04
2-6-626	显示记录仪表 电位差计/平衡电桥（指示、记录、报警） 带电动PID调节器	台	389.05	259.56	7.41	44.06	44.15	33.87
2-6-627	显示记录仪表 电位差计/平衡电桥（指示、记录、报警） 带气动调节器	台	419.28	246.61	51.01	47.53	41.95	32.18
2-6-628	显示记录仪表 电位差计/平衡电桥（指示、记录、报警） 带顺序控制器	台	390.42	259.56	8.78	44.06	44.15	33.87
2-6-629	显示记录仪表 电位差计/平衡电桥（指示、记录、报警） 带模数转换装置	台	367.35	246.61	6.40	40.21	41.95	32.18
2-6-630	显示记录仪表 单电双针指示仪	台	166.14	114.89	1.18	15.54	19.54	14.99
2-6-631	显示记录仪表 电单双针记录仪	台	194.93	136.16	1.18	16.66	23.16	17.77
2-6-632	显示记录仪表 电单双针报警仪	台	200.64	138.01	1.45	19.69	23.48	18.01
2-6-633	显示记录仪表 电多点指示记录仪	台	287.18	199.43	1.73	26.07	33.92	26.03
2-6-634	显示记录仪表 电积算器	台	199.93	137.09	1.32	20.31	23.32	17.89
2-6-635	显示记录仪表 气动积算器	台	246.23	159.47	31.49	7.33	27.13	20.81
2-6-636	显示记录仪表 气动指示记录仪	台	265.57	171.68	32.03	10.26	29.20	22.40
2-6-637	显示记录仪表 气动色带、条形指示仪	台	240.26	155.22	31.49	6.89	26.40	20.26
2-6-638	显示记录仪表 气动报警器	台	227.81	146.52	31.22	6.03	24.92	19.12
2-6-639	显示记录仪表 气动多针指示仪	台	293.69	173.35	61.28	6.95	29.49	22.62

七、过程控制仪表

编号	项目名称	单位	基价	人工费	材料费	施工机具使用费	管理费	利润
2-6-640	仪表回路模拟试验 温度检测回路	套	103.32	68.27	1.03	13.50	11.61	8.91
2-6-641	仪表回路模拟试验 压力检测回路	套	153.33	91.21	1.42	33.29	15.51	11.90
2-6-642	仪表回路模拟试验 流量检测回路	套	171.59	114.52	1.80	20.85	19.48	14.94
2-6-643	仪表回路模拟试验 差压式流量/液位检测回路	套	207.76	132.09	2.06	33.90	22.47	17.24
2-6-644	仪表回路模拟试验 物位检测回路	套	247.00	165.58	2.57	29.07	28.17	21.61
2-6-645	仪表回路模拟试验 多点检测回路（点内） 4	套	191.77	117.66	1.80	36.95	20.01	15.35
2-6-646	仪表回路模拟试验 多点检测回路（点内） 6	套	242.28	149.11	2.32	46.03	25.36	19.46
2-6-647	仪表回路模拟试验 多点检测回路（点内） 10	套	293.14	180.75	2.83	55.22	30.75	23.59
2-6-648	仪表回路模拟试验 多点检测回路（点内） 20	套	343.74	212.38	3.35	64.16	36.13	27.72
2-6-649	仪表回路模拟试验 简单回路	套	342.05	196.29	3.09	83.66	33.39	25.62
2-6-650	仪表回路模拟试验 复杂回路双回路	套	584.43	336.33	5.28	141.72	57.21	43.89
2-6-651	仪表回路模拟试验 复杂回路多回路	套	826.81	476.56	7.47	199.53	81.06	62.19
2-6-652	仪表回路模拟试验 手操回路	套	165.77	94.35	1.54	41.52	16.05	12.31
2-6-653	仪表回路模拟试验 无线传输回路（接发点）	套	428.04	275.84	4.63	64.65	46.92	36.00

八、过程分析及环境监测装置

编号	项目名称	单位	基价	人工费	材料费	施工机具使用费	管理费	利润
2-6-654	过程分析系统 电化学式分析仪 氧含量分析仪	套	1378.16	940.91	74.23	80.18	160.05	122.79
2-6-655	物性检测装置 湿度分析	套	1067.12	752.03	15.10	73.93	127.92	98.14

九、安全、视频及控制系统

编号	项目名称	单位	基价	人工费	材料费	施工机具使用费	管理费	利润
2-6-656	安全监测装置 可燃气体报警器	套	477.69	308.40	15.61	60.97	52.46	40.25
2-6-657	安全监测装置 有毒气体报警装置	套	532.45	343.55	16.01	69.62	58.44	44.83
2-6-658	安全监测装置 多点气体报警装置	套	796.15	515.97	18.23	106.85	87.77	67.33
2-6-659	安全监测装置 火焰监视器	套	1139.63	712.07	19.25	194.26	121.12	92.93
2-6-660	安全监测装置 燃烧安全保护装置	套	2229.41	1373.07	26.93	416.66	233.56	179.19
2-6-661	安全监测装置 固定式点火装置	套	1470.51	878.75	22.64	304.96	149.48	114.68
2-6-662	安全监测装置 自动点火系统	套	2277.24	1397.49	27.76	431.91	237.71	182.37
2-6-663	安全监测装置 漏油检测装置	套	1299.10	786.81	20.83	254.94	133.84	102.68
2-6-664	安全监测装置 高阻检漏装置	套	1402.19	826.95	22.70	303.96	140.66	107.92
2-6-665	安全监测装置 粉尘布袋检漏装置	套	2110.44	1323.49	35.71	353.39	225.13	172.72
2-6-666	工业电视和视频监控系统 显示器安装调试 台装	台	430.22	308.77	6.19	22.45	52.52	40.29
2-6-667	工业电视和视频监控系统 显示器安装调试 棚顶吊装	台	583.56	423.10	10.78	22.50	71.97	55.21
2-6-668	工业电视和视频监控系统 显示器安装调试 盘装	台	464.14	334.30	6.90	22.45	56.86	43.63
2-6-669	工业电视和视频监控系统 大屏幕组合显示墙	m^2	256.99	187.04	9.47	4.25	31.82	24.41
2-6-670	工业电视和视频监控系统 模拟屏装置安装 柜式	m^2	186.16	135.79	8.96	0.59	23.10	17.72
2-6-671	工业电视和视频监控系统 模拟屏装置安装 壁式	m^2	186.01	139.86	3.52	0.59	23.79	18.25
2-6-672	工业电视和视频监控系统 模拟屏装置试验（信号输入点以下）20	m^2	197.73	141.53	2.19	11.47	24.07	18.47
2-6-673	工业电视和视频监控系统 模拟屏装置试验（信号输入点以下）80	m^2	790.77	566.29	8.50	45.75	96.33	73.90
2-6-674	工业电视和视频监控系统 模拟屏装置试验（信号输入点以下）120	m^2	1186.31	849.52	12.75	68.68	144.50	110.86
2-6-675	工业电视和视频监控系统 模拟屏装置试验（信号输入点以下）180	m^2	1779.23	1274.10	19.18	102.96	216.72	166.27
2-6-676	工业电视和视频监控系统 模拟屏装置试验（信号输入点以下）每增加 4 点	m^2	35.61	25.53	0.39	2.02	4.34	3.33

续前

编号	项目名称	单位	基价	人工费	材料费	施工机具使用费	管理费	利润
2-6-677	工业电视和视频监控系统 辅助设备安装操作器	台	44.37	33.67	0.26	0.32	5.73	4.39
2-6-678	工业电视和视频监控系统 辅助设备安装 2 路分配器	台	55.30	41.81	0.39	0.53	7.11	5.46
2-6-679	工业电视和视频监控系统 辅助设备安装 6 路分配器	台	116.13	88.25	0.51	0.84	15.01	11.52
2-6-680	工业电视和视频监控系统 辅助设备安装补偿器	台	49.77	37.56	0.39	0.53	6.39	4.90
2-6-681	工业电视和视频监控系统 辅助设备安装切换器	台	67.68	50.32	0.39	1.84	8.56	6.57
2-6-682	工业电视和视频监控系统 辅助设备安装云台控制器	台	189.81	142.64	1.67	2.63	24.26	18.61
2-6-683	工业电视和视频监控系统 辅助设备安装解码器	台	52.41	39.59	0.39	0.53	6.73	5.17
2-6-684	工业电视和视频监控系统 视频监控计算机	台	1002.07	567.77	10.30	253.33	96.58	74.09
2-6-685	工业电视和视频监控系统 矩阵切换器 4 路	台	188.35	141.90	1.67	2.12	24.14	18.52
2-6-686	工业电视和视频监控系统 矩阵切换器 每增加 4 路	台	107.21	80.66	1.03	1.27	13.72	10.53
2-6-687	工业电视和视频监控系统 画面分割处理器	台	450.42	340.40	3.48	4.22	57.90	44.42
2-6-688	工业电视和视频监控系统 视频监控系统调试 4 路	套	2070.88	1342.46	10.94	313.94	228.35	175.19
2-6-689	工业电视和视频监控系统 视频监控系统调试 9 路	套	3248.49	2105.71	17.12	492.68	358.18	274.80
2-6-690	工业电视和视频监控系统 视频监控系统调试 16 路	套	4669.66	3026.99	24.72	708.04	514.89	395.02
2-6-691	工业电视和视频监控系统 投影显示器	台	286.66	218.12	1.29	1.69	37.10	28.46
2-6-692	工业电视和视频监控系统 视频录像（记录）装置 单路	套	842.10	643.62	2.19	2.82	109.48	83.99
2-6-693	工业电视和视频监控系统 视频录像（记录）装置 多路	套	1128.00	859.70	4.25	5.63	146.23	112.19
2-6-694	远动装置 遥测遥信（输入 AI/DI/PI 点以下） 8	套	1625.40	981.06	10.30	339.13	166.88	128.03
2-6-695	远动装置 遥测遥信（输入 AI/DI/PI 点以下） 16	套	2502.10	1510.34	15.84	521.91	256.91	197.10
2-6-696	远动装置 遥测遥信（输入 AI/DI/PI 点以下） 32	套	4016.41	2424.24	25.49	837.96	412.36	316.36
2-6-697	远动装置 遥测遥信（输入 AI/DI/PI 点以下） 64	套	5722.76	3454.32	36.30	1193.77	587.58	450.79
2-6-698	远动装置 遥测遥信（输入 AI/DI/PI 点以下） 128	套	7243.44	4372.11	45.96	1511.11	743.70	570.56

续前

编号	项目名称	单位	基价	人工费	材料费	施工机具使用费	管理费	利润
2-6-699	远动装置 遥测遥信（输入 AI/DI/PI 点以下） 256	套	8825.42	5327.08	56.00	1841.02	906.14	695.18
2-6-700	远动装置 遥测遥信（输入 AI/DI/PI 点以下） 320	套	10004.59	6038.77	63.47	2087.10	1027.19	788.06
2-6-701	远动装置 遥测遥信（输入 AI/DI/PI 点以下） 400	套	11342.27	6846.11	71.97	2366.25	1164.52	893.42
2-6-702	远动装置 遥测遥信（输入 AI/DI/PI 点以下） 512	套	13102.14	7908.38	83.17	2733.33	1345.22	1032.04
2-6-703	远动装置 遥测遥信（输入 AI/DI/PI 点以下） 每增加 8 点	套	111.04	61.05	0.64	31.00	10.38	7.97
2-6-704	远动装置 遥调遥控（输出 AO/DO 点以下） 4	套	1773.30	1068.01	16.86	367.38	181.67	139.38
2-6-705	远动装置 遥调遥控（输出 AO/DO 点以下） 8	套	2937.14	1768.97	27.94	608.48	300.90	230.85
2-6-706	远动装置 遥调遥控（输出 AO/DO 点以下） 16	套	4260.56	2565.95	40.55	882.73	436.47	334.86
2-6-707	远动装置 遥调遥控（输出 AO/DO 点以下） 32	套	5655.13	3406.04	53.68	1171.55	579.37	444.49
2-6-708	远动装置 遥调遥控（输出 AO/DO 点以下） 64	套	6935.30	4176.93	65.91	1436.87	710.50	545.09
2-6-709	远动装置 遥调遥控（输出 AO/DO 点以下） 80	套	8500.67	5119.69	80.85	1761.15	870.86	668.12
2-6-710	顺序控制装置 继电联锁系统（事故点以下） 6	套	795.22	599.40	7.85	7.79	101.96	78.22
2-6-711	顺序控制装置 继电联锁系统（事故点以下） 16	套	2558.07	1929.00	23.86	25.36	328.12	251.73
2-6-712	顺序控制装置 插件式逻辑监控装置 （点以下） 32	套	2733.78	1868.32	45.53	258.31	317.80	243.82
2-6-713	顺序控制装置 插件式逻辑监控装置 （点以下） 64	套	4370.59	2995.71	62.52	411.85	509.57	390.94
2-6-714	顺序控制装置 可编程逻辑监控 装置（I/O 点以下） 16	套	1317.37	899.84	29.94	117.10	153.06	117.43
2-6-715	顺序控制装置 可编程逻辑监控 装置（I/O 点以下） 32	套	2104.83	1449.66	37.28	182.12	246.59	189.18
2-6-716	顺序控制装置 可编程逻辑监控 装置（I/O 点以下） 64	套	3399.45	2347.28	50.03	296.55	399.27	306.32
2-6-717	信号报警装置 继电线路报警系统（报警点点以下） 4	套	405.29	295.26	8.57	12.71	50.22	38.53
2-6-718	信号报警装置 继电线路报警系统（报警点点以下） 10	套	780.66	563.51	19.63	28.13	95.85	73.54
2-6-719	信号报警装置 继电线路报警系统（报警点点以下） 20	套	1260.37	910.94	31.74	43.86	154.95	118.88
2-6-720	信号报警装置 继电线路报警系统（报警点点以下） 30	套	1622.50	1173.83	41.58	54.24	199.67	153.18

续前

编号	项目名称	单位	基价	人工费	材料费	施工机具使用费	管理费	利润
2-6-721	信号报警装置 继电线路报警系统（报警点点以下） 每增加 2 点	套	59.02	42.74	2.09	1.34	7.27	5.58
2-6-722	信号报警装置 微机多功能组件式报警装置（报警点以下） 4	套	367.36	242.54	17.93	33.98	41.26	31.65
2-6-723	信号报警装置 微机多功能组件式报警装置（报警点以下） 8	套	728.31	466.39	31.28	90.45	79.33	60.86
2-6-724	信号报警装置 微机多功能组件式报警装置（报警点以下） 16	套	1134.62	732.42	39.35	142.69	124.58	95.58
2-6-725	信号报警装置 微机多功能组件式报警装置（报警点以下） 24	套	1712.96	1120.92	48.91	206.18	190.67	146.28
2-6-726	信号报警装置 微机多功能组件式报警装置（报警点以下） 40	套	2472.18	1615.98	53.63	316.80	274.88	210.89
2-6-727	信号报警装置 微机多功能组件式报警装置（报警点以下） 48	套	2850.67	1872.39	57.98	357.46	318.49	244.35
2-6-728	信号报警装置 微机多功能组件式报警装置（报警点以下） 64	套	3978.71	2647.17	70.40	465.40	450.28	345.46
2-6-729	信号报警装置 微机多功能组件式报警装置（报警点以下） 容量扩展（每增加 4 点）	套	200.61	127.84	5.19	29.15	21.75	16.68
2-6-730	信号报警装置 微机自容式报警装置（12 点）	套	1534.49	1019.54	43.39	165.09	173.42	133.05
2-6-731	信号报警装置 单回路闪光报警器（报警回路或点） 1 点	套	89.79	64.57	2.90	2.91	10.98	8.43
2-6-732	信号报警装置 单回路闪光报警器（报警回路或点） 每增加 1 点	套	30.33	22.57	0.40	0.57	3.84	2.95
2-6-733	信号报警装置 八回路闪光报警器	套	403.25	292.49	10.80	12.04	49.75	38.17
2-6-734	信号报警装置 报警装置柜、箱及组件、元件 继电器柜安装	台（个）	1524.38	1135.16	43.87	4.12	193.09	148.14
2-6-735	信号报警装置 报警装置柜、箱及组件、元件 继电器箱安装	台（个）	944.24	691.90	40.35	4.01	117.69	90.29
2-6-736	信号报警装置 报警装置柜、箱及组件、元件 组件机箱	台（个）	397.56	283.79	25.49	2.98	48.27	37.03
2-6-737	信号报警装置 报警装置柜、箱及组件、元件 电源装置	台（个）	290.96	195.55	33.18	3.45	33.26	25.52
2-6-738	信号报警装置 报警装置柜、箱及组件、元件 可编程多音蜂鸣器	台（个）	304.44	209.05	18.02	14.53	35.56	27.28
2-6-739	信号报警装置 报警装置柜、箱及组件、元件 报警器、音响元件	台（个）	91.93	59.76	12.91	1.29	10.17	7.80
2-6-740	数据采集及巡回检测报警装置过程点（I/O 点以下） 20	套	640.72	375.18	4.76	148.00	63.82	48.96
2-6-741	数据采集及巡回检测报警装置过程点（I/O 点以下） 40	套	917.31	526.51	7.34	225.19	89.56	68.71
2-6-742	数据采集及巡回检测报警装置过程点（I/O 点以下） 60	套	962.16	551.12	7.72	237.65	93.75	71.92

续前

编号	项目名称	单位	基价	人工费	材料费	施工机具使用费	管理费	利润
2-6-743	数据采集及巡回检测报警装置过程点（I/O点以下） 100	套	1417.24	800.31	11.84	364.52	136.13	104.44
2-6-744	数据采集及巡回检测报警装置过程点（I/O点以下） 200	套	1903.34	1043.77	15.45	530.36	177.55	136.21
2-6-745	数据采集及巡回检测报警装置过程点（I/O点以下） 300	套	2480.18	1352.54	20.60	700.46	230.07	176.51
2-6-746	数据采集及巡回检测报警装置过程点（I/O点以下） 400	套	3817.82	2068.12	33.47	1094.55	351.79	269.89
2-6-747	数据采集及巡回检测报警装置过程点（I/O点以下） 600	套	5038.61	2721.91	43.77	1454.72	463.00	355.21

十、工业计算机安装与试验

编号	项目名称	单位	基价	人工费	材料费	施工机具使用费	管理费	利润
2-6-748	计算机柜、台设备安装 标准机柜	台	2221.63	1315.72	103.16	407.25	223.80	171.70
2-6-749	计算机柜、台设备安装 非标准机柜 半周长（m）	台	2028.23	1192.70	70.01	406.99	202.88	155.65
2-6-750	计算机柜、台设备安装 一体化操作显示报警台柜	台	2131.50	1319.05	118.59	297.35	224.37	172.14
2-6-751	计算机柜、台设备安装 工控机及台柜	台	379.83	235.32	20.48	53.29	40.03	30.71
2-6-752	计算机柜、台设备安装 插卡柜	台	2124.35	1256.89	82.44	407.20	213.80	164.02
2-6-753	计算机柜、台设备安装 编组柜	台	3319.62	2170.42	86.49	410.28	369.19	283.24
2-6-754	计算机柜、台设备安装 机柜底座	m	3902.15	37.37	3851.77	1.77	6.36	4.88
2-6-755	计算机柜、台设备安装 打印机台式	台	108.83	58.09	33.09	0.19	9.88	7.58
2-6-756	计算机柜、台设备安装 打印机柜式	台	111.02	59.76	33.09	0.20	10.17	7.80
2-6-757	计算机柜、台设备安装 彩色硬拷贝机	台	85.93	40.52	33.09	0.14	6.89	5.29
2-6-758	计算机柜、台设备安装 打印机、拷贝机选择器	台	39.86	29.97	0.78	0.10	5.10	3.91
2-6-759	计算机柜、台设备安装 扫描、传真、刻录机	台	79.41	46.99	18.14	0.16	7.99	6.13
2-6-760	计算机柜、台设备安装 编程器组态器	台	40.13	29.97	0.78	0.37	5.10	3.91
2-6-761	计算机柜、台设备安装 硬盘阵列柜安装柜式	台	309.61	200.91	18.88	29.43	34.17	26.22

续前

编号	项目名称	单位	基价	人工费	材料费	施工机具使用费	管理费	利润
2-6-762	计算机柜、台设备安装 硬盘阵列柜安装台式	台	237.01	145.23	18.88	29.25	24.70	18.95
2-6-763	计算机柜、台设备安装 光盘库	台	125.14	64.20	18.14	23.50	10.92	8.38
2-6-764	计算机柜、台设备安装 显示器	台	91.88	59.76	2.31	11.84	10.17	7.80
2-6-765	计算机柜、台设备安装 服务器	台	689.51	522.07	6.95	3.56	88.80	68.13
2-6-766	计算机柜、台设备安装 交换机	台	285.08	216.27	2.32	1.48	36.79	28.22
2-6-767	计算机柜、台设备安装 路由器	台	64.49	49.03	0.39	0.33	8.34	6.40
2-6-768	计算机柜、台设备安装 无线路由器	台	72.36	55.13	0.51	0.15	9.38	7.19
2-6-769	计算机柜、台设备安装 网桥	台	67.14	51.06	0.39	0.34	8.69	6.66
2-6-770	计算机柜、台设备安装 无线网桥	台	77.55	59.20	0.39	0.16	10.07	7.73
2-6-771	计算机柜、台设备安装 中继器	台	48.15	36.63	0.26	0.25	6.23	4.78
2-6-772	计算机柜、台设备安装 集线器普通式	台	198.44	150.96	1.29	0.81	25.68	19.70
2-6-773	计算机柜、台设备安装 集线器堆叠式	台	410.78	310.06	5.66	1.86	52.74	40.46
2-6-774	计算机柜、台设备安装 集线器智能式	台	476.36	358.90	7.21	2.36	61.05	46.84
2-6-775	计算机柜、台设备安装 网卡	台	19.03	14.25	0.39	0.11	2.42	1.86
2-6-776	计算机柜、台设备安装 无线网卡	台	24.53	18.32	0.51	0.19	3.12	2.39
2-6-777	计算机柜、台设备安装 调制解调器	台	17.68	13.32	0.26	0.09	2.27	1.74
2-6-778	计算机柜、台设备安装 无线调制解调器	台	20.59	15.36	0.39	0.23	2.61	2.00
2-6-779	管理计算机试验 管理计算机系统硬件和软件功能试验（终端以下） 5	套	10097.77	6808.19	97.84	1145.20	1158.07	888.47
2-6-780	管理计算机试验 管理计算机系统硬件和软件功能试验（终端以下） 8	套	14497.10	9795.01	9.78	1747.93	1666.13	1278.25
2-6-781	管理计算机试验 管理计算机系统硬件和软件功能试验（终端以下） 12	套	18568.64	12435.89	149.34	2245.19	2115.34	1622.88
2-6-782	管理计算机试验 管理计算机系统硬件和软件功能试验（终端以下） 15	套	22282.43	14868.82	231.73	2712.31	2529.19	1940.38
2-6-783	管理计算机试验 管理计算机系统硬件和软件功能试验（终端以下） 20	套	26023.06	17411.65	265.85	3111.62	2961.72	2272.22
2-6-784	管理计算机试验 管理计算机系统硬件和软件功能试验（终端以下） 25	套	30976.53	20698.36	319.28	3736.96	3520.79	2701.14

续前

编号	项目名称	单位	基价	人工费	材料费	施工机具使用费	管理费	利润
2-6-785	管理计算机试验 管理计算机系统硬件和软件功能试验（终端以下） 25以上	套	36120.86	24295.31	355.97	4166.41	4132.63	3170.54
2-6-786	管理计算机试验 硬件试验	套	4766.21	3059.53	32.19	754.79	520.43	399.27
2-6-787	管理计算机试验 软件功能试验（终端以下） 5	套	8652.72	5297.48	72.09	1690.73	901.10	691.32
2-6-788	管理计算机试验 软件功能试验（终端以下） 8	套	12467.94	7577.42	106.85	2505.90	1288.92	988.85
2-6-789	管理计算机试验 软件功能试验（终端以下） 12	套	17000.22	10287.67	148.05	3472.03	1749.93	1342.54
2-6-790	管理计算机试验 软件功能试验（终端以下） 15	套	21360.19	12841.22	190.54	4468.36	2184.29	1675.78
2-6-791	管理计算机试验 软件功能试验（终端以下） 20	套	25192.80	15098.22	227.23	5328.82	2568.21	1970.32
2-6-792	管理计算机试验 软件功能试验（终端以下） 25	套	28865.36	17353.19	257.48	6038.32	2951.78	2264.59
2-6-793	管理计算机试验 软件功能试验（终端以下） 30	套	34321.75	20870.78	293.53	6883.68	3550.12	2723.64
2-6-794	管理计算机试验 软件功能试验（终端以下） 每增加1个	套	534.48	282.68	6.82	160.01	48.08	36.89
2-6-795	基础自动化硬件检查试验 固定程序单回路调节器	台	1280.37	763.68	87.37	199.76	129.90	99.66
2-6-796	基础自动化硬件检查试验 可编程仪表 单回路调节器	台	1821.06	1073.93	127.51	296.79	182.68	140.15
2-6-797	基础自动化硬件检查试验 可编程仪表 运算器	台	1254.12	758.69	81.55	185.82	129.05	99.01
2-6-798	基础自动化硬件检查试验 可编程仪表 记录仪	台	1447.89	866.91	99.90	220.49	147.46	113.13
2-6-799	基础自动化硬件检查试验 可编程仪表 选择调节器	台	2725.21	1618.38	184.97	435.37	275.29	211.20
2-6-800	基础自动化硬件检查试验 可编程仪表 多回路调节器	台	3498.03	2062.75	247.76	567.46	350.87	269.19
2-6-801	基础自动化硬件检查试验 现场总线仪表压力控制器	台	2044.88	1322.01	32.72	292.76	224.87	172.52
2-6-802	基础自动化硬件检查试验 现场总线仪表差压控制器	台	2653.02	1720.32	37.72	377.85	292.63	224.50
2-6-803	基础自动化硬件检查试验 现场总线仪表温度变送控制器	台	1171.93	758.69	24.74	160.44	129.05	99.01
2-6-804	基础自动化硬件检查试验 现场总线仪表光电转换器	台	444.09	284.90	4.37	69.18	48.46	37.18
2-6-805	基础自动化硬件检查试验 现场总线仪表电流转换器	台	302.05	195.18	3.01	45.19	33.20	25.47
2-6-806	基础自动化硬件检查试验 现场总线仪表气动转换器	台	613.87	382.40	16.65	99.87	65.05	49.90

续前

编号	项目名称	单位	基价	人工费	材料费	施工机具使用费	管理费	利润
2-6-807	基础自动化硬件检查试验 现场总线仪表阀门定位器	台	1158.43	743.52	21.11	170.30	126.47	97.03
2-6-808	基础自动化硬件检查试验 现场总线仪表电动执行器	台	2232.28	1439.49	30.71	329.37	244.86	187.85
2-6-809	基础自动化硬件检查试验 现场总线仪表变频变速驱动装置	台	3024.03	1949.72	37.87	450.35	331.65	254.44
2-6-810	基础自动化硬件检查试验 现场总线仪表总线安全栅	台	75.13	50.69	0.54	8.66	8.62	6.62
2-6-811	基础自动化硬件检查试验 控制站	套/台	1151.85	795.50	8.37	108.86	135.31	103.81
2-6-812	基础自动化硬件检查试验 双重化控制站	套/台	1328.95	917.79	9.66	125.61	156.12	119.77
2-6-813	基础自动化硬件检查试验 三重化控制站	套/台	1506.26	1040.26	10.94	142.36	176.95	135.75
2-6-814	基础自动化硬件检查试验 数据采集站/监视站	套/台	1151.85	795.50	8.37	108.86	135.31	103.81
2-6-815	基础自动化硬件检查试验 可编程逻辑控制器	套/台	974.53	673.03	7.08	92.11	114.48	87.83
2-6-816	基础自动化硬件检查试验 工控计算机	套/台	886.12	611.98	6.44	83.74	104.10	79.86
2-6-817	基础自动化硬件检查试验 工程技术站	套/台	159.31	110.08	1.16	14.98	18.72	14.37
2-6-818	基础自动化硬件检查试验 基本操作站	套	1155.34	795.50	8.37	112.35	135.31	103.81
2-6-819	基础自动化硬件检查试验 辅助操作站	套	799.87	550.75	5.79	77.78	93.68	71.87
2-6-820	基础自动化硬件检查试验 复合多功能操作站	套	1234.29	856.74	9.01	111.01	145.73	111.80
2-6-821	基础自动化硬件检查试验 双机切换装置自动	套	1066.41	734.27	7.72	103.70	124.90	95.82
2-6-822	基础自动化硬件检查试验 双机切换装置半自动	套	1110.94	764.79	8.11	108.14	130.09	99.81
2-6-823	基础自动化硬件检查试验 双机切换装置手动	套	1155.34	795.50	8.37	112.35	135.31	103.81
2-6-824	基础自动化系统软件功能试验 监控中心	套	3433.73	2201.50	23.17	547.28	374.48	287.30
2-6-825	基础自动化系统软件功能试验 监控和采集站点以下 8	套	1381.59	885.78	9.27	220.28	150.67	115.59
2-6-826	基础自动化系统软件功能试验 监控和采集站点以下 12	套	2338.15	1499.06	15.84	372.63	254.99	195.63
2-6-827	基础自动化系统软件功能试验 监控和采集站点以下 16	套	3648.62	2339.33	24.59	581.50	397.92	305.28
2-6-828	基础自动化系统软件功能试验 监控和采集站点以下 32	套	5024.39	3221.41	33.86	800.77	547.96	420.39

续前

编号	项目名称	单位	基价	人工费	材料费	施工机具使用费	管理费	利润
2-6-829	基础自动化系统软件功能试验 监控和采集站点以下 50	套	6764.54	4337.14	45.57	1078.08	737.75	566.00
2-6-830	基础自动化系统软件功能试验 监控和采集站点以下 80	套	9267.10	5941.65	62.57	1476.82	1010.67	775.39
2-6-831	基础自动化系统软件功能试验 监控和采集站点以下 120	套	11843.79	7593.70	79.95	1887.47	1291.69	990.98
2-6-832	基础自动化系统软件功能试验 监控和采集站点以下 每增加 1 点	套	82.60	48.10	0.77	19.27	8.18	6.28
2-6-833	基础自动化系统软件功能试验 DCS 系统数据采集和处理（过程 AI/DI/PI 点以下） 16	套	1067.76	700.41	11.07	145.74	119.14	91.40
2-6-834	基础自动化系统软件功能试验 DCS 系统数据采集和处理（过程 AI/DI/PI 点以下） 32	套	1565.62	1026.94	16.22	213.76	174.68	134.02
2-6-835	基础自动化系统软件功能试验 DCS 系统数据采集和处理（过程 AI/DI/PI 点以下） 64	套	2181.98	1431.16	22.53	298.08	243.44	186.77
2-6-836	基础自动化系统软件功能试验 DCS 系统数据采集和处理（过程 AI/DI/PI 点以下） 128	套	2915.05	1912.16	30.13	397.96	325.26	249.54
2-6-837	基础自动化系统软件功能试验 DCS 系统数据采集和处理（过程 AI/DI/PI 点以下） 256	套	3572.42	2343.21	36.95	487.89	398.58	305.79
2-6-838	基础自动化系统软件功能试验 DCS 系统数据采集和处理（过程 AI/DI/PI 点以下） 512	套	4455.84	2921.71	46.09	609.78	496.98	381.28
2-6-839	基础自动化系统软件功能试验 DCS 系统数据采集和处理（过程 AI/DI/PI 点以下） 1024	套	5789.28	3706.48	58.45	910.18	630.47	483.70
2-6-840	基础自动化系统软件功能试验 DCS 系统数据采集和处理（过程 AI/DI/PI 点以下） 2048	套	7593.15	4861.43	76.73	1193.64	826.93	634.42
2-6-841	基础自动化系统软件功能试验 DCS 系统数据采集和处理（过程 AI/DI/PI 点以下） 4096	套	10421.03	6672.03	105.31	1638.08	1134.91	870.70
2-6-842	基础自动化系统软件功能试验 DCS 系统数据采集和处理（过程 AI/DI/PI 点以下） 4096 点以上，每增加 16 点	套	22.79	14.62	0.26	3.51	2.49	1.91
2-6-843	基础自动化系统软件功能试验 DCS 系统信息输出和控制（过程 AO/DO/PO 点以下） 8	套	2084.28	1336.44	14.03	332.07	227.33	174.41
2-6-844	基础自动化系统软件功能试验 DCS 系统信息输出和控制（过程 AO/DO/PO 点以下） 16	套	3306.67	2120.10	22.27	527.00	360.63	276.67

续前

编号	项目名称	单位	基价	人工费	材料费	施工机具使用费	管理费	利润
2-6-845	基础自动化系统软件功能试验 DCS 系统信息输出和控制（过程 AO/DO/PO 点以下） 32	套	4797.71	3076.18	32.31	764.52	523.26	401.44
2-6-846	基础自动化系统软件功能试验 DCS 系统信息输出和控制（过程 AO/DO/PO 点以下） 64	套	6928.24	4442.04	46.73	1104.19	755.59	579.69
2-6-847	基础自动化系统软件功能试验 DCS 系统信息输出和控制（过程 AO/DO/PO 点以下） 128	套	9569.83	6135.71	64.50	1525.23	1043.68	800.71
2-6-848	基础自动化系统软件功能试验 DCS 系统信息输出和控制（过程 AO/DO/PO 点以下） 256	套	12379.61	7937.24	83.55	1972.89	1350.12	1035.81
2-6-849	基础自动化系统软件功能试验 DCS 系统信息输出和控制（过程 AO/DO/PO 点以下）每增加 1 点	套	36.17	23.13	0.26	5.83	3.93	3.02
2-6-850	基础自动化系统软件功能试验 IPC 系统过程 I/O 点（点以下） 8	套	970.20	623.27	6.57	153.00	106.02	81.34
2-6-851	基础自动化系统软件功能试验 IPC 系统过程 I/O 点(点以下）16	套	1406.77	903.73	9.53	221.85	153.72	117.94
2-6-852	基础自动化系统软件功能试验 IPC 系统过程 I/O 点(点以下）32	套	2114.86	1358.64	14.29	333.53	231.10	177.30
2-6-853	基础自动化系统软件功能试验 IPC 系统过程 I/O 点(点以下）64	套	2612.86	1678.51	17.64	412.15	285.51	219.05
2-6-854	基础自动化系统软件功能试验 IPC 系统过程 I/O 点（点以下） 128	套	3438.42	2208.90	23.17	542.36	375.73	288.26
2-6-855	基础自动化系统软件功能试验 IPC 系统过程 I/O 点（点以下） 256	套	4581.79	2943.35	31.03	722.64	500.66	384.11
2-6-856	基础自动化系统软件功能试验 IPC 系统过程 I/O 点（点以下） 512	套	6696.18	4301.62	45.32	1056.17	731.71	561.36
2-6-857	基础自动化系统软件功能试验 PLC 可编程逻辑控制器 过程 I/O 点（点以下） 12	套	770.54	488.59	5.15	129.93	83.11	63.76
2-6-858	基础自动化系统软件功能试验 PLC 可编程逻辑控制器 过程 I/O 点（点以下） 24	套	1106.96	702.08	7.34	186.50	119.42	91.62
2-6-859	基础自动化系统软件功能试验 PLC 可编程逻辑控制器 过程 I/O 点（点以下） 48	套	1617.97	1026.01	10.81	272.74	174.52	133.89
2-6-860	基础自动化系统软件功能试验 PLC 可编程逻辑控制器 过程 I/O 点（点以下） 64	套	2032.80	1289.08	13.52	342.71	219.27	168.22

续前

编号	项目名称	单位	基价	人工费	材料费	施工机具使用费	管理费	利润
2-6-861	基础自动化系统软件功能试验 PLC 可编程逻辑控制器 过程 I/O 点（点以下） 128	套	2563.57	1625.60	17.12	432.20	276.51	212.14
2-6-862	基础自动化系统软件功能试验 PLC 可编程逻辑控制器 过程 I/O 点（点以下） 256	套	3256.68	2065.16	21.76	548.98	351.28	269.50
2-6-863	基础自动化系统软件功能试验 PLC 可编程逻辑控制器 过程 I/O 点（点以下） 512	套	4326.49	2742.44	27.16	732.51	466.49	357.89
2-6-864	基础自动化系统软件功能试验 PLC 可编程逻辑控制器 过程 I/O 点（点以下） 1024	套	5492.60	3481.52	34.50	930.03	592.21	454.34
2-6-865	基础自动化系统软件功能试验 PLC 可编程逻辑控制器 过程 I/O 点（点以下） 2048	套	7177.24	4549.34	45.19	1215.18	773.84	593.69
2-6-866	基础自动化系统软件功能试验 PLC 可编程逻辑控制器 过程 I/O 点（点以下） 4096	套	8802.85	5579.79	55.36	1490.42	949.12	728.16
2-6-867	基础自动化系统软件功能试验 PLC 可编程逻辑控制器 过程 I/O 点（点以下） 8192	套	9948.22	6305.73	62.57	1684.42	1072.60	822.90
2-6-868	基础自动化系统软件功能试验 仪表安全系统（SIS） 过程 I/O 点（点以下） 6	套	1144.32	724.28	7.60	194.72	123.20	94.52
2-6-869	基础自动化系统软件功能试验 仪表安全系统（SIS） 过程 I/O 点（点以下） 12	套	1902.02	1203.80	12.62	323.73	204.77	157.10
2-6-870	基础自动化系统软件功能试验 仪表安全系统（SIS） 过程 I/O 点（点以下） 24	套	2882.57	1824.29	19.18	490.72	310.31	238.07
2-6-871	基础自动化系统软件功能试验 仪表安全系统（SIS） 过程 I/O 点（点以下） 36	套	3761.29	2380.40	25.10	640.24	404.91	310.64
2-6-872	基础自动化系统软件功能试验 仪表安全系统（SIS） 过程 I/O 点（点以下） 48	套	4519.60	2860.29	30.13	769.37	486.54	373.27
2-6-873	基础自动化系统软件功能试验 仪表安全系统（SIS） 过程 I/O 点（点以下） 64	套	5912.13	3741.63	39.39	1006.38	636.45	488.28
2-6-874	基础自动化系统软件功能试验 仪表安全系统（SIS） 过程 I/O 点（点以下）128 点以上，每增加 4 点	套	349.85	221.45	2.32	59.51	37.67	28.90
2-6-875	基础自动化系统软件功能试验 网络系统（网络节点数以下） 16	套	956.73	605.32	6.31	163.15	102.96	78.99

续前

编号	项目名称	单位	基价	人工费	材料费	施工机具使用费	管理费	利润
2-6-876	基础自动化系统软件功能试验 网络系统（网络节点数以下） 32	套	1503.61	951.27	10.04	256.35	161.81	124.14
2-6-877	基础自动化系统软件功能试验 网络系统（网络节点数以下） 50	套	2118.66	1340.51	14.16	361.03	228.02	174.94
2-6-878	基础自动化系统软件功能试验 网络系统（网络节点数以下）100	套	2938.58	1859.25	19.57	500.87	316.26	242.63
2-6-879	基础自动化系统软件功能试验 网络系统（网络节点数以下）200	套	3690.46	2334.89	24.59	629.12	397.16	304.70
2-6-880	基础自动化系统软件功能试验 网络系统（网络节点数以下）200 点以上，每增加 2 点	套	47.99	30.34	0.26	8.27	5.16	3.96
2-6-881	基础自动化系统软件功能试验 现场总线（节点以下） 32	套	836.04	605.32	6.31	42.46	102.96	78.99
2-6-882	基础自动化系统软件功能试验 现场总线（节点以下） 124	套	1254.06	907.98	9.53	63.61	154.45	118.49
2-6-883	基础自动化系统软件功能试验 无线数据传输网络（传输距离 km） 3 以内	站	1085.03	795.50	11.07	39.34	135.31	103.81
2-6-884	基础自动化系统软件功能试验 无线数据传输网络（传输距离 km） 3 以外	站	1580.38	1161.99	15.19	53.91	197.65	151.64
2-6-885	基础自动化系统软件功能试验 接口试验与上位机接口	套	112.34	77.89	0.77	10.27	13.25	10.16
2-6-886	基础自动化系统软件功能试验 接口试验远程终端	套	131.42	90.84	0.90	12.38	15.45	11.85
2-6-887	基础自动化系统软件功能试验 接口试验阴极保护装置	套	175.47	120.99	1.29	16.82	20.58	15.79
2-6-888	基础自动化系统软件功能试验 接口试验视频监控系统	套	106.64	73.45	0.77	10.34	12.49	9.59
2-6-889	基础自动化系统软件功能试验 接口试验火灾报警消防系统	套	194.50	134.13	1.42	18.63	22.82	17.50
2-6-890	基础自动化系统软件功能试验 接口试验安全机组系统	套	56.23	38.85	0.39	5.31	6.61	5.07
2-6-891	基础自动化系统软件功能试验 接口试验与其他装置接口（I/O 点） 模拟量	套	30.46	21.65	0.26	2.04	3.68	2.83
2-6-892	基础自动化系统软件功能试验 接口试验与其他装置接口（I/O 点） 数字量	套	12.22	8.70	0.13	0.77	1.48	1.14
2-6-893	基础自动化系统软件功能试验 接口试验与其他装置接口（I/O 点） 脉冲量	套	24.05	17.21	0.13	1.53	2.93	2.25
2-6-894	基础自动化系统软件功能试验 在线回路试验 模拟量 AI 点	套	32.53	19.43	0.13	7.12	3.31	2.54

续前

编号	项目名称	单位	基价	人工费	材料费	施工机具使用费	管理费	利润
2-6-895	基础自动化系统软件功能试验 在线回路试验 模拟量 AO 点	套	65.57	42.18	0.26	10.46	7.17	5.50
2-6-896	基础自动化系统软件功能试验 在线回路试验 数字量 DI 点	套	36.47	11.66	0.13	21.18	1.98	1.52
2-6-897	基础自动化系统软件功能试验 在线回路试验 数字量 DO 点	套	33.45	21.46	0.13	5.41	3.65	2.80
2-6-898	基础自动化系统软件功能试验 在线回路试验 脉冲量 PI/PO 点	套	49.80	32.38	0.26	7.42	5.51	4.23
2-6-899	基础自动化系统软件功能试验 在线回路试验 无线测控点	套	37.49	25.90	0.26	3.54	4.41	3.38

十一、仪表管路敷设、伴热及脱脂

编号	项目名称	单位	基价	人工费	材料费	施工机具使用费	管理费	利润
2-6-900	钢管敷设 碳钢管敷设焊接（管径 mm 以内） 14	10m	873.46	249.38	545.71	3.41	42.42	32.54
2-6-901	钢管敷设 碳钢管敷设焊接（管径 mm 以内） 22	10m	911.55	286.38	531.03	8.06	48.71	37.37
2-6-902	钢管敷设 碳钢管敷设焊接（管径 mm 以内） 32	10m	984.08	325.60	551.07	9.54	55.38	42.49
2-6-903	钢管敷设 碳钢管敷设焊接（管径 mm 以内） 50	10m	1136.54	382.21	601.33	38.11	65.01	49.88
2-6-904	钢管敷设 碳钢管敷设丝接（管径 mm 以内） 15	10m	691.59	156.51	487.23	0.81	26.62	20.42
2-6-905	钢管敷设 碳钢管敷设丝接（管径 mm 以内） 20	10m	731.99	186.67	481.99	7.22	31.75	24.36
2-6-906	钢管敷设 碳钢管敷设丝接（管径 mm 以内） 32	10m	820.62	247.72	488.71	9.72	42.14	32.33
2-6-907	钢管敷设 碳钢管敷设丝接（管径 mm 以内） 50	10m	894.44	292.30	501.57	12.70	49.72	38.15
2-6-908	钢管敷设 碳钢管卡套连接（管径 mm） 14 以下	10m	744.64	153.37	539.15	6.02	26.09	20.01
2-6-909	钢管敷设 碳钢管卡套连接（管径 mm） 14 以上	10m	790.70	196.66	526.00	8.93	33.45	25.66
2-6-910	不锈钢管及高压管敷设 不锈钢管敷设（管径 mm 以内） 10	10m	730.15	195.18	473.14	3.16	33.20	25.47
2-6-911	不锈钢管及高压管敷设 不锈钢管敷设（管径 mm 以内） 14	10m	829.39	259.56	482.44	9.37	44.15	33.87
2-6-912	不锈钢管及高压管敷设 不锈钢管敷设（管径 mm 以内） 22	10m	887.03	299.33	481.59	16.13	50.92	39.06

续前

编号	项目名称	单位	基价	人工费	材料费	施工机具使用费	管理费	利润
2-6-913	不锈钢管及高压管敷设 不锈钢管敷设（管径 mm 以内） 32	10m	949.76	342.44	482.38	22.00	58.25	44.69
2-6-914	不锈钢管及高压管敷设 不锈钢管敷设（管径 mm 以内） 50	10m	1066.27	416.62	483.52	40.89	70.87	54.37
2-6-915	不锈钢管及高压管敷设 不锈钢管卡套连接（管径 mm） 14 以下	10m	656.57	156.88	451.61	0.92	26.69	20.47
2-6-916	不锈钢管及高压管敷设 不锈钢管卡套连接（管径 mm） 14 以上	10m	695.06	188.89	448.35	1.04	32.13	24.65
2-6-917	不锈钢管及高压管敷设 高压管（管径 15mm 以内） 碳钢	10m	874.09	272.88	489.07	30.11	46.42	35.61
2-6-918	不锈钢管及高压管敷设 高压管（管径 15mm 以内） 不锈钢	10m	917.39	309.14	485.22	30.11	52.58	40.34
2-6-919	有色金属及非金属管敷设 紫铜管（管径 mm 以内） 10	10m	629.94	73.08	534.51	0.38	12.43	9.54
2-6-920	有色金属及非金属管敷设 紫铜管（管径 mm 以内） 14	10m	761.66	184.45	517.85	3.92	31.37	24.07
2-6-921	有色金属及非金属管敷设 紫铜管（管径 mm 以内） 22	10m	803.89	224.41	504.43	7.59	38.17	29.29
2-6-922	有色金属及非金属管敷设 紫铜管（管径 mm 以内） 32	10m	1063.15	304.33	649.07	18.26	51.77	39.72
2-6-923	有色金属及非金属管敷设 黄铜管（管径 mm 以内） 32	10m	1222.94	321.16	775.96	29.28	54.63	41.91
2-6-924	有色金属及非金属管敷设 黄铜管（管径 mm 以内） 50	10m	1575.07	424.21	986.45	36.89	72.16	55.36
2-6-925	有色金属及非金属管敷设 铝管敷设（管径 mm 以内） 14	10m	868.50	262.15	522.22	5.33	44.59	34.21
2-6-926	有色金属及非金属管敷设 铝管敷设（管径 mm 以内） 22	10m	866.73	266.03	511.32	9.41	45.25	34.72
2-6-927	有色金属及非金属管敷设 铝管敷设（管径 mm 以内） 32	10m	920.05	298.78	518.72	12.74	50.82	38.99
2-6-928	有色金属及非金属管敷设 聚乙烯管（管径 32mm 以内）	10m	986.76	354.83	510.80	14.46	60.36	46.31
2-6-929	管缆敷设 尼龙管缆（管径 mm 以内） 单芯 6	10m	566.53	61.98	485.54	0.38	10.54	8.09
2-6-930	管缆敷设 尼龙管缆（管径 mm 以内） 单芯 8	10m	586.29	74.93	485.54	3.29	12.75	9.78
2-6-931	管缆敷设 尼龙管缆（管径 mm 以内） 单芯 10	10m	625.94	104.90	486.22	3.29	17.84	13.69
2-6-932	管缆敷设 尼龙管缆（管径 mm 以内） 7 芯 6	10m	757.99	158.55	546.94	4.84	26.97	20.69
2-6-933	管缆敷设 铜管缆（管径 mm 以内） 单芯 6	10m	590.51	80.11	485.67	0.65	13.63	10.45
2-6-934	管缆敷设 铜管缆（管径 mm 以内） 单芯 8	10m	662.36	133.02	485.76	3.59	22.63	17.36

续前

编号	项目名称	单位	基价	人工费	材料费	施工机具使用费	管理费	利润
2-6-935	管缆敷设 铜管缆（管径 mm 以内） 单芯 10	10m	668.35	137.09	486.43	3.62	23.32	17.89
2-6-936	管缆敷设 铜管缆（管径 mm 以内） 7 芯 6	10m	833.05	193.14	576.61	5.25	32.85	25.20
2-6-937	管缆敷设 不锈钢管缆（管径 mm 以内） 单芯 6	10m	702.87	164.28	485.81	3.40	27.94	21.44
2-6-938	管缆敷设 不锈钢管缆（管径 mm 以内） 单芯 8	10m	721.98	175.01	490.96	3.40	29.77	22.84
2-6-939	管缆敷设 不锈钢管缆（管径 mm 以内） 单芯 10	10m	732.86	183.15	491.10	3.56	31.15	23.90
2-6-940	管缆敷设 不锈钢管缆（管径 mm 以内） 7 芯 6	10m	894.36	236.43	581.75	5.11	40.22	30.85
2-6-941	管缆敷设 伴热一体化管缆（缆芯以内） 单芯	10m	1064.06	396.83	531.03	16.91	67.50	51.79
2-6-942	管缆敷设 伴热一体化管缆（缆芯以内） 4 芯	10m	1507.59	662.67	613.09	32.63	112.72	86.48
2-6-943	仪表设备与管路伴热 不锈钢管伴热管（管径 mm 以内） 10	10m	715.44	192.77	457.38	7.34	32.79	25.16
2-6-944	仪表设备与管路伴热 不锈钢管伴热管（管径 mm 以内） 14	10m	840.50	288.23	458.15	7.48	49.03	37.61
2-6-945	仪表设备与管路伴热 不锈钢管伴热管（管径 mm 以内） 18	10m	934.96	360.38	458.22	8.03	61.30	47.03
2-6-946	仪表设备与管路伴热 不锈钢管伴热管（管径 mm 以内） 22	10m	1028.47	431.24	459.51	8.09	73.35	56.28
2-6-947	仪表设备与管路伴热 碳钢管伴热管（管径 mm 以内） 10	10m	688.99	167.43	464.61	6.62	28.48	21.85
2-6-948	仪表设备与管路伴热 碳钢管伴热管（管径 mm 以内） 14	10m	783.80	239.21	466.06	6.62	40.69	31.22
2-6-949	仪表设备与管路伴热 碳钢管伴热管（管径 mm 以内） 18	10m	908.60	334.85	466.30	6.79	56.96	43.70
2-6-950	仪表设备与管路伴热 碳钢管伴热管（管径 mm 以内） 22	10m	972.99	384.25	466.45	6.79	65.36	50.14
2-6-951	仪表设备与管路伴热 铜管伴热管（管径 mm 以内） 10	10m	557.66	69.93	458.93	7.77	11.90	9.13
2-6-952	仪表设备与管路伴热 铜管伴热管（管径 mm 以内） 14	10m	696.49	175.01	460.37	8.50	29.77	22.84
2-6-953	仪表设备与管路伴热 铜管伴热管（管径 mm 以内） 18	10m	748.98	212.20	461.69	11.30	36.10	27.69
2-6-954	仪表设备与管路伴热 铜管伴热管（管径 mm 以内） 22	10m	811.99	258.08	463.94	12.39	43.90	33.68
2-6-955	仪表设备与管路伴热 电伴热带/伴热电缆 伴热电缆	100m	2758.53	1072.63	1355.50	7.97	182.45	139.98

续前

编号	项目名称	单位	基价	人工费	材料费	施工机具使用费	管理费	利润
2-6-956	仪表设备与管路伴热 电伴热带/伴热电缆 接线盒	个	40.63	22.39	11.51	0.00	3.81	2.92
2-6-957	仪表设备与管路伴热 电伴热带/伴热电缆 终端头制作安装	个	136.28	76.96	32.78	3.41	13.09	10.04
2-6-958	仪表设备与管路伴热 伴热元件	根	324.24	143.38	136.88	0.88	24.39	18.71
2-6-959	仪表设备与管路脱脂 压力表	块	89.96	56.24	16.81	0.00	9.57	7.34
2-6-960	仪表设备与管路脱脂 变送器调节阀	台	258.37	119.88	102.46	0.00	20.39	15.64
2-6-961	仪表设备与管路脱脂 孔板	块	94.22	45.88	34.55	0.00	7.80	5.99
2-6-962	仪表设备与管路脱脂 仪表阀门	个	72.07	41.81	17.69	0.00	7.11	5.46
2-6-963	仪表设备与管路脱脂 仪表附件	套	19.68	8.14	9.10	0.00	1.38	1.06
2-6-964	仪表设备与管路脱脂 仪表管路	10m	168.60	105.82	28.69	2.28	18.00	13.81

十二、自动化线路、通信

编号	项目名称	单位	基价	人工费	材料费	施工机具使用费	管理费	利润
2-6-965	自动化线路敷设 带专用插头系统电缆敷设（芯） 10	根	135.79	57.54	54.36	6.59	9.79	7.51
2-6-966	自动化线路敷设 带专用插头系统电缆敷设（芯） 20	根	150.11	68.08	54.36	7.21	11.58	8.88
2-6-967	自动化线路敷设 带专用插头系统电缆敷设（芯） 36	根	170.74	83.44	54.36	7.86	14.19	10.89
2-6-968	自动化线路敷设 带专用插头系统电缆敷设（芯） 50	根	191.31	97.87	54.36	9.66	16.65	12.77
2-6-969	自动化线路敷设 通信线缆（对以内） 4	100m	512.34	124.51	350.40	0.00	21.18	16.25
2-6-970	自动化线路敷设 通信线缆（对以内） 25	100m	730.00	288.23	349.31	5.82	49.03	37.61
2-6-971	自动化线路敷设 通信线缆（对以内） 50	100m	826.60	357.79	349.62	11.64	60.86	46.69
2-6-972	自动化线路敷设 通信线缆（对以内） 50 以上	100m	946.94	445.67	349.83	17.47	75.81	58.16
2-6-973	自动化线路敷设 自动化电缆敷设（1.5mm^{2}以内） 2 芯	100m	12759.72	319.68	12343.94	0.00	54.38	41.72
2-6-974	自动化线路敷设 自动化电缆敷设（1.5mm^{2}以内） 4 芯以下	100m	12807.96	354.09	12343.94	3.49	60.23	46.21

续前

编号	项目名称	单位	基价	人工费	材料费	施工机具使用费	管理费	利润
2-6-975	自动化线路敷设 自动化电缆敷设（1.5mm^{2}以内） 6芯以下	100m	12911.94	434.94	12342.18	4.08	73.98	56.76
2-6-976	自动化线路敷设 自动化电缆敷设（1.5mm^{2}以内） 12芯以下	100m	13048.53	536.87	12338.36	11.92	91.32	70.06
2-6-977	自动化线路敷设 自动化电缆敷设（1.5mm^{2}以内） 21芯以下	100m	13149.32	609.95	12337.56	18.46	103.75	79.60
2-6-978	自动化线路敷设 自动化电缆敷设（1.5mm^{2}以内） 27芯以下	100m	13365.09	777.56	12333.50	20.30	132.26	101.47
2-6-979	自动化线路敷设 自动化电缆敷设（1.5mm^{2}以内） 39芯以下	100m	13516.36	888.37	12333.48	27.47	151.11	115.93
2-6-980	自动化线路敷设 自动化电缆敷设（1.5mm^{2}以内） 48芯以下	100m	13702.63	1027.12	12333.37	33.39	174.71	134.04
2-6-981	自动化线路敷设 自动化电缆敷设（1.5mm^{2}以内） 54芯以下	100m	13872.01	1153.66	12333.37	38.19	196.24	150.55
2-6-982	自动化线路敷设 自动化电缆敷设（1.5mm^{2}以内） 60芯以下	100m	14299.25	1474.08	12333.75	48.31	250.74	192.37
2-6-983	自动化线路敷设 自动化电缆敷设（1.5mm^{2}以上） 2芯	100m	12838.88	380.55	12343.94	0.00	64.73	49.66
2-6-984	自动化线路敷设 自动化电缆敷设（1.5mm^{2}以上） 4芯以下	100m	13024.62	520.22	12343.94	4.08	88.49	67.89
2-6-985	自动化线路敷设 自动化电缆敷设（1.5mm^{2}以上） 6芯以下	100m	13117.36	593.67	12340.58	4.66	100.98	77.47
2-6-986	自动化线路敷设 自动化电缆敷设（1.5mm^{2}以上） 12芯以下	100m	13196.49	650.09	12337.27	13.71	110.58	84.84
2-6-987	自动化线路敷设 自动化电缆敷设（1.5mm^{2}以上） 21芯以下	100m	13262.89	696.90	12335.03	21.47	118.54	90.95
2-6-988	自动化线路敷设 自动化电缆敷设（1.5mm^{2}以上） 27芯以下	100m	13465.96	858.03	12327.91	22.10	145.95	111.97
2-6-989	自动化线路敷设 自动化电缆敷设（1.5mm^{2}以上） 39芯以下	100m	13573.44	936.10	12327.89	28.06	159.23	122.16
2-6-990	自动化线路敷设 自动化电缆敷设（1.5mm^{2}以上） 48芯以下	100m	13799.29	1104.27	12327.89	35.18	187.84	144.11
2-6-991	自动化线路敷设 自动化电缆敷设（1.5mm^{2}以上） 54芯以下	100m	13951.44	1218.23	12327.66	39.35	207.22	158.98
2-6-992	自动化线路敷设 自动化电缆敷设（1.5mm^{2}以上） 60芯以下	100m	14384.12	1541.98	12327.93	50.69	262.29	201.23
2-6-993	自动化线路敷设 电缆终端头制作、安装（芯以下） 2	个	70.35	33.30	22.99	4.05	5.66	4.35
2-6-994	自动化线路敷设 电缆终端头制作、安装（芯以下） 4	个	89.64	45.14	26.59	4.34	7.68	5.89

续前

编号	项目名称	单位	基价	人工费	材料费	施工机具使用费	管理费	利润
2-6-995	自动化线路敷设 电缆终端头制作、安装（芯以下） 6	个	107.64	56.06	30.09	4.63	9.54	7.32
2-6-996	自动化线路敷设 电缆终端头制作、安装（芯以下） 12	个	152.45	82.33	40.35	5.03	14.00	10.74
2-6-997	自动化线路敷设 电缆终端头制作、安装（芯以下） 21	个	197.18	104.71	55.55	5.45	17.81	13.66
2-6-998	自动化线路敷设 电缆终端头制作安装（芯以下） 27	个	238.69	129.32	64.43	6.06	22.00	16.88
2-6-999	自动化线路敷设 电缆终端头制作安装（芯以下） 39	个	333.74	184.26	87.15	6.94	31.34	24.05
2-6-1000	自动化线路敷设 电缆终端头制作安装（芯以下） 48	个	404.85	227.37	101.42	7.71	38.68	29.67
2-6-1001	自动化线路敷设 电缆终端头制作安装（芯以下） 54	个	454.19	256.97	111.63	8.35	43.71	33.53
2-6-1002	自动化线路敷设 电缆终端头制作安装（芯以下） 60	个	514.38	294.71	122.09	8.99	50.13	38.46
2-6-1003	自动化线路敷设 通信专用缆线终端（对芯） 4	个	20.45	10.55	5.63	1.10	1.79	1.38
2-6-1004	自动化线路敷设 通信专用缆线终端（对芯） 25	个	58.54	17.95	33.43	1.77	3.05	2.34
2-6-1005	自动化线路敷设 通信专用缆线终端（对芯） 50	个	97.62	22.94	65.47	2.32	3.90	2.99
2-6-1006	自动化线路敷设 通信专用缆线终端（对芯） 每增加 4 对芯	个	14.67	6.66	5.34	0.67	1.13	0.87
2-6-1007	自动化线路敷设 光缆敷设（芯/束以下） 6 沿桥架支架	100m	727.03	383.88	223.35	4.40	65.30	50.10
2-6-1008	自动化线路敷设 光缆敷设（芯/束以下） 6 沿电缆沟/埋地	100m	603.38	296.19	213.76	4.40	50.38	38.65
2-6-1009	自动化线路敷设 光缆敷设（芯/束以下） 6 穿保护管	100m	858.06	495.80	208.82	4.40	84.34	64.70
2-6-1010	自动化线路敷设 光缆敷设（芯/束以下） 12 沿槽盒支架	100m	950.38	552.97	220.19	11.00	94.06	72.16
2-6-1011	自动化线路敷设 光缆敷设（芯/束以下） 12 沿电缆沟/埋地	100m	684.60	353.72	213.55	11.00	60.17	46.16
2-6-1012	自动化线路敷设 光缆接头制作（芯/束以下） 6	（芯/束以下）	619.00	165.95	373.21	29.95	28.23	21.66
2-6-1013	自动化线路敷设 光缆接头制作（芯/束以下） 12	（芯/束以下）	939.87	261.04	550.02	50.34	44.40	34.07
2-6-1014	自动化线路敷设 光缆成端头	个	148.27	87.32	21.38	13.32	14.85	11.40
2-6-1015	自动化线路敷设 光缆中继段测试	段	282.06	187.04	2.03	36.76	31.82	24.41

续前

编号	项目名称	单位	基价	人工费	材料费	施工机具使用费	管理费	利润
2-6-1016	自动化线路敷设 光电端机	台	668.22	429.39	26.89	82.86	73.04	56.04
2-6-1017	自动化线路敷设 同轴电缆 沿桥架/支架敷设（芯以下） 2	100m	859.18	268.99	509.33	0.00	45.76	35.10
2-6-1018	自动化线路敷设 同轴电缆 沿桥架/支架敷设（芯以下） 8	100m	974.26	347.25	504.69	17.93	59.07	45.32
2-6-1019	自动化线路敷设 同轴电缆 穿管敷设	100m	1018.46	400.16	489.05	8.96	68.07	52.22
2-6-1020	自动化线路敷设 同轴电缆 同轴电缆终端头制作 2 芯	个	41.00	17.95	17.62	0.04	3.05	2.34
2-6-1021	自动化线路敷设 同轴电缆 同轴电缆终端头制作 8 芯	个	76.47	44.03	19.02	0.18	7.49	5.75
2-6-1022	通信设备安装和试验 扩音对讲话站 室外普通式	台	117.91	88.99	1.93	0.24	15.14	11.61
2-6-1023	通信设备安装和试验 扩音对讲话站 防爆型	台	155.73	104.71	16.64	2.91	17.81	13.66
2-6-1024	通信设备安装和试验 扩音对讲话站 防水型	台	117.91	88.99	1.93	0.24	15.14	11.61
2-6-1025	通信设备安装和试验 扩音对讲话站 室内壁挂式	台	112.56	84.55	2.36	0.24	14.38	11.03
2-6-1026	通信设备安装和试验 扩音对讲话站 桌面安装	台	58.59	44.22	0.84	0.24	7.52	5.77
2-6-1027	通信设备安装和试验 扩音对讲话站 扩音对讲转接器	台	50.99	37.37	2.06	0.32	6.36	4.88
2-6-1028	通信设备安装和试验 扩音对讲话站 电源控制箱	台	740.44	550.93	20.06	3.84	93.71	71.90
2-6-1029	通信设备安装和试验 扩音对讲话站 数字程控调度机	台	1446.85	1081.51	29.30	10.94	183.96	141.14
2-6-1030	通信设备安装和试验 扩音对讲话机安装 普通型	台	22.34	14.99	0.17	2.67	2.55	1.96
2-6-1031	通信设备安装和试验 扩音对讲话机安装 防爆带箱型	台	337.48	68.45	245.79	2.67	11.64	8.93
2-6-1032	通信设备安装和试验 扩音对讲话机安装 无线普通型	台	33.62	22.76	0.54	3.48	3.87	2.97
2-6-1033	通信设备安装和试验 扩音对讲话机安装 无线防爆带箱型	台	92.64	67.53	1.33	3.48	11.49	8.81
2-6-1034	通信设备安装和试验 扩音设备安装 防爆防水扬声器	台	160.08	89.36	15.54	28.32	15.20	11.66
2-6-1035	通信设备安装和试验 扩音设备安装 扩音转接器	台	44.20	33.12	0.59	0.54	5.63	4.32

续前

编号	项目名称	单位	基价	人工费	材料费	施工机具使用费	管理费	利润
2-6-1036	通信设备安装和试验 扩音设备安装 阻抗均衡器	台	33.06	24.79	0.45	0.36	4.22	3.24
2-6-1037	通信设备安装和试验 扩音设备安装 防爆增音器	台	38.98	28.86	0.99	0.45	4.91	3.77
2-6-1038	通信设备安装和试验 扩音设备安装 吸顶式音箱	台	87.10	66.97	0.00	0.00	11.39	8.74
2-6-1039	通信设备安装和试验 扩音设备安装 壁挂式音箱	台	53.10	40.15	0.88	0.00	6.83	5.24
2-6-1040	通信设备安装和试验 扩音设备安装 扩音调度台	台	116.81	80.48	1.30	10.84	13.69	10.50
2-6-1041	通信设备安装和试验 对讲电话调试 集中放大式	套	1570.03	1028.05	13.51	219.44	174.87	134.16
2-6-1042	通信设备安装和试验 对讲电话调试 相互式	套	914.35	599.77	7.84	126.45	102.02	78.27
2-6-1043	通信设备安装和试验 对讲电话调试 复合式	套	2095.51	1370.67	17.98	294.84	233.15	178.87
2-6-1044	通信设备安装和试验 无线电台	台	88.07	59.20	5.11	5.96	10.07	7.73
2-6-1045	通信设备安装和试验 无线电台天线（4 扇/组）	组	683.19	484.52	0.39	52.63	82.42	63.23
2-6-1046	通信设备安装和试验 环形天线安装	组	194.25	143.01	2.56	5.69	24.33	18.66
2-6-1047	通信设备安装和试验 增益天线安装	组	219.47	162.62	1.93	6.04	27.66	21.22
2-6-1048	其他项目安装 金属穿线盒 普通型	10 个	174.24	119.33	19.04	0.00	20.30	15.57
2-6-1049	其他项目安装 金属穿线盒 防爆型	10 个	212.57	148.93	18.87	0.00	25.33	19.44
2-6-1050	其他项目安装 金属挠性管安装普通型	10 根	200.41	118.22	46.65	0.00	20.11	15.43
2-6-1051	其他项目安装 金属挠性管安装防爆型	10 根	235.43	146.34	45.10	0.00	24.89	19.10
2-6-1052	其他项目安装 电缆密封接头普通型	10 个	165.45	36.26	118.29	0.00	6.17	4.73
2-6-1053	其他项目安装 电缆密封接头防爆型	10 个	205.25	66.79	118.38	0.00	11.36	8.72
2-6-1054	其他项目安装 孔洞封堵 防爆胶泥	kg	42.91	11.29	28.23	0.00	1.92	1.47
2-6-1055	其他项目安装 孔洞封堵 发泡剂	kg	41.88	24.61	9.87	0.00	4.19	3.21
2-6-1056	其他项目安装 铜包钢焊接	点	115.50	17.39	92.88	0.00	2.96	2.27

十三、仪表盘、箱、柜安装

编号	项目名称	单位	基价	人工费	材料费	施工机具使用费	管理费	利润
2-6-1057	仪表盘、箱、柜安装 大型通道盘	台	1992.69	1217.30	25.92	383.55	207.06	158.86
2-6-1058	仪表盘、箱、柜安装 柜式、框架式盘	台	1369.88	807.53	19.48	300.13	137.36	105.38
2-6-1059	仪表盘、箱、柜安装 组合式盘台	台	1679.11	1005.29	22.66	348.97	171.00	131.19
2-6-1060	仪表盘、箱、柜安装 屏式盘	台	534.92	270.29	16.74	166.64	45.98	35.27
2-6-1061	仪表盘、箱、柜安装 充气式仪表柜	台	1932.63	1245.05	40.08	273.24	211.78	162.48
2-6-1062	仪表盘、箱、柜安装 半模拟盘（$1.4m^2$）	台	423.62	309.51	6.68	14.39	52.65	40.39
2-6-1063	仪表盘、箱、柜安装 操作台	台	653.18	453.62	23.61	39.59	77.16	59.20
2-6-1064	仪表盘、箱、柜安装 挂式盘	台	192.35	133.02	18.97	0.37	22.63	17.36
2-6-1065	仪表盘、箱、柜安装 盘、柜转角板、侧壁板	台	133.17	98.24	5.40	0.00	16.71	12.82
2-6-1066	仪表盘、箱、柜安装 接线箱/盒（端子数以下） 6	台	144.39	79.55	31.97	8.96	13.53	10.38
2-6-1067	仪表盘、箱、柜安装 接线箱/盒（端子数以下） 14	台	242.30	144.86	44.22	9.68	24.64	18.90
2-6-1068	仪表盘、箱、柜安装 接线箱/盒（端子数以下） 48	台	473.45	308.21	55.31	17.28	52.43	40.22
2-6-1069	仪表盘、箱、柜安装 接线箱/盒（端子数以下） 60	台	693.59	458.06	73.73	24.10	77.92	59.78
2-6-1070	仪表盘、箱、柜安装 防爆接线箱/盒（端子数以下） 6	台	163.85	93.43	34.52	7.82	15.89	12.19
2-6-1071	仪表盘、箱、柜安装 防爆接线箱/盒（端子数以下） 14	台	248.72	148.74	44.59	10.68	25.30	19.41
2-6-1072	仪表盘、箱、柜安装 防爆接线箱/盒（端子数以下） 48	台	479.03	311.73	55.84	17.75	53.03	40.68
2-6-1073	仪表盘、箱、柜安装 防爆接线箱/盒（端子数以下） 60	台	716.31	472.49	74.35	27.44	80.37	61.66
2-6-1074	仪表盘、箱、柜安装 保温（护）箱 玻璃钢制	台	443.53	280.28	78.62	0.37	47.68	36.58
2-6-1075	仪表盘、箱、柜安装 保温（护）箱 钢制	台	372.53	225.70	78.62	0.37	38.39	29.45
2-6-1076	仪表盘、箱、柜安装 电磁阀箱出口点（点以下） 5	台	444.71	212.38	162.18	6.30	36.13	27.72
2-6-1077	仪表盘、箱、柜安装 电磁阀箱出口点（点以下） 12	台	799.28	341.88	344.98	9.65	58.15	44.62
2-6-1078	仪表盘、箱、柜安装 电磁阀箱出口点（点以下） 19	台	1104.61	430.68	531.71	12.76	73.26	56.20
2-6-1079	仪表盘、箱、柜安装 供电箱	台	478.57	338.55	34.17	4.08	57.59	44.18

十四、仪表附件安装制作

编号	项目名称	单位	基价	人工费	材料费	施工机具使用费	管理费	利润
2-6-1080	仪表阀门安装与研磨 焊接式阀门（*DN*50 以下） 碳钢	个	474.53	39.78	417.92	4.87	6.77	5.19
2-6-1081	仪表阀门安装与研磨 焊接式阀门（*DN*50 以下） 不锈钢	个	486.87	46.81	418.82	7.17	7.96	6.11
2-6-1082	仪表阀门安装与研磨 法兰式阀门安装（*DN*50 以下）	个	562.29	24.61	529.85	0.43	4.19	3.21
2-6-1083	仪表阀门安装与研磨 取压根部阀 碳钢	个	477.24	31.82	435.36	0.50	5.41	4.15
2-6-1084	仪表阀门安装与研磨 取压根部阀 不锈钢	个	490.87	38.48	435.61	5.21	6.55	5.02
2-6-1085	仪表阀门安装与研磨 外螺纹阀门 碳钢	个	495.42	34.41	450.24	0.43	5.85	4.49
2-6-1086	仪表阀门安装与研磨 外螺纹阀门 不锈钢	个	508.19	40.15	450.08	5.89	6.83	5.24
2-6-1087	仪表阀门安装与研磨 外螺纹阀门 铜	个	510.86	41.44	451.04	5.92	7.05	5.41
2-6-1088	仪表阀门安装与研磨 内螺纹阀门 碳钢	个	478.79	21.46	450.34	0.54	3.65	2.80
2-6-1089	仪表阀门安装与研磨 内螺纹阀门 不锈钢	个	481.63	24.24	449.49	0.62	4.12	3.16
2-6-1090	仪表阀门安装与研磨 内螺纹阀门 铜	个	480.48	23.31	449.49	0.67	3.97	3.04
2-6-1091	仪表阀门安装与研磨 卡套式阀门	个	464.44	12.95	447.03	0.57	2.20	1.69
2-6-1092	仪表阀门安装与研磨 气源球阀	个	467.03	14.99	447.00	0.53	2.55	1.96
2-6-1093	仪表阀门安装与研磨 三阀组、五阀组 碳钢	个	562.23	48.10	499.67	0.00	8.18	6.28
2-6-1094	仪表阀门安装与研磨 三阀组、五阀组 不锈钢	个	580.92	53.28	503.01	8.62	9.06	6.95
2-6-1095	仪表阀门安装与研磨 高压角阀（*DN*6）	个	671.92	33.86	627.41	0.47	5.76	4.42
2-6-1096	仪表阀门安装与研磨 表用阀门研磨	个	48.84	30.90	8.22	0.43	5.26	4.03
2-6-1097	仪表支架制作与安装 托臂安装（臂长 mm 以内） 500	个	140.90	53.47	71.35	0.00	9.10	6.98
2-6-1098	仪表支架制作与安装 托臂安装（臂长 mm 以内） 800	个	157.74	66.42	71.35	0.00	11.30	8.67

续前

编号	项目名称	单位	基价	人工费	材料费	施工机具使用费	管理费	利润
2-6-1099	仪表支架制作与安装 桥架立柱安装（高 mm 以内） 1000	个	196.81	91.95	76.48	0.74	15.64	12.00
2-6-1100	仪表支架制作与安装 桥架立柱安装（高 mm 以内） 2500	个	284.57	141.53	76.48	24.02	24.07	18.47
2-6-1101	仪表支架制作与安装 桥架立柱安装（高 mm 以内） 4000	个	399.03	191.29	76.81	73.43	32.54	24.96
2-6-1102	仪表支架制作与安装 仪表支吊架安装 双杆吊架安装	5 对	820.85	512.45	154.36	0.00	87.17	66.87
2-6-1103	仪表支架制作与安装 仪表支吊架安装 电缆穿墙密封架安装	个	966.73	382.03	466.93	2.94	64.98	49.85
2-6-1104	仪表支架制作与安装 仪表支吊架安装 冲孔板/槽安装	m	332.02	35.71	285.58	0.00	6.07	4.66
2-6-1105	仪表支架制作与安装 仪表立柱制作	10 根	1933.68	1060.61	516.51	37.74	180.41	138.41
2-6-1106	仪表支架制作与安装 仪表立柱安装	10 根	1589.92	370.74	1103.55	4.19	63.06	48.38
2-6-1107	仪表支架制作与安装 混凝土基础 400 × 400	10 个	4793.83	2922.45	787.61	205.28	497.11	381.38

附　　录

材料价格明细表

序号	材料编码	材料名称	单位	不含税价
1	010100004	钢筋（综合）	kg	3.37
2	010100006	钢筋 ϕ10 以内	t	3370.00
3	010100007	钢筋 ϕ10 以内	kg	3.37
4	010100010	钢筋 ϕ10 以外	kg	3.37
5	010100017	钢筋 ϕ14	kg	3.37
6	010101002	热轧光圆钢筋 HPB300 ϕ10 以内	kg	3.37
7	010101004	热轧光圆钢筋 HPB300 ϕ20 以内	kg	3.37
8	010101009	热轧光圆钢筋 HPB300 ϕ8	kg	3.37
9	010101010	热轧光圆钢筋 HPB300 ϕ10	kg	3.37
10	010101012	热轧光圆钢筋 HPB300 ϕ14	kg	3.37
11	010101013	热轧光圆钢筋 HPB300 ϕ20	kg	3.37
12	010101017	热轧圆盘条 ϕ10 以内	kg	3.37
13	010103020	热轧带肋钢筋 HRB400 ϕ12	kg	3.25
14	010103022	热轧带肋钢筋 HRB400 ϕ20	kg	3.25
15	010103023	热轧带肋钢筋 HRB400 ϕ28	kg	3.25
16	010107001	冷轧扭钢筋 ϕ8	kg	3.57
17	010107003	冷轧扭钢筋 ϕ12	kg	3.57
18	010111001	预应力螺纹钢筋 ϕ20	kg	4.35
19	010111002	预应力螺纹钢筋 ϕ25	kg	4.35
20	010111003	预应力螺纹钢筋 ϕ32	kg	4.35
21	010111004	预应力螺纹钢筋 ϕ40	kg	4.35
22	010301007	钢丝 ϕ4.0	kg	4.98
23	010500001	钢丝绳（综合）	kg	8.50
24	010501005	钢丝绳 ϕ4.5	m	1.75
25	010700001	钢绞线（综合）	t	4314.00
26	010700002	钢绞线（综合）	kg	4.31
27	010700004	钢绞线涂包费	kg	1.50
28	010900001	圆钢（综合）	t	3370.00
29	010900002	圆钢（综合）	kg	3.37
30	010901006	圆钢 ϕ6～8	kg	3.37
31	010901008	圆钢 ϕ10～14	kg	3.37
32	010903001	镀锌圆钢（综合）	kg	4.87
33	010903007	镀锌圆钢 ϕ10～25	kg	4.87

续前

序号	材料编码	材料名称	单位	不含税价
34	011300002	扁钢（综合）	kg	3.56
35	011301001	扁钢 59 以内	kg	3.56
36	011301003	扁钢 60 以内	kg	3.56
37	011303001	镀锌扁钢（综合）	kg	4.64
38	011303005	镀锌扁钢 40×4	kg	4.64
39	011307002	不锈钢扁钢 59 以内	kg	14.95
40	011505001	六角空心钢（综合）	kg	3.65
41	011901004	槽钢 5～16#	kg	3.48
42	011901006	槽钢 10～16#	t	3482.33
43	011901014	基础槽（角）钢	m	28.00
44	012100002	角钢（综合）	kg	3.62
45	012101001	角钢 50×5 以内	kg	3.62
46	012101006	角钢 50	t	3616.00
47	012101008	角钢 60	kg	3.62
48	012101010	角钢 63	kg	3.62
49	012105001	镀锌角钢（综合）	kg	4.55
50	012105004	镀锌角钢 60 以内	kg	4.55
51	012300001	型钢（综合）	kg	3.32
52	012300003	型钢（综合）	t	3324.67
53	012900002	钢板（综合）	kg	3.81
54	012900017	钢板 δ4.5～7	kg	3.81
55	012901006	热轧薄钢板 δ1.0～1.5	kg	3.81
56	012901009	热轧薄钢板 δ1.6～1.9	kg	3.81
57	012901010	热轧薄钢板 δ2.0～2.5	kg	3.81
58	012901015	热轧薄钢板 δ3.5～4.0	kg	3.81
59	012901016	热轧薄钢板 δ0.5	m^2	14.95
60	012901019	热轧薄钢板 δ2.0	m^2	59.79
61	012901022	热轧薄钢板 δ3.0	m^2	89.68
62	012901027	热轧薄钢板 60×110×1.5	块	0.30
63	012903002	中厚钢板（综合）	kg	3.81
64	012903004	热轧中厚钢板 δ15 以内	kg	3.81
65	012903010	热轧中厚钢板 δ8～15	kg	3.81
66	012903011	热轧中厚钢板 δ8～20	kg	3.81
67	012903013	热轧中厚钢板 δ10～20	kg	3.81
68	012903014	热轧中厚钢板 δ12～20	kg	3.81
69	012903020	热轧中厚钢板 δ10	kg	3.81
70	012903023	热轧中厚钢板 δ20	kg	3.81

续前

序号	材料编码	材料名称	单位	不含税价
71	012907003	镀锌钢板 400 × 1	m	13.48
72	012907004	镀锌薄钢板（综合）	m^2	34.26
73	012907008	镀锌薄钢板 δ1～1.5	kg	4.36
74	012907012	镀锌薄钢板 δ0.5	m^2	17.13
75	012907015	镀锌薄钢板 δ0.6	m^2	20.55
76	012907017	镀锌薄钢板 δ0.75	m^2	25.69
77	012907019	镀锌薄钢板 δ1.0	m^2	34.26
78	012907021	镀锌薄钢板 δ1.2	m^2	41.11
79	012913011	不锈钢板 δ1	m^2	113.77
80	012913013	不锈钢板 δ2	m^2	227.54
81	012913015	不锈钢板 δ3	m^2	341.32
82	012927004	接地钢板	块	9.73
83	012927006	接地铜板	块	130.00
84	012927009	镀铬钢板 δ2.5	m^2	100.73
85	012935001	止水钢板（成品） 3 × 400mm	m	35.87
86	013503001	紫铜板（综合）	kg	62.57
87	013503004	紫铜板 δ0.25～0.5	kg	62.57
88	013503005	紫铜板 450 × 2	m	492.32
89	014301001	铝板（综合）	kg	22.00
90	014301002	铝板 δ2	m^2	109.20
91	014301004	铝板 δ3	m^2	163.80
92	015305001	封铅 含铅 65% 锡 35%	kg	31.82
93	016305002	金属材料（摊销）	kg	4.34
94	020101001	橡胶板（综合）	kg	8.70
95	020101002	橡胶板 δ1～3	kg	8.70
96	020101005	橡胶板 δ5～10	kg	8.70
97	020101009	橡胶板 δ4	kg	8.70
98	020101013	软橡胶板	m^2	46.42
99	020111004	石棉橡胶板 δ1.5	m^2	15.40
100	020111005	石棉橡胶板 δ3	kg	6.42
101	020111006	石棉橡胶板 低压 δ0.8～6	kg	6.42
102	020111009	石棉橡胶板 高压 δ1～6	kg	9.16
103	020117003	耐酸橡胶板 δ3	kg	24.26
104	020323003	自粘性橡胶带 25mm × 20m	卷	20.88
105	020501001	橡胶圈（综合）	个	20.57
106	020501003	橡胶圈（给水） *DN*100	个	6.90
107	020501004	橡胶圈（给水） *DN*150	个	7.96

续前

序号	材料编码	材料名称	单位	不含税价
108	020501005	橡胶圈（给水） *DN*200	个	11.15
109	020501021	橡胶护套圈 ϕ6～32	个	0.88
110	020507002	楔形弹性橡胶圈（三元乙丙密封胶条）	10m	6.63
111	020901001	塑料薄膜	m^2	1.96
112	020901003	聚氯乙烯薄膜	m^2	3.03
113	020901004	聚氯乙烯薄膜	kg	14.30
114	020901006	聚乙烯薄膜 δ0.05	m^2	2.07
115	020905001	塑料布	m^2	1.77
116	020907001	清洁布 250×250	块	1.49
117	020911001	帆布	m^2	7.63
118	021101001	聚氯乙烯板（综合）	kg	9.20
119	021101005	软聚氯乙烯板 δ4	m^2	39.73
120	021101008	硬聚氯乙烯板 δ3～8	m^2	46.34
121	021101010	硬聚氯乙烯板 δ6	m^2	59.61
122	021101011	硬聚氯乙烯板 δ8	m^2	79.48
123	021101012	硬聚氯乙烯板 δ12	m^2	119.22
124	021101013	硬聚氯乙烯板 δ14	m^2	139.09
125	021107002	塑料防水板	m^2	18.80
126	021301001	尼龙扎带（综合）	根	0.10
127	021301005	尼龙扎带 $L=100$～150	个	0.04
128	021301009	塑料带 20mm×40m	卷	5.89
129	021301011	塑料打包带	kg	7.61
130	021301012	扁形塑料绑带	m	0.42
131	021303001	三色塑料带（综合）	kg	10.62
132	021303002	三色塑料带 20mm×40m	m	0.03
133	021305001	自粘性塑料带 20mm×20m	卷	5.08
134	021905001	塑料盖	个	0.05
135	021907001	塑料台	个	1.77
136	021907002	塑料圆台	块	0.41
137	021915002	尼龙绳 ϕ0.5～1	kg	5.87
138	021917002	闭孔乳胶海棉 δ20	m^2	8.50
139	021925003	尼龙帽 ϕ1.5	个	1.06
140	022701001	棉纱	kg	6.42
141	022701002	棉纱线	kg	6.42
142	022701003	棉纱头	kg	9.34
143	022701004	棉丝	kg	14.00
144	022702002	白纱布带 20mm×20m	卷	5.84

续前

序号	材料编码	材料名称	单位	不含税价
145	022703001	白布	m^2	2.58
146	022703002	白布	m	2.33
147	022703003	白布	kg	7.74
148	022703005	细白布（综合）	m	1.59
149	022703006	细白布 宽 900	m	4.46
150	022901001	麻绳（综合）	kg	6.85
151	022901002	麻绳 ϕ12	m	0.83
152	022901006	白棕绳 ϕ40	kg	9.00
153	022907001	麻丝	kg	11.50
154	022907003	线麻	kg	11.04
155	022909001	白绸	m^2	14.16
156	023101003	无纺土工布	m^2	2.54
157	023301002	草袋	个	1.46
158	023301003	草袋	m^2	3.38
159	030101004	铁铆钉	kg	8.91
160	030101005	镀锌铆钉 M4	kg	9.62
161	030103002	半圆头螺钉（综合）	10 套	3.81
162	030103003	半圆头螺钉 M6～8 × 12～30	10 套	2.93
163	030103004	半圆头螺钉 M6～12 × 12～50	10 套	3.01
164	030103005	半圆头螺钉 M4 × 6	10 套	2.48
165	030103008	半圆头螺钉 M6 × 20	套	0.31
166	030103009	半圆头螺钉 M10 × 100	套	0.38
167	030103010	半圆头螺钉 M10 × 100	10 套	3.81
168	030103012	半圆头铜螺钉带螺母 M4 × 10	套	0.18
169	030103014	沉头螺钉 M6 × 55～65	个	0.42
170	030103031	镀锌螺钉 M2～5 × 4～50	个	0.16
171	030103034	镀锌木螺钉 d2～5 × 4～50	10 个	0.53
172	030103035	镀锌木螺钉 d6 × 100	10 个	0.64
173	030103038	自攻螺钉 ST4 × 12	10 个	0.48
174	030103042	镀锌自攻螺钉 ST4～6 × 10～16	10 个	0.48
175	030103047	镀锌自攻螺钉 ST5 × 16	个	0.12
176	030103050	木螺钉 *d*4 × 65 以下	10 个	0.62
177	030103052	木螺钉 *d*2～4 × 6～65	个	0.07
178	030103053	木螺钉 *d*2～4 × 6～65	10 个	0.71
179	030103054	木螺钉 *d*4.5～6 × 15～100	个	0.08
180	030103055	木螺钉 *d*4.5～6 × 15～100	10 个	0.80
181	030103056	木螺钉 *d*2.5 × 20	10 个	0.51

续前

序号	材料编码	材料名称	单位	不含税价
182	030103058	木螺钉 $d2.5\times25$	10 个	0.53
183	030103060	木螺钉 $d4\times40$	10 个	0.71
184	030103063	木螺钉 $d4\times65$	个	0.07
185	030103064	木螺钉 $d4\times65$	10 个	0.71
186	030103065	木螺钉 $d4\times75$	10 个	0.71
187	030103067	木螺钉 $d6\times100$	10 个	0.80
188	030103074	工程塑料膨胀钉加自攻螺丝	套	0.04
189	030105002	半圆头镀锌螺栓 M2～5×15～50	套	0.22
190	030105003	半圆头镀锌螺栓 M2～5×15～50	10 套	2.20
191	030105004	半圆头镀锌螺栓 M6～12×22～80	套	0.31
192	030105005	半圆头镀锌螺栓 M6～12×22～80	10 套	3.10
193	030105006	半圆头螺栓带螺母 M5×15	10 套	3.00
194	030105007	半圆头镀锌螺栓 M5×40	套	0.31
195	030105014	不锈钢六角螺栓带螺母 M6×50 以下	10 套	7.96
196	030105015	不锈钢六角螺栓带螺母 M8×50 以下	10 套	12.74
197	030105033	带帽六角螺栓 M2～5×4～20	10 套	4.46
198	030105042	地脚螺栓 M10×100	套	1.17
199	030105046	六角螺栓（综合）	kg	8.08
200	030105047	六角螺栓（综合）	10 套	2.82
201	030105049	六角螺栓 M6～8×20～50	套	0.14
202	030105050	六角螺栓 M6～8×20～70	套	0.17
203	030105051	六角螺栓 M6～10×20～70	套	0.19
204	030105052	六角螺栓 M10×20～50	套	0.25
205	030105053	六角螺栓 M12×20～100	套	0.29
206	030105054	六角螺栓 M14×14～75	套	0.55
207	030105058	六角螺栓 M12×70	套	0.29
208	030105063	六角螺栓带螺母 M6×75 以下	10 套	3.36
209	030105064	六角螺栓带螺母 M8×75 以下	10 套	6.55
210	030105065	六角螺栓带螺母 M10×75 以下	10 套	9.91
211	030105066	六角螺栓带螺母 M14×75 以下	10 套	19.26
212	030105068	六角螺栓带螺母 M30×60 以下	10 套	139.47
213	030105070	六角螺栓带螺母 M6×30～50	10 套	15.58
214	030105071	六角螺栓带螺母 M8×30～50	10 套	6.55
215	030105072	六角螺栓带螺母 M10×80～130	10 套	9.91
216	030105074	六角螺栓带螺母 M20×100～150	10 套	67.17
217	030105075	六角螺栓带螺母 M6×75	10 套	0.41
218	030105077	六角螺栓带螺母 M8×75	套	0.70

续前

序号	材料编码	材料名称	单位	不含税价
219	030105078	六角螺栓带螺母 M8×75	10套	6.99
220	030105081	六角螺栓带螺母 M10×60	10套	7.88
221	030105082	六角螺栓带螺母 M10×75	10套	9.65
222	030105085	六角螺栓带螺母 M12×55	套	0.92
223	030105088	六角螺栓带螺母 M12×75	10套	15.75
224	030105091	六角螺栓带螺母 M12×200	kg	8.08
225	030105093	六角螺栓带螺母 M16×80	套	2.68
226	030105098	六角螺栓带螺母 M20×60	10套	34.07
227	030105102	六角螺栓带螺母 M24×80	10套	68.14
228	030105104	六角螺栓带螺母 M24×120	10套	80.80
229	030105107	六角螺栓带螺母 M30×120	10套	14.65
230	030105111	六角螺栓带螺母、垫圈（综合）	kg	8.08
231	030105112	六角螺栓带螺母、垫圈 M8×14～75	套	0.79
232	030105113	六角螺栓带螺母、垫圈 M10×30～75	套	0.92
233	030105114	六角螺栓带螺母、垫圈 M12×14～75	套	1.19
234	030105115	六角螺栓带螺母、垫圈 M16×65～80	套	2.79
235	030105116	六角螺栓带螺母、垫圈 M16×85～140	套	2.88
236	030105117	六角螺栓带螺母、垫圈 M20×85～100	套	4.51
237	030105127	六角螺栓带螺母、垫圈 M14×90	套	2.26
238	030105157	镀锌六角螺栓带螺母 M8×75	套	0.65
239	030105180	镀锌六角螺栓带螺母 2平垫1弹垫 M8×100以内	10套	6.90
240	030105181	镀锌六角螺栓带螺母 2平垫1弹垫 M10×50以内	10套	4.42
241	030105182	镀锌六角螺栓带螺母 2平垫1弹垫 M10×100以内	10套	8.67
242	030105183	镀锌六角螺栓带螺母 2平垫1弹垫 M16×100以内	10套	28.58
243	030105185	镀锌六角螺栓带螺母 2平垫1弹垫 M20×100以内	10套	31.86
244	030105205	双头螺栓 M16×340	10套	83.72
245	030105207	双头螺栓带螺母 M16×120～140	套	6.30
246	030105208	双头螺栓带螺母 M20×150～190	套	10.44
247	030105213	铜六角螺栓带螺母 M6×30	套	0.78
248	030105219	U型螺栓 M10×50	套	0.69
249	030105221	高强螺栓	套	3.86
250	030105228	螺栓绝缘外套	个	1.55
251	030107002	膨胀螺栓（综合）	kg	11.02
252	030107010	膨胀螺栓 M10～16	套	4.30
253	030107011	膨胀螺栓 M6	套	0.73
254	030107012	膨胀螺栓 M6	10套	7.35
255	030107013	膨胀螺栓 M8	套	0.75

续前

序号	材料编码	材料名称	单位	不含税价
256	030107014	膨胀螺栓 M8	10套	7.52
257	030107015	膨胀螺栓 M10	套	0.94
258	030107016	膨胀螺栓 M10	10套	9.38
259	030107018	膨胀螺栓 M12	套	1.41
260	030107019	膨胀螺栓 M12	10套	14.07
261	030107020	膨胀螺栓 M14	套	1.90
262	030107022	膨胀螺栓 M16	套	2.50
263	030107023	膨胀螺栓 M16	10套	18.45
264	030107030	膨胀螺栓 M6×75	套	0.27
265	030107042	膨胀螺栓 M12×100	套	0.97
266	030107048	镀锌膨胀螺栓 M8	10套	5.13
267	030107050	镀锌膨胀螺栓 M10	10套	5.49
268	030107054	金属膨胀螺栓 M8	套	0.40
269	030107056	塑料膨胀螺栓	套	0.43
270	030109003	镀锌锁紧螺母 *DN*100×3	个	11.69
271	030109004	镀锌锁紧螺母 *DN*15×1.5	个	0.68
272	030109005	镀锌锁紧螺母 *DN*15×3	个	0.78
273	030109006	镀锌锁紧螺母 *DN*15×3	10个	7.79
274	030109007	镀锌锁紧螺母 *DN*20×1.5	个	0.34
275	030109008	镀锌锁紧螺母 *DN*20×3	个	0.90
276	030109009	镀锌锁紧螺母 *DN*20×3	10个	9.03
277	030109010	镀锌锁紧螺母 *DN*25×3	个	1.08
278	030109012	镀锌锁紧螺母 *DN*32×3	个	1.11
279	030109013	镀锌锁紧螺母 *DN*40×3	个	1.15
280	030109015	镀锌锁紧螺母 *DN*50×3	个	4.61
281	030109016	镀锌锁紧螺母 *DN*65×3	个	5.89
282	030109017	镀锌锁紧螺母 *DN*80×3	个	8.42
283	030109028	六角螺母 M6～10	10个	0.80
284	030109036	铜蝶形螺母 M8	10个	1.86
285	030113001	垫圈（综合）	kg	12.58
286	030113004	垫圈 M2～8	10个	1.00
287	030113005	垫圈 M10～20	10个	1.06
288	030113009	不锈钢垫圈 M10～12	10个	0.18
289	030113010	弹簧垫圈 M2～10	10个	0.90
290	030113012	弹簧垫圈 M6	个	0.06
291	030117005	圆锥销 3×18	10个	1.59
292	030301001	弹子锁	把	42.48

续前

序号	材料编码	材料名称	单位	不含税价
293	030301004	门锁及五金	套	50.00
294	030302001	电子锁	把	224.78
295	030305002	底板拉手	个	13.25
296	030305003	管子拉手	把	8.80
297	030305004	高档门拉手	副	190.27
298	030305007	执手锁	把	26.55
299	030305008	酚醛塑料把手 BX32	个	8.41
300	030309001	合页	副	1.77
301	030309007	弹簧合页	副	15.80
302	030311001	闭门器	套	94.69
303	030312001	地弹簧	套	101.77
304	030313005	吊装滑动门轨	m	30.09
305	030319001	门磁吸	只	13.27
306	030327001	电动装置	套	2000.00
307	030329001	门猫眼	套	24.87
308	030333001	防盗门扣	副	13.27
309	030337001	顺位器	套	10.62
310	030339001	门轧头	只	3.10
311	030355001	不锈钢玻璃门传感装置	套	796.46
312	030355006	附框	m	48.94
313	030355007	铝合金门窗配件 固定连接铁件（地脚）3 × 30 × 300（mm）	个	19.50
314	030355014	推手板	把	7.08
315	030901002	直螺纹连接套筒 ϕ22	个	4.50
316	030901003	直螺纹连接套筒 ϕ25	个	5.99
317	030901004	直螺纹连接套筒 ϕ28	个	7.40
318	030901005	直螺纹连接套筒 ϕ32	个	9.11
319	030905001	挤压套筒 ϕ22	个	3.50
320	030905002	挤压套筒 ϕ25	个	4.50
321	030905003	挤压套筒 ϕ28	个	5.50
322	030905004	挤压套筒 ϕ32	个	6.50
323	030907001	锚具（综合）	套	97.35
324	030907007	钢绞线群锚	套	150.73
325	030907008	工具锚	套	90.00
326	030907017	张拉锚具及其他材料	kg	5.65
327	031101001	砂轮片（综合）	片	9.87
328	031101002	砂轮片 ϕ100	片	2.02

续前

序号	材料编码	材料名称	单位	不含税价
329	031101006	砂轮片 ϕ400	片	13.74
330	031101008	树脂砂轮切割片 ϕ400	片	16.81
331	031101009	尼龙砂轮片 ϕ100	片	2.93
332	031101012	尼龙砂轮片 ϕ400	片	10.22
333	031101014	尼龙砂轮片 $\phi 500 \times 25 \times 4$	片	12.96
334	031101020	金刚石砂轮片 ϕ400	片	134.39
335	031102001	砂纸	张	1.18
336	031102003	砂布	张	1.23
337	031102004	铁砂布（综合）	张	1.61
338	031102005	铁砂布 0～2#	张	1.35
339	031301001	不锈钢焊条（综合）	kg	27.92
340	031301002	不锈钢焊条 A102 ϕ2.5	kg	28.81
341	031301003	不锈钢焊条 A102 ϕ3.2	kg	27.04
342	031301005	低合金钢焊条 E43（综合）	kg	11.50
343	031301007	低碳钢焊条（综合）	kg	10.53
344	031301008	低碳钢焊条 J422（综合）	kg	9.03
345	031301009	低碳钢焊条 J427（综合）	kg	11.06
346	031301011	电焊条（综合）	kg	19.56
347	031301013	电焊条 L60（综合）	kg	28.23
348	031301015	聚氯乙烯焊条（综合）	kg	27.44
349	031301018	硬聚氯乙烯焊条 ϕ4	kg	24.78
350	031301020	铝焊条 L109（综合）	kg	138.05
351	031301021	钢焊条 J507（综合）	kg	8.76
352	031301023	碳钢气焊条（综合）	kg	10.53
353	031301024	铜焊条（综合）	kg	93.81
354	031301025	紫铜电焊条 T107 ϕ3.2	kg	85.66
355	031303004	合金钢氩弧焊丝	kg	33.63
356	031303008	碳钢氩弧焊丝	kg	24.78
357	031303009	铜焊丝（综合）	kg	102.65
358	031303010	铜氩弧焊丝	kg	102.65
359	031303013	焊丝 ϕ3.2	kg	12.51
360	031303015	铝焊丝 丝 301（综合）	kg	41.42
361	031303016	铝锰合金焊丝 丝 321（综合）	kg	56.64
362	031303017	不锈钢焊丝（综合）	kg	29.91
363	031303018	不锈钢氩弧焊丝（综合）	kg	29.91
364	031303019	焊锡丝（综合）	kg	244.25
365	031303020	松香焊锡丝（综合）	m	5.31

续前

序号	材料编码	材料名称	单位	不含税价
366	031305001	焊剂	kg	32.00
367	031305002	焊锡	kg	244.25
368	031305003	焊锡膏	kg	37.96
369	031305004	焊药（铜包钢）	包	73.01
370	031307001	铝焊粉	kg	31.86
371	031307002	铜焊粉	kg	37.35
372	031309001	低银铜磷钎料 BCu91PAg	kg	345.13
373	031309002	锡基钎料	kg	67.90
374	031501001	扒钉	kg	4.60
375	031501003	水泥钉	kg	8.14
376	031501007	圆钉	kg	7.01
377	031502012	鞋钉 20	kg	7.01
378	031505005	镀锌钢丝网 $\phi1.6\times20\times20$	m^2	9.06
379	031505013	钢筋网片	t	4210.00
380	031505019	金属滤网	m^2	19.09
381	031505023	滤网	m	10.00
382	031507007	镀锌铁丝（综合）	kg	6.85
383	031507010	镀锌铁丝 $\phi0.7\sim1.2$	kg	7.40
384	031507011	镀锌铁丝 $\phi1.2\sim1.6$	kg	7.01
385	031507012	镀锌铁丝 $\phi1.2\sim2.2$	kg	6.81
386	031507014	镀锌铁丝 $\phi1.6\sim1.2$	kg	7.01
387	031507016	镀锌铁丝 $\phi2.5\sim1.4$	kg	6.72
388	031507017	镀锌铁丝 $\phi2.5\sim4.0$	kg	6.42
389	031507018	镀锌铁丝 $\phi2.8\sim4.0$	kg	6.42
390	031507020	镀锌铁丝 $\phi0.7$	kg	7.79
391	031507028	镀锌铁丝 $\phi2.8$	kg	6.64
392	031507031	镀锌铁丝 $\phi4.0$	kg	6.23
393	031509001	铁件（综合）	kg	4.82
394	031509002	铁件	kg	4.82
395	031509003	L 形铁件 $(12+12)\times6\times0.15$	个	4.50
396	031509005	垫铁	kg	4.97
397	031509007	平垫铁（综合）	kg	5.12
398	031509010	斜垫铁（综合）	kg	5.12
399	031509019	其他铁件	kg	6.13
400	031509022	预埋铁件	kg	4.84
401	031515001	地锁	把	22.00
402	031519001	钻头	kg	19.47

续前

序号	材料编码	材料名称	单位	不含税价
403	031519002	钻头 ϕ6～13	个	1.68
404	031519003	冲击钻头 ϕ6～8	个	1.37
405	031519004	冲击钻头 ϕ6～12	个	2.02
406	031519005	冲击钻头 ϕ8～16	个	2.86
407	031519006	冲击钻头 ϕ10～20	个	4.52
408	031519007	冲击钻头 ϕ8	个	1.40
409	031519008	冲击钻头 ϕ10	个	2.05
410	031519009	冲击钻头 ϕ12	个	2.15
411	031519011	冲击钻头 ϕ14	个	6.00
412	031519012	冲击钻头 ϕ16	个	7.00
413	031519013	冲击钻头 ϕ18	个	8.00
414	031519014	冲击钻头 ϕ20	个	9.00
415	031519016	合金钢钻头	个	6.00
416	031519017	合金钢钻头（综合）	个	8.00
417	031519022	合金钢钻头 ϕ10	个	4.00
418	031519026	合金钢钻头一字型	个	6.00
419	031519029	扩孔钻头	个	80.00
420	031519030	普通钻头 ϕ4～6	kg	3.00
421	031526001	合金钎头 ϕ135	个	117.04
422	031526002	合金钎头 ϕ150	个	166.37
423	031526003	合金钎头 ϕ160	个	213.27
424	031527002	刀片 D1000	片	995.58
425	031527005	割管刀片	片	21.80
426	031527006	合金刀片	kg	9.00
427	031527007	合金钢切割片 ϕ300	片	106.19
428	031541002	锯条（综合）	根	0.56
429	031541003	钢锯条	条	0.42
430	031561002	索具螺旋扣 M14 × 150	套	5.20
431	031561003	索具螺旋扣 M14 × 270	套	6.07
432	031561004	索具螺旋扣 M16 × 250	套	10.53
433	031599004	瓷嘴	个	1.90
434	031599008	钢精扎头 1～5$^{\#}$	包	1.77
435	031599012	接头专用枪子弹	发	5.73
436	031599026	明角片	m^2	13.73
437	031599027	射钉弹	套	0.81
438	040100002	水泥 32.5	t	353.98
439	040100003	水泥 32.5	kg	0.35

续前

序号	材料编码	材料名称	单位	不含税价
440	040100005	水泥 42.5	t	452.00
441	040100006	水泥 42.5	kg	0.45
442	040115001	膨胀水泥	kg	0.63
443	040115002	硅酸盐膨胀水泥	kg	0.63
444	040300002	砂粒	m^3	195.00
445	040300003	砂子	m^3	195.00
446	040300004	砂子	kg	0.15
447	040301001	中砂	m^3	210.00
448	040301003	中砂	t	140.00
449	040303001	中粗砂	m^3	210.00
450	040305002	粗砂	m^3	215.00
451	040306001	细砂	m^3	209.00
452	040315002	黄砂 毛砂	t	105.83
453	040327001	凡尔砂	kg	34.18
454	040500001	石子	m^3	225.00
455	040501001	碎石（综合）	t	174.76
456	040501002	碎石（综合）	m^3	181.00
457	040501011	碎石 20～40	m^3	181.00
458	040501012	碎石 25～40	m^3	181.00
459	040501013	碎石 30～50	m^3	253.00
460	040501015	碎石 50～80	m^3	253.00
461	040501019	碎石 20	m^3	182.00
462	040501021	碎石 40	m^3	181.00
463	040505001	砂砾 5～12mm	m^3	204.00
464	040505005	砾石 10mm	m^3	225.00
465	040505007	砾石 40mm	m^3	239.00
466	040505008	砂砾石	t	165.05
467	040707001	炉（矿）渣（综合）	m^3	136.09
468	040707003	石灰炉（矿）渣 1：4	m^3	229.13
469	040707005	水泥石灰炉渣 1：1：10	m^3	106.80
470	040711001	焦渣	m^3	120.68
471	040901002	黄土	m^3	24.27
472	040901004	黏土	m^3	24.27
473	040901006	膨润土	kg	0.78
474	040905001	生石灰	t	455.00
475	040905007	石膏粉	kg	0.55
476	040907001	粉煤灰	t	97.35

续前

序号	材料编码	材料名称	单位	不含税价
477	040915001	白垩粉	kg	0.45
478	041103002	毛石（综合）	m^3	174.37
479	041105001	方整石	m^3	663.42
480	041105003	方整天然石板	m^2	194.69
481	041107003	块石 200～500	t	145.63
482	041107004	料石	m^3	165.49
483	041107007	细料石	m^3	323.45
484	041303001	烧结多孔砖 240×115×90	千块	1238.94
485	041313001	烧结煤矸石空心砖 240×240×115	千块	450.00
486	041313002	烧结煤矸石普通砖 240×115×53	千块	568.83
487	041325001	陶粒混凝土实心砖 190×90×53	千块	699.82
488	041325002	陶粒混凝土实心砖 240×115×53	千块	739.23
489	041501004	混凝土预制块	m^3	1150.44
490	041507001	蒸压粉煤灰加气混凝土砌块 600×120×240	m^3	264.00
491	041507002	蒸压粉煤灰加气混凝土砌块 600×190×240	m^3	264.00
492	041507003	蒸压粉煤灰加气混凝土砌块 600×240×240	m^3	264.00
493	041509001	陶粒混凝土小型砌块 390×120×190	m^3	260.00
494	041509002	陶粒混凝土小型砌块 390×190×190	m^3	200.00
495	041509003	陶粒混凝土小型砌块 390×240×190	m^3	260.00
496	041513001	烧结页岩空心砌块 290×115×190	m^3	345.73
497	041513002	烧结页岩空心砌块 290×190×190	m^3	345.73
498	041513003	烧结页岩空心砌块 290×240×190	m^3	345.73
499	042709001	钢筋混凝土 PHC 桩	m^3	793.04
500	042709003	钢筋混凝土方桩	m^3	681.42
501	042709005	钢筋混凝土管桩	m^3	597.35
502	042725006	钢筋混凝土井管 ϕ360	m	120.00
503	042725007	钢筋混凝土滤水井管 ϕ360	m	130.00
504	050100001	原木（综合）	m^3	1895.00
505	050109001	枕木（综合）	m^3	2020.00
506	050301002	木材（成材）	m^3	2065.00
507	050301004	木板（综合）	m^3	2065.00
508	050301009	松厚板	m^3	2065.00
509	050401003	板枋材	m^3	2065.00
510	050401006	板枋材 杉木	m^3	2065.00
511	050500009	胶木板	kg	21.17
512	051703002	木丝板 δ25	m^2	21.70
513	051705001	环氧树脂板	块	47.06

续前

序号	材料编码	材料名称	单位	不含税价
514	051707001	复合型板材	m^2	221.18
515	052305001	圆木台 （63～138）×22	块	0.12
516	052501001	垫木	m^3	2020.00
517	052501005	硬垫木	m^3	1992.00
518	053101001	毛竹	根	21.43
519	053507002	竹篱片	m^2	3.25
520	060500002	钢化玻璃 $\delta12$	m^2	92.92
521	090503002	铝合金方板 $\delta0.8$	m^2	46.02
522	091501001	石棉水泥板 $\delta20$	m^2	39.82
523	092701001	玻璃纤维布（综合）	m^2	2.60
524	092705001	破布	kg	5.58
525	092705002	纱布	张	2.50
526	092705008	聚酯布 100g/m^2	m^2	1.71
527	093301001	真丝绸布 宽 900	m	16.21
528	110203001	钢质防火门	m^2	412.00
529	110305001	钢百叶窗	个	180.00
530	110501001	彩钢板门	m^2	391.42
531	110511001	彩钢板窗	m^2	265.77
532	110901001	铝合金百叶窗	m^2	255.00
533	110901002	铝合金固定窗	m^2	397.00
534	110903004	铝合金封闭窗	m^2	397.00
535	110903005	铝合金平开窗	m^2	419.00
536	110903006	铝合金内平开下悬窗	m^2	544.84
537	110903007	铝合金推拉窗	m^2	426.00
538	110903008	铝合金平开门	m^2	578.17
539	110903009	铝合金推拉门	m^2	432.00
540	111101003	塑钢内平开下悬窗 （含 5mm 玻璃）	m^2	274.90
541	111101005	塑钢平开窗 （含 5mm 玻璃）	m^2	352.00
542	111101006	塑钢推拉窗 （含 5mm 玻璃）	m^2	314.00
543	111101008	塑钢平开门	m^2	362.00
544	111101009	塑钢推拉门	m^2	468.00
545	112301001	保温门	m^2	393.89
546	112303001	变电室门	m^2	578.17
547	112327001	不锈钢防盗格栅窗	m^2	200.00
548	112327002	圆钢防盗格栅窗	m^2	65.00
549	112327003	钢制防盗门	m^2	500.00
550	112331001	防射线门	m^2	2139.02

续前

序号	材料编码	材料名称	单位	不含税价
551	112333002	钢结构防护密闭门	m^2	5623.00
552	112333003	钢筋混凝土防护密闭门	m^2	5623.00
553	112501001	镀锌钢板卷帘	m^2	177.34
554	112501002	防火卷帘	m^2	177.34
555	112503001	不锈钢卷帘	m^2	335.00
556	112505001	铝合金卷帘	m^2	345.00
557	112507001	彩钢卷帘	m^2	264.87
558	113501002	全玻无框 （点夹）门扇	m^2	320.00
559	113501003	全玻无框 （条夹）门扇	m^2	332.25
560	113501004	全玻有框门扇	m^2	440.00
561	123507001	装饰盘	个	0.16
562	123507003	喷头装饰盘	个	1.50
563	130100001	喷漆	kg	15.13
564	130101001	耐水腻子	m^3	1501.77
565	130101009	腻子粉（成品）	kg	1.17
566	130105003	醇酸清漆	kg	13.00
567	130105009	沥青清漆	kg	20.16
568	130111031	苯丙乳胶底漆（综合）	kg	14.48
569	130113005	酚醛磁漆	kg	14.91
570	130115001	调和漆	kg	13.00
571	130115006	酚醛调和漆	kg	12.81
572	130115007	酚醛调和漆 各色	kg	12.00
573	130119002	厚漆	kg	6.37
574	130121003	沥青绝缘漆	kg	14.33
575	130303004	苯丙乳胶漆 内墙用	kg	10.47
576	130501005	防火涂料	kg	16.94
577	130502002	防水涂料 JS	kg	6.46
578	130502008	聚氨酯甲乙料	kg	11.80
579	130502009	聚合物胶乳	kg	4.38
580	130502010	水泥基渗透结晶防水涂料	kg	9.76
581	130505001	防锈漆	kg	11.00
582	130505002	防锈漆 C53-1	kg	11.00
583	130505005	醇酸防锈漆 C53-1	kg	14.25
584	130505007	酚醛防锈漆	kg	12.73
585	130505009	酚醛防锈漆 各色	kg	13.11
586	130505010	红丹防锈漆	kg	11.00
587	130507001	防腐油	kg	11.45

续前

序号	材料编码	材料名称	单位	不含税价
588	130903004	银粉漆	kg	14.05
589	130905001	白铝粉	kg	10.23
590	133101003	石油沥青 10#	kg	4.43
591	133101005	石油沥青 30#	kg	4.44
592	133103002	乳化沥青	kg	4.24
593	133103003	再生胶沥青（溶剂型）	kg	4.25
594	133301001	石油沥青油毡	m^2	1.30
595	133303001	SBS 改性沥青防水卷材	m^2	27.43
596	133303002	复合铜胎基 SBS 改性沥青卷材	m^2	60.48
597	133303003	高聚物改性沥青自粘卷材	m^2	24.76
598	133307001	聚合物复合改性沥青防水涂料	kg	19.08
599	133309001	高分子自粘胶膜卷材	m^2	20.85
600	133311003	聚氯乙烯防水卷材	m^2	19.29
601	133501005	研磨膏	盒	1.08
602	133501006	建筑油膏	kg	10.16
603	133501007	密封膏	kg	5.80
604	133501008	密封油膏	kg	2.65
605	133503001	SBS 弹性沥青防水胶	kg	9.12
606	133503002	防水密封胶	支	6.46
607	133503007	硅酮耐候密封胶	kg	19.99
608	133503011	聚氨酯发泡密封胶 750mL/支	支	11.15
609	133503016	密封胶 KS 型	kg	6.02
610	133503023	双组份聚硫密封胶	kg	6.37
611	133504002	防爆阻燃密封剂	kg	9.33
612	133504003	密封剂	kg	8.15
613	133505001	防水剂	kg	4.42
614	133507001	防水粉	kg	39.82
615	133517001	模板嵌缝料	kg	3.54
616	133517003	改性沥青嵌缝油膏	kg	4.82
617	133705002	氯丁橡胶片止水带	m	26.12
618	133705005	橡胶止水带	m	25.56
619	133705008	自粘型橡胶止水带 宽 25cm	m	10.55
620	133705009	钢边止水带 CB350 × 8-30	m	31.86
621	133705010	外贴式止水带 350mm	m	20.35
622	140103001	清油	kg	15.16
623	140103002	清油 C01-1	kg	13.45
624	140105002	油麻	kg	4.71

续前

序号	材料编码	材料名称	单位	不含税价
625	140113001	黄干油	kg	9.04
626	140301001	汽油 89#	kg	8.23
627	140301003	汽油 92#	kg	8.64
628	140301004	汽油 95#	kg	9.12
629	140303001	机油（综合）	kg	10.44
630	140303004	机油 15#	kg	10.44
631	140305002	柴油	kg	7.27
632	140307001	煤油	kg	13.27
633	140505001	铅油（厚漆）	kg	7.13
634	140507002	冷底子油 30：70	kg	6.87
635	140509003	溶剂汽油 200#	kg	8.23
636	140509006	油漆溶剂油	kg	4.40
637	140700001	润滑剂	kg	4.01
638	140700002	润滑油	kg	4.01
639	140717001	变压器油	kg	15.93
640	140901002	黄干油钙基酯	kg	10.99
641	140901003	黄油钙基脂	kg	11.04
642	142107001	环氧树脂	kg	21.64
643	142107003	环氧树脂 618#	kg	23.62
644	142113001	聚酰胺 300#	kg	24.26
645	142119002	石油沥青玛琋脂	m^3	628.32
646	142123001	电力复合脂	kg	20.57
647	142907001	乙炔气	m^3	17.29
648	142907002	乙炔气	kg	14.78
649	142909001	氧气	m^3	5.06
650	142911001	氩气	m^3	6.77
651	142913004	高纯氮气 40L	瓶	100.18
652	142913005	试验介质（氮气） 40L	瓶	100.18
653	142913006	试验介质（氮气） 70L	瓶	175.31
654	142913007	试验介质（氮气） 90L	瓶	225.40
655	142913008	试验介质（氮气） 155L	瓶	388.19
656	142913009	试验介质（氮气） 270L	瓶	676.19
657	142915001	丙烷	kg	5.60
658	143101001	盐酸	kg	3.85
659	143103001	硝酸	kg	10.22
660	143123001	硅酸钠（水玻璃）	kg	4.04
661	143131001	磷酸氢二钠	kg	4.74

续前

序号	材料编码	材料名称	单位	不含税价
662	143147001	氯化钙	kg	7.52
663	143157001	氢氟酸 45%	kg	7.04
664	143159001	氢氧化钠（烧碱）	kg	2.35
665	143163001	三氯乙烯	kg	9.91
666	143169002	酸洗膏	kg	4.52
667	143175001	重铬酸钾 98%	kg	14.91
668	143177001	乙酸乙酯	kg	6.84
669	143179001	乙二胺	kg	10.23
670	143183002	液化石油气	kg	7.26
671	143303001	酒精	kg	8.72
672	143303002	酒精 工业用 99.5%	kg	8.72
673	143311001	白铅油	kg	7.29
674	143315001	丙酮	kg	8.68
675	143321001	二甲苯	kg	7.79
676	143327001	甲苯	kg	8.50
677	143333001	三乙醇胺	kg	9.73
678	143335001	三异氰酸酯	kg	12.28
679	143337001	天那水	kg	6.90
680	143339001	硬脂酸	kg	3.81
681	143501001	促进剂 KA	kg	4.19
682	143505003	金属清洗剂	kg	10.90
683	143505004	清洗液 500mL	瓶	3.54
684	143505005	洗涤剂	kg	5.49
685	143517002	脱脂剂	kg	11.96
686	143525002	发泡剂	kg	8.85
687	143531001	隔离剂	kg	4.87
688	143541001	界面剂	kg	1.89
689	143545001	清洁剂	kg	7.08
690	143549001	速凝剂	kg	4.20
691	143557001	脱模剂	kg	3.66
692	144100002	胶粘剂	kg	9.56
693	144101004	环氧树脂胶合剂	kg	10.82
694	144101005	万能胶（环氧树脂）	kg	11.55
695	144105003	聚丁胶粘合剂	kg	18.50
696	144111005	砌块砌筑粘结剂	kg	4.58
697	144117001	氯丁胶沥青胶液	kg	3.48
698	144135001	401 胶	kg	8.74

续前

序号	材料编码	材料名称	单位	不含税价
699	144135003	XY-508 胶	kg	12.44
700	144135005	FL-15 胶粘剂	kg	15.13
701	144135018	强力胶	kg	20.04
702	144135019	强力植筋胶	L	20.04
703	144135021	厌氧胶 325# 200g	瓶	19.03
704	144135022	粘合剂	kg	13.42
705	144135024	粘接剂	kg	12.39
706	144301001	绝缘胶布 20m/卷	卷	11.06
707	144303003	胶带纸	卷	4.13
708	144303011	热敏铝箔胶带 64	m	3.40
709	144303016	塑料胶布带 20mm × 50m	卷	14.60
710	144303020	塑料粘胶带 20mm × 50m	卷	17.79
711	144305001	不干胶纸	m^2	9.99
712	150113001	石棉垫	kg	13.00
713	150113003	石棉绒	kg	13.00
714	150113004	石棉板衬垫	kg	6.00
715	150702001	玻璃布（综合）	m^2	2.27
716	151301003	聚苯乙烯泡沫板（综合）	m^3	254.11
717	151301009	聚苯乙烯泡沫塑料板	m^3	260.00
718	151301011	挤塑聚苯乙烯泡沫板	m^2	14.91
719	151306001	聚乙烯泡沫条	m	2.43
720	152103003	电热带	m	5.77
721	152103005	管状电热带	根	119.47
722	152307002	耐高温铝箔玻璃纤维带 50m/卷	卷	29.56
723	152315001	绝缘材料（复合丁晴）	m^2	53.10
724	152317001	大模内置专用挤塑聚苯板	m^3	380.00
725	155901001	阻火圈	个	16.65
726	170000001	管材	m	42.02
727	170100001	钢管（综合）	m	13.34
728	170100004	钢管（综合）	kg	3.45
729	170100013	钢管 $D60 \times 3.5$	m	20.81
730	170100017	焊接钢管（综合）	kg	3.45
731	170101003	焊接钢管 *DN*20	m	5.73
732	170101006	焊接钢管 *DN*32	m	11.58
733	170101009	焊接钢管 *DN*50	m	18.26
734	170101011	焊接钢管 *DN*50	kg	3.45
735	170101014	焊接钢管 *DN*80	m	28.88

续前

序号	材料编码	材料名称	单位	不含税价
736	170101016	焊接钢管 *DN*80	kg	3.45
737	170101017	焊接钢管 *DN*100	m	37.51
738	170101019	焊接钢管 *DN*100	kg	3.45
739	170101021	焊接钢管 *DN*125	m	46.15
740	170101023	焊接钢管 *DN*125	kg	3.52
741	170101024	焊接钢管 *DN*150	m	62.68
742	170101026	焊接钢管 *DN*150	kg	3.52
743	170101029	焊接钢管 *DN*200	kg	3.52
744	170200004	无缝钢管（综合）	m	166.91
745	170201001	无缝钢管 *D*22 × 2	m	4.04
746	170201002	无缝钢管 *D*22 × 2.5	m	4.92
747	170201023	无缝钢管 *D*89 × 4	m	33.54
748	170201032	无缝钢管 *D*133 × 4	m	50.90
749	170201035	无缝钢管 *D*159 × 4.5	m	68.58
750	170201040	无缝钢管 *D*219 × 6	m	126.07
751	170201046	无缝钢管 *D*273 × 7	m	183.92
752	170201049	无缝钢管 *D*325 × 8	m	250.50
753	170201051	无缝钢管 *D*377 × 10	m	362.51
754	170201053	无缝钢管 *D*426 × 10	m	410.91
755	170201055	无缝钢管 *D*480 × 10	m	464.25
756	170201057	无缝钢管 *D*530 × 10	m	513.64
757	170201059	无缝钢管 *D*630 × 10	m	612.42
758	170203001	加厚无缝钢管	m	50.90
759	170300001	镀锌钢管（综合）	m	16.10
760	170301004	镀锌钢管 *DN*20	m	6.83
761	170301006	镀锌钢管 *DN*25	m	10.14
762	170301010	镀锌钢管 *DN*50	m	20.45
763	170301012	镀锌钢管 *DN*50	kg	3.96
764	170301014	镀锌钢管 *DN*65	m	27.83
765	170400001	镀铬钢管 *D*10	m	7.52
766	170500001	碳钢管（综合）	m	49.03
767	170700002	不锈钢管（综合）	m	126.64
768	170703001	薄壁不锈钢管	m	15.31
769	170901001	方钢管 25 × 25 × 2.5	m	16.98
770	171101003	柔性铸铁排水管	m	119.84
771	171101006	无承口柔性排水铸铁管	m	107.00
772	171500001	铜管	m	129.39

续前

序号	材料编码	材料名称	单位	不含税价
773	171501002	紫铜管（综合）	m	170.98
774	171900002	金属软管（综合）	m	4.09
775	171900007	金属软管 *D*25	m	7.52
776	171900008	金属软管 *D*40	m	15.04
777	171900009	金属软管 *D*50	m	20.35
778	171915005	输水软管 ϕ25	m	9.83
779	172101001	波纹管	kg	3.33
780	172101002	波纹管 ϕ50	m	11.60
781	172101003	钢质波纹管 ϕ60	m	23.79
782	172500001	塑料管（综合）	m	4.16
783	172500003	塑料管（综合）	kg	11.28
784	172500013	塑料管 *DN*63	m	4.16
785	172500015	塑料管 *DN*75	m	7.96
786	172500017	塑料管 *DN*90	m	12.39
787	172500019	塑料管 *DN*110	m	12.39
788	172500021	塑料管 *DN*160	m	30.97
789	172500023	塑料管 *DN*200	m	46.02
790	172500025	塑料管 *DN*250	m	61.13
791	172500027	塑料管 *DN*315	m	75.25
792	172500029	塑料胀管 ϕ6～8	个	0.18
793	172500033	塑料注浆阀管	m	12.22
794	172500036	异型塑料管 ϕ2.5～5	m	1.49
795	172503005	半硬质塑料管	m	3.70
796	172503006	刚性阻燃管	m	4.18
797	172505007	硬聚氯乙烯螺旋排水管	m	23.01
798	172529001	热塑管	m	19.03
799	172701003	胶管 *D*50	m	18.52
800	172707010	橡胶软管 *DN*20	m	10.11
801	172709002	塑料软管（综合）	kg	12.55
802	172709003	塑料软管 *De*5	m	0.85
803	172709004	塑料软管 *De*6	m	1.03
804	172709016	聚氯乙烯软管 *D*20 × 2.5	m	3.37
805	172713001	高压胶皮水管 ϕ19-6P-20m	m	10.18
806	172800001	复合管	m	14.60
807	172901001	钢筋混凝土管（综合）	m	215.93
808	173103001	泵管	m	8.22
809	173103002	泵管使用	m·d	0.20

续前

序号	材料编码	材料名称	单位	不含税价
810	173105002	大口径井点井管	m	47.79
811	173105003	轻型井点井管 *D*40	m	48.65
812	173105004	喷射井点井管 *D*76	m	65.27
813	173107001	轻型井点总管 *D*100	m	78.76
814	173107002	喷射井点总管 *D*159	m	91.15
815	173107003	大口径井点总管 *D*159	m	91.15
816	173109001	导管	kg	1.33
817	173113001	端子头异型管	m	6.90
818	173113003	塑料异型管 ϕ5	m	6.90
819	173115001	钢板卷管	m	68.58
820	173117003	塑料排水管	m	7.08
821	173117008	承插铸铁排水管	m	61.68
822	173118002	承插铸铁给水管	m	61.68
823	173119001	空气采样管	m	13.63
824	173121002	孔道成型钢管	kg	20.35
825	173125001	滤网管	根	70.80
826	173131001	输送管	kg	53.10
827	173131002	注浆管	kg	5.94
828	180000002	管件 *DN*15 以下	套	2.12
829	180100005	承插铸铁排水管件	个	33.00
830	180100008	柔性排水铸铁管管件（机械接口）	个	33.00
831	180100011	无承口柔性排水铸铁管管件（卡箍连接）	个	33.00
832	180103010	铸铁三通	个	42.00
833	180113002	承（插）盘法兰短管	个	85.00
834	180300001	钢制管件	个	81.24
835	180300003	钢管焊接管件	个	27.48
836	180315002	钢制丝堵 *DN*15	个	0.31
837	180315003	钢制丝堵 *DN*20	个	0.34
838	180315004	钢制丝堵 *DN*25	个	2.27
839	180315005	钢制丝堵 *DN*32	个	0.88
840	180315006	钢制丝堵 *DN*40	个	2.04
841	180315007	钢制丝堵 *DN*50	个	3.10
842	180509001	不锈钢管卡套管件	个	13.10
843	180509003	不锈钢管卡压管件	个	29.91
844	180509004	不锈钢管螺纹管件	个	18.58
845	180515003	不锈钢管焊接管件	个	4.42
846	180525002	薄壁不锈钢管承插氩弧焊管件	个	11.20

续前

序号	材料编码	材料名称	单位	不含税价
847	180725001	铜管焊接管件	个	13.00
848	180725003	铜管卡压管件	个	46.57
849	180725005	铜管钎焊管件	个	48.42
850	180900001	塑料管件	套	7.08
851	180999006	钢骨架塑料复合管电熔管件	个	17.20
852	180999013	塑料排水管件（螺母密封圈连接）	个	16.78
853	180999016	排水管热熔管件	个	8.14
854	180999018	排水管粘接管件	个	8.14
855	181115001	钢塑复合管螺纹管件	个	19.91
856	181201001	铝塑复合管管件	个	14.16
857	181201003	塑铝稳态管热熔管件	个	31.86
858	181301003	镀锌三通 *DN*25	个	2.27
859	181301004	镀锌三通 *DN*32	个	3.41
860	181303002	镀锌弯头 *DN*20	个	1.88
861	181303003	镀锌弯头 *DN*25	个	2.67
862	181303004	镀锌弯头 *DN*32	个	4.28
863	181303006	镀锌弯头 *DN*50	个	8.02
864	181307001	镀锌丝堵 *DN*15	个	0.35
865	181307002	镀锌丝堵 *DN*20	个	0.39
866	181307003	镀锌丝堵 *DN*25	个	0.51
867	181307006	镀锌丝堵 *DN*50	个	2.12
868	181315001	镀锌钢管螺纹管件	个	8.67
869	181500001	沟槽管件	套	24.96
870	181501001	钢管沟槽管件	个	19.42
871	181505001	沟槽直接头（含胶圈）	套	15.00
872	181600002	接头 *DN*25	个	4.87
873	181600003	接头 *DN*32	个	6.19
874	181601001	钢制活接头 *DN*25	个	7.96
875	181601002	钢制活接头 *DN*32	个	10.62
876	181601003	钢制活接头 *DN*40	个	7.08
877	181601004	钢制活接头 *DN*50	个	21.02
878	181601005	钢制活接头 *DN*70	个	39.82
879	181601006	钢制活接头 *DN*80	个	57.52
880	181602001	镀锌钢管活接头 *DN*25	个	1.33
881	181602002	镀锌钢管活接头 *DN*32	个	2.21
882	181602003	镀锌钢管接头 15 × 2.75	个	1.08
883	181602004	镀锌钢管接头 20 × 2.75	个	1.08

续前

序号	材料编码	材料名称	单位	不含税价
884	181602005	镀锌钢管接头 25 × 3.25	个	1.33
885	181602006	镀锌钢管接头 32 × 3.25	个	2.21
886	181602007	镀锌钢管接头 40 × 3.5	个	2.83
887	181602008	镀锌钢管接头 50 × 3.5	个	3.98
888	181602009	镀锌钢管接头 65 × 3.75	个	6.77
889	181602010	镀锌钢管接头 80 × 4	个	9.56
890	181602011	镀锌钢管接头 100 × 4	个	17.52
891	181602012	镀锌钢管接头 125 × 4.5	个	21.95
892	181602013	镀锌钢管接头 150 × 4.5	个	26.28
893	181603002	黑玛钢活接头 *DN*15	个	2.21
894	181603003	黑玛钢活接头 *DN*20	个	3.32
895	181603004	黑玛钢活接头 *DN*25	个	4.98
896	181603005	黑玛钢活接头 *DN*32	个	6.64
897	181603006	黑玛钢活接头 *DN*40	个	8.30
898	181603007	黑玛钢活接头 *DN*50	个	14.38
899	181603008	黑玛钢活接头 *DN*65	个	21.02
900	181603009	黑玛钢活接头 *DN*80	个	29.87
901	181603010	黑玛钢活接头 *DN*100	个	56.28
902	181603011	黑玛钢六角内接头 *DN*15	个	1.33
903	181603012	黑玛钢六角内接头 *DN*20	个	1.66
904	181603013	黑玛钢六角内接头 *DN*25	个	2.55
905	181603014	黑玛钢六角内接头 *DN*32	个	4.42
906	181603015	黑玛钢六角内接头 *DN*40	个	6.31
907	181603016	黑玛钢六角内接头 *DN*50	个	7.19
908	181603017	黑玛钢六角内接头 *DN*65	个	9.96
909	181603018	黑玛钢六角内接头 *DN*80	个	16.59
910	181603019	黑玛钢六角内接头 *DN*100	个	25.44
911	181609002	镀锌钢管接头管件 *DN*25	个	1.33
912	181609004	镀锌钢管接头管件 *DN*32	个	2.21
913	181609006	镀锌钢管接头管件 *DN*40	个	2.83
914	181609008	镀锌钢管接头管件 *DN*50	个	3.98
915	181609010	镀锌钢管接头管件 *DN*65	个	6.77
916	181609012	镀锌钢管接头管件 *DN*80	个	9.56
917	181609014	镀锌钢管接头管件 *DN*100	个	17.52
918	181625001	防爆活接头	个	8.50
919	181625009	熔接接头及器材	套	51.25
920	181625018	仪表接头	套	14.16

续前

序号	材料编码	材料名称	单位	不含税价
921	182500001	管卡（成品）	套	1.71
922	182505002	不锈钢 U 形卡	个	1.77
923	182506003	固定卡子 ϕ40	个	4.42
924	182506006	固定卡子 ϕ90	个	1.75
925	182511001	不锈钢管卡 *DN*15	个	0.62
926	182511002	不锈钢管卡 *DN*20	个	0.80
927	182511003	不锈钢管卡 *DN*32	个	1.06
928	182511004	不锈钢管卡 *DN*50	个	1.50
929	182513001	镀锌钢管卡子 *DN*15	个	1.38
930	182513002	镀锌钢管卡子 *DN*20	个	1.42
931	182513003	镀锌钢管卡子 *DN*25	个	1.50
932	182513004	镀锌钢管卡子 *DN*32	个	1.77
933	182513005	镀锌钢管卡子 *DN*40	个	3.72
934	182513006	镀锌钢管卡子 *DN*50	个	4.34
935	182513007	镀锌钢管卡子 *DN*65	个	5.31
936	182513008	镀锌钢管卡子 *DN*80	个	6.02
937	182513009	镀锌钢管卡子 *DN*100	个	7.08
938	182513010	镀锌钢管卡子 *DN*125	个	8.14
939	182513011	镀锌钢管卡子 *DN*150	个	10.09
940	182513018	镀锌管卡子（钢管用） 15	个	1.38
941	182513019	镀锌管卡子（钢管用） 20	个	1.42
942	182513020	镀锌管卡子（钢管用） 32	个	1.77
943	182513021	镀锌管卡子（钢管用） 50	个	4.34
944	182515001	塑料卡子	个	0.59
945	182518003	方卡	只	2.93
946	182518005	顶丝卡	个	2.23
947	182518006	打包铁卡子	10 个	0.58
948	182518007	接地卡子（综合）	个	0.31
949	182518011	铜管卡及螺栓	套	1.20
950	182519002	不锈钢卡箍（含胶圈）	个	15.00
951	182519014	镀锌异径管箍 *DN*25 × 15	个	4.25
952	182519015	镀锌异径管箍 *DN*25 × 20	个	4.25
953	182519016	镀锌异径管箍 *DN*32 × 25	个	7.52
954	182519030	熟铁管箍 *DN*50	个	11.52
955	182519031	接头管箍	个	15.32
956	182525003	卡箍连接件（含胶圈）	套	15.00
957	182715001	双杆吊架	对	28.72

续前

序号	材料编码	材料名称	单位	不含税价
958	182903001	刚性防水套管	个	115.00
959	182903003	柔性防水套管	个	138.00
960	182904001	防火套管（成品）	个	120.35
961	182907003	热缩管 ϕ50	m	3.72
962	182909002	套管 KT2 型	个	12.72
963	182913001	铸铁套管	个	60.18
964	183111001	大口径井点吸水器 15m	套	305.31
965	183117001	回水连接件	副	0.60
966	183117002	挠性管（带接头）	根	4.23
967	183119001	底盖	个	1.42
968	183119002	防尘盖	个	1.42
969	183121001	高压管件	套	65.00
970	183129002	电熔套筒	个	51.34
971	190000001	阀门	个	397.35
972	190001002	法兰阀门（综合）	个	416.81
973	190003001	螺纹阀门（综合）	个	63.72
974	190003003	螺纹阀门 *DN*15	个	32.74
975	190003004	螺纹阀门 *DN*20	个	39.82
976	190103006	螺纹截止阀 J11T-16 *DN*25	个	46.90
977	190500002	球阀 *PN*1.6 *DN*25	个	31.86
978	190500004	球阀 *PN*1.6 *DN*32	个	48.67
979	190700001	蝶阀	个	305.31
980	190705001	对夹式蝶阀	个	102.65
981	192700001	减压阀 100	个	1233.63
982	192807002	法兰电磁阀	个	319.44
983	192809001	螺纹电磁阀门	个	407.08
984	193800001	塑料阀门	个	128.32
985	194115001	沟槽阀门	个	408.85
986	200000001	法兰（综合）	片	33.53
987	200000007	法兰 *DN*150	副	51.33
988	200000016	法兰带垫片 *DN*50 以内	套	50.88
989	200001018	平焊法兰 *PN*1.6 *DN*100	片	37.00
990	200001020	平焊法兰 *PN*1.6 *DN*150	片	59.00
991	200005001	螺纹法兰	片	16.64
992	200007001	沟槽法兰（综合）	片	23.95
993	200007003	沟槽法兰 *PN*1.6 以下	片	23.95
994	200101004	碳钢平焊法兰（综合）	片	42.48

续前

序号	材料编码	材料名称	单位	不含税价
995	200302001	不锈钢平焊法兰	片	217.48
996	200905001	塑料法兰（带短管）	片	51.65
997	202103001	法兰压盖	个	5.95
998	203101001	透镜垫	个	27.26
999	203107001	钢垫板（综合）	kg	4.78
1000	203107002	钢垫板 δ1～2	kg	4.78
1001	203307013	石棉橡胶垫 2	m^2	23.23
1002	203307023	橡胶垫 δ2	m^2	17.20
1003	203309001	聚四氟乙烯垫	个	7.52
1004	203500001	垫片	个	1.81
1005	203501002	法兰垫片	个	6.43
1006	203501005	仪表阀垫片	个	1.14
1007	215505001	点火器具及附件	套	150.44
1008	224101001	百叶风口	个	72.57
1009	224101003	带调节阀（过滤器）百叶风口	个	97.35
1010	224109001	板式排烟口	个	256.64
1011	224113002	矩形送风口	个	66.37
1012	224115001	活动箅式风口	个	55.77
1013	224119001	铝制孔板风口	个	33.63
1014	224139001	多叶排烟口（送风口）	个	318.58
1015	224143001	送吸风口	个	79.65
1016	224144001	网式风口	个	79.65
1017	224151001	旋转吹风口	个	88.50
1018	224311001	带调节阀散流器	个	79.65
1019	224507001	玻璃钢风管 1.5～4	m^2	79.65
1020	224509001	柔性软风管	m	30.00
1021	224515002	高压风管 ϕ25-6P-20m	m	12.65
1022	224515003	高压胶皮风管 ϕ25-6P-20m	m	31.50
1023	224521001	镀锌风管角码 δ0.8	个	0.40
1024	224521002	镀锌风管角码 δ1.0	个	0.49
1025	225301001	风管防火阀	个	292.04
1026	225303001	风管止回阀	个	173.45
1027	225307001	对开多叶调节阀	个	287.61
1028	225308001	密闭式斜插板阀	个	185.84
1029	225311001	柔性软风管阀门	个	159.29
1030	225313001	圆形瓣式启动阀	个	101.77
1031	225905001	瓜子灯链 大号	m	0.82

续前

序号	材料编码	材料名称	单位	不含税价
1032	226111001	冲孔板	m	258.41
1033	226112001	矩形空气分布器	个	539.82
1034	230100001	灭火器	个	60.18
1035	230123001	推车式灭火器	组	442.48
1036	230305001	室内消火栓	套	752.21
1037	230500001	消防水泵接合器	套	380.00
1038	231300001	水流指示器	个	57.52
1039	231707001	防火堵料	t	6592.92
1040	231709001	防火包	t	3716.81
1041	231711001	防火带	m	35.00
1042	231713001	防火隔板	m^2	48.67
1043	231713003	防火墙	m^2	210.62
1044	231715001	大膜片	片	1.35
1045	231715002	小膜片	片	1.17
1046	232100003	喷头	个	13.27
1047	232123003	气体喷头	个	18.00
1048	232501001	选择阀	个	4646.02
1049	233309001	线型探测器	m	13.27
1050	233511001	湿式报警装置	套	2672.57
1051	233525001	磁力控制器	个	580.53
1052	233599002	报警装置	套	1946.90
1053	234121001	报警终端电阻	个	24.78
1054	234501001	锥形堵块	只	17.70
1055	250000001	成套灯具	套	70.80
1056	250101001	灯泡	个	1.45
1057	250101003	彩色灯泡 220V 35W	个	1.73
1058	250107001	电珠 2.5V	个	0.86
1059	255901002	灯具吊杆 ϕ15	根	22.12
1060	255901004	镀锌圆钢吊杆 带 4 个螺母 4 个垫圈 ϕ8	根	13.39
1061	256101001	脱脂用黑光灯	组	48.67
1062	256115001	座灯头	个	4.16
1063	260501001	照明开关	只	6.76
1064	262125001	按钮 普通型	个	6.01
1065	262125003	按钮 防爆型	个	43.08
1066	262125005	成套按钮	套	16.57
1067	262601002	组合控制开关 普通型	个	38.27
1068	262601004	组合控制开关 防爆型	个	41.58

续前

序号	材料编码	材料名称	单位	不含税价
1069	264100001	插座	个	13.58
1070	264100003	成套插座	套	13.58
1071	264115001	防爆插座	个	22.12
1072	264199004	插座 带丝堵	套	8.90
1073	264199006	多联组合开关插座	套	21.24
1074	264901001	密封开关	套	18.59
1075	270100001	熔断器（综合）	组	13.32
1076	270109001	瓷插式熔断器	个	2.32
1077	270301002	保险丝 10A	轴	2.11
1078	270301003	熔丝 30～40A	条	2.83
1079	270701001	漏电保护开关（综合）	个	119.97
1080	270701003	漏电保护开关 组合式（回路数 10 个以内）	个	102.67
1081	270701005	漏电保护开关 组合式（回路数 20 个以内）	个	196.78
1082	271109001	拉紧绝缘子 J-2	个	6.11
1083	271109002	拉紧绝缘子 J-4.5	个	9.38
1084	271117001	电车绝缘子 WX-01	个	5.73
1085	271301001	直瓷管 ϕ（9～15）× 305	个	1.14
1086	271301003	直瓷管 ϕ（19～25）× 300	根	7.34
1087	271519001	瓷圆保险盒	个	7.89
1088	271703003	聚氯乙烯相色带 红、黄、绿、黑	卷	5.22
1089	271703004	塑料胶带	m	0.07
1090	271707001	黄腊带 20mm × 10m	卷	1.14
1091	271799001	电气绝缘胶带 18mm × 10m × 0.13mm	卷	4.42
1092	271901001	酚醛布板	kg	15.12
1093	272501002	青壳纸 δ0.1～1.0	kg	19.20
1094	272503001	绝缘钢纸板 0.5	kg	11.20
1095	280001001	导线	m	3.98
1096	280001005	接地铜导线	m	3.92
1097	280001010	塑料绝缘导线	m	1.42
1098	280008001	电缆（综合）	m	115.04
1099	280008016	系统电缆	根	31.07
1100	280015001	光缆	m	1.93
1101	280103006	镀锡裸铜软绞线 TJRX 16mm^2	kg	70.80
1102	280109002	硬铜绞线 TJ-10mm^2	kg	70.80
1103	280109004	硬铜绞线 TJ-2.5～4mm^2	m	2.21
1104	280109006	硬铜绞线 TJ-35mm^2	m	21.95
1105	280109009	硬铜绞线 TJ-6mm^2	kg	70.80

续前

序号	材料编码	材料名称	单位	不含税价
1106	280109010	硬铜绞线 TJ-95mm^2	kg	70.80
1107	280113001	超五类屏蔽双绞线	m	3.25
1108	280115002	共箱铜母线	m	701.03
1109	280117002	共箱铝母线	m	528.00
1110	280300001	绝缘电线	m	19.22
1111	280301002	铜芯塑料绝缘电线 BV-1.0mm^2	m	0.69
1112	280301003	铜芯塑料绝缘电线 BV-1.5mm^2	m	1.13
1113	280301004	铜芯塑料绝缘电线 BV-2.5mm^2	m	1.72
1114	280301005	铜芯塑料绝缘电线 BV-4mm^2	m	2.73
1115	280301006	铜芯塑料绝缘电线 BV-6mm^2	m	4.07
1116	280301009	铜芯塑料绝缘电线 BV-16mm^2	m	11.07
1117	280301015	铜芯塑料绝缘电线 BV-3 × 2.5mm^2	m	4.81
1118	280307006	铜芯橡皮花线 BXH 2 × 16/0.15mm^2	m	19.29
1119	280307007	铜芯橡皮花线 BXH 2 × 23/0.15mm^2	m	28.09
1120	280307008	铜芯橡皮绝缘电线 BX-2.5mm^2	m	1.58
1121	280317001	铜芯多股绝缘电线	m	2.50
1122	280317005	铜芯塑料绝缘软电线 BVR-1.5mm^2	m	1.16
1123	280317007	铜芯塑料绝缘软电线 BVR-4mm^2	m	2.99
1124	280317008	铜芯塑料绝缘软电线 BVR-6mm^2	m	4.50
1125	280317010	铜芯塑料绝缘软电线 BVR-35mm^2	m	16.00
1126	280317012	阻然铜芯塑料绝缘电线 ZR-BV-1.5mm^2	m	1.02
1127	280317013	阻燃铜芯塑料绝缘绞型电线 ZR-RVS 2 × 1.5mm^2	m	2.31
1128	281100001	电力电缆	m	15.94
1129	281400001	控制电缆	m	3.84
1130	282515004	光缆终端活接头及附件	套	10.00
1131	282515006	接续材料	套	28.00
1132	282901001	同轴电缆	m	4.56
1133	284303001	滑触线	m	8.50
1134	284309001	接地编织铜线	m	4.00
1135	284309003	接地线 5.5～16mm^2	m	10.05
1136	290100001	电缆桥架	m	27.49
1137	290115001	组合式电缆桥架	片	56.10
1138	290207001	桥架立柱	个	53.33
1139	290209001	桥架支撑	个	58.49
1140	290299005	镀锌槽型吊码 单边 $\delta = 3$	个	1.05
1141	290299006	镀锌槽型吊码 双边 $\delta = 3$	个	1.85
1142	290300001	金属线槽	m	24.35

续前

序号	材料编码	材料名称	单位	不含税价
1143	290500001	母线槽	m	645.00
1144	290601001	钢管保护管 $\phi40 \times 400$	根	30.11
1145	290611003	难燃波纹管	m	6.88
1146	290629001	可挠性金属套管	m	4.95
1147	290634003	电缆卡子（综合）	个	2.67
1148	290634005	电缆密封接头	套	11.04
1149	290634007	电缆线接头	个	5.06
1150	290634009	套接管	m	10.76
1151	290634010	套接管 *DN*60	个	22.00
1152	290635001	铜锁母 10#	个	1.19
1153	290635002	铜锁母 14#	个	1.92
1154	290639001	镀锌电缆卡子	套	1.15
1155	290639002	镀锌电缆卡子（综合）	个	2.19
1156	290639003	镀锌电缆卡子 2×35	套	3.02
1157	290639004	镀锌电缆卡子 3×35	套	3.88
1158	290639005	镀锌电缆卡子 3×50	套	4.73
1159	290639006	镀锌电缆卡子 3×100	套	6.03
1160	290639007	镀锌电线管卡子 15mm	个	0.20
1161	290639015	镀锌钢管塑料护口 *DN*15～20	个	0.30
1162	290639017	镀锌钢管塑料护口 *DN*25	个	0.17
1163	290639018	镀锌钢管塑料护口 *DN*32	个	0.20
1164	290639019	镀锌钢管塑料护口 *DN*40	个	0.23
1165	290639020	镀锌钢管塑料护口 *DN*50	个	0.25
1166	290639021	镀锌钢管塑料护口 *DN*65	个	0.80
1167	290639023	镀锌钢管塑料护口 *DN*80	个	0.32
1168	290639024	镀锌钢管塑料护口 *DN*100	个	0.32
1169	290645001	难燃波纹管接头 *DN*15	个	0.17
1170	290645002	难燃波纹管接头 *DN*20	个	0.21
1171	290645003	难燃波纹管接头 *DN*25	个	0.26
1172	290645004	难燃波纹管接头 *DN*32	个	0.34
1173	290645005	难燃波纹管接头 *DN*40	个	1.10
1174	290645006	难燃波纹管接头 *DN*50	个	0.64
1175	290645007	难燃波纹管卡子 *DN*15	个	0.19
1176	290645008	难燃波纹管卡子 *DN*20	个	0.23
1177	290645009	难燃波纹管卡子 *DN*25	个	0.27
1178	290645010	难燃波纹管卡子 *DN*32	个	0.36
1179	290645011	难燃波纹管卡子 *DN*40	个	0.90

续前

序号	材料编码	材料名称	单位	不含税价
1180	290645012	难燃波纹管卡子 *DN*50	个	0.60
1181	290645013	难燃塑料管接头 15mm	个	0.28
1182	290645014	难燃塑料管接头 20mm	个	0.32
1183	290645015	难燃塑料管接头 25mm	个	0.37
1184	290645016	难燃塑料管接头 32mm	个	0.42
1185	290645017	难燃塑料管接头 40mm	个	0.43
1186	290645018	难燃塑料管接头 50mm	个	0.50
1187	290645019	难燃塑料管接头 65mm	个	0.56
1188	290645020	难燃塑料管卡子 15mm	个	0.28
1189	290645021	难燃塑料管卡子 20mm	个	0.32
1190	290645022	难燃塑料管卡子 25mm	个	0.37
1191	290645023	难燃塑料管卡子 32mm	个	0.42
1192	290645024	难燃塑料管卡子 40mm	个	0.43
1193	290645025	难燃塑料管卡子 50mm	个	0.50
1194	290645026	难燃塑料管卡子 65mm	个	0.56
1195	290645027	难燃塑料管三通 15mm	个	0.32
1196	290645028	难燃塑料管三通 20mm	个	0.37
1197	290645029	难燃塑料管三通 25mm	个	0.42
1198	290645030	难燃塑料管三通 32mm	个	0.43
1199	290645031	难燃塑料管三通 40mm	个	0.50
1200	290645032	难燃塑料管三通 50mm	个	0.56
1201	290645033	难燃塑料管三通 65mm	个	1.42
1202	290645034	难燃塑料管伸缩接头 15mm	个	0.35
1203	290645035	难燃塑料管伸缩接头 20mm	个	0.27
1204	290645036	难燃塑料管伸缩接头 25mm	个	1.50
1205	290645037	难燃塑料管伸缩接头 32mm	个	0.28
1206	290645038	难燃塑料管伸缩接头 40mm	个	0.39
1207	290645039	难燃塑料管伸缩接头 50mm	个	0.58
1208	290645040	难燃塑料管伸缩接头 65mm	个	1.49
1209	290645041	难燃塑料管弯头 15mm	个	0.30
1210	290645042	难燃塑料管弯头 20mm	个	0.35
1211	290645043	难燃塑料管弯头 25mm	个	0.38
1212	290645044	难燃塑料管弯头 32mm	个	0.97
1213	290645045	难燃塑料管弯头 40mm	个	1.02
1214	290645046	难燃塑料管弯头 50mm	个	0.51
1215	290645047	难燃塑料管弯头 65mm	个	0.58
1216	290645050	塑料管卡子 20mm	个	0.34

续前

序号	材料编码	材料名称	单位	不含税价
1217	290661008	金属软管活接头 *DN*25	套	1.88
1218	290661009	金属软管活接头 *DN*40	套	4.04
1219	290661010	金属软管活接头 *DN*50	套	6.19
1220	290661013	金属软管接头 *DN*15	个	1.24
1221	290661014	金属软管接头 *DN*20	个	1.49
1222	290661015	金属软管接头 *DN*25	个	1.70
1223	290661016	金属软管接头 *DN*32	个	3.18
1224	290661017	金属软管接头 *DN*40	个	4.04
1225	290661018	金属软管接头 *DN*50	个	4.66
1226	290661019	金属软管卡子 *DN*15	个	1.24
1227	290661020	金属软管卡子 *DN*20	个	0.64
1228	290661021	金属软管卡子 *DN*25	个	1.70
1229	290661022	金属软管卡子 *DN*32	个	3.18
1230	290661023	金属软管卡子 *DN*40	个	4.04
1231	290661024	金属软管卡子 *DN*50	个	4.66
1232	290663001	可挠金属套管护口 BP-10	个	0.05
1233	290663002	可挠金属套管护口 BP-12	个	0.06
1234	290663003	可挠金属套管护口 BP-15	个	0.07
1235	290663004	可挠金属套管护口 BP-17	个	0.08
1236	290663005	可挠金属套管护口 BP-24	个	0.09
1237	290663006	可挠金属套管护口 BP-30	个	0.10
1238	290663007	可挠金属套管护口 BP-38	个	0.12
1239	290663008	可挠金属套管护口 BP-50	个	0.16
1240	290663009	可挠金属套管护口 BP-63	个	0.26
1241	290663010	可挠金属套管护口 BP-76	个	0.35
1242	290663011	可挠金属套管护口 BP-83	个	0.21
1243	290663012	可挠金属套管护口 BP-101	个	0.29
1244	290663013	可挠金属套管接头 KS-10	个	0.05
1245	290663014	可挠金属套管接头 KS-12	个	0.06
1246	290663015	可挠金属套管接头 KS-15	个	0.07
1247	290663016	可挠金属套管接头 KS-17	个	0.08
1248	290663017	可挠金属套管接头 KS-24	个	0.09
1249	290663018	可挠金属套管接头 KS-30	个	0.10
1250	290663019	可挠金属套管接头 KS-38	个	0.12
1251	290663020	可挠金属套管接头 KS-50	个	0.16
1252	290663021	可挠金属套管接头 KS-63	个	0.27
1253	290663022	可挠金属套管接头 KS-76	个	0.35

续前

序号	材料编码	材料名称	单位	不含税价
1254	290663023	可挠金属套管接头 KS-83	个	0.21
1255	290663024	可挠金属套管接头 KS-101	个	0.29
1256	290697001	线号套管（综合）	m	1.52
1257	290701001	户内热缩式电缆终端头	套	26.73
1258	290701006	热缩式电缆中间接头	套	39.57
1259	290713001	成套型电缆中间接头	套	39.57
1260	290713003	成套型电缆终端头	套	44.15
1261	290725001	同轴电缆终端接头及附件	套	6.20
1262	290901001	接线铜端子头	个	1.25
1263	290901004	铜端子 6mm^2	个	0.44
1264	290901006	铜端子 16mm^2	个	1.74
1265	290901007	铜接地端子带螺栓 DT-6mm^2	个	2.27
1266	290901010	铜接线端子 20A	个	0.75
1267	290901012	铜接线端子 100A	个	1.11
1268	290901017	铜接线端子 DT-2.5mm^2	个	0.40
1269	290901019	铜接线端子 DT-10mm^2	个	2.21
1270	290901020	铜接线端子 DT-120mm^2	个	12.17
1271	290901021	铜接线端子 DT-150mm^2	个	16.00
1272	290901022	铜接线端子 DT-16mm^2	个	2.50
1273	290901023	铜接线端子 DT-185mm^2	个	19.51
1274	290901024	铜接线端子 DT-240mm^2	个	26.37
1275	290901025	铜接线端子 DT-25mm^2	个	2.48
1276	290901026	铜接线端子 DT-300mm^2	个	34.00
1277	290901027	铜接线端子 DT-35mm^2	个	3.35
1278	290901028	铜接线端子 DT-400mm^2	个	50.88
1279	290901029	铜接线端子 DT-50mm^2	个	4.45
1280	290901030	铜接线端子 DT-6mm^2	个	0.44
1281	290901031	铜接线端子 DT-70mm^2	个	6.48
1282	290901032	铜接线端子 DT-95mm^2	个	9.02
1283	290903001	铝接线端子 DL-10mm^2	个	0.77
1284	290903002	铝接线端子 DL-16mm^2	个	0.71
1285	290903003	铝接线端子 DL-25mm^2	个	0.85
1286	290903004	铝接线端子 DL-35mm^2	个	1.27
1287	290903005	铝接线端子 DL-50mm^2	个	1.50
1288	290903006	铝接线端子 DL-70mm^2	个	1.50
1289	290903007	铝接线端子 DL-95mm^2	个	1.87
1290	290903008	铝接线端子 DL-120mm^2	个	2.35

续前

序号	材料编码	材料名称	单位	不含税价
1291	290903009	铝接线端子 DL-150mm²	个	2.49
1292	290903010	铝接线端子 DL-185mm²	个	3.11
1293	290903011	铝接线端子 DL-240mm²	个	4.35
1294	290903012	铝接线端子 DL-300mm²	个	4.96
1295	290903013	铝接线端子 DL-400mm²	个	6.20
1296	290907001	镀锌接地端子板 双孔	个	2.58
1297	290909001	端子号牌	个	0.39
1298	291101001	塑料接线柱 双线	个	1.51
1299	291110001	穿线盒	个	1.68
1300	291110007	接线盒（综合）	个	1.68
1301	291111002	光缆接头盒	套	64.69
1302	291113003	尾端盒	个	11.19
1303	291115004	接线箱（综合）	个	30.96
1304	291119001	节能开关箱	套	34.99
1305	291197001	开关盒（暗装）	个	1.68
1306	291511001	胶木线夹	个	0.38
1307	291707004	镀锌地线夹 15	套	1.82
1308	291707005	镀锌地线夹 20	套	1.96
1309	291707006	镀锌地线夹 25	套	1.76
1310	291707007	镀锌地线夹 32	套	1.92
1311	291707008	镀锌地线夹 40	套	2.24
1312	291707009	镀锌地线夹 50	套	2.40
1313	291707010	镀锌地线夹 65	套	2.72
1314	291707011	镀锌地线夹 80	套	3.04
1315	291707012	镀锌地线夹 100	套	3.51
1316	291707013	镀锌地线夹 125	套	4.13
1317	291707014	镀锌地线夹 150	套	4.89
1318	291707032	铜压接管 16mm²	个	1.95
1319	291707033	铜压接管 35mm²	个	3.63
1320	291707034	铜压接管 50mm²	个	4.73
1321	291707035	铜压接管 70mm²	个	6.92
1322	291707036	铜压接管 120mm²	个	12.57
1323	291707037	铜压接管 240mm²	个	18.92
1324	291707038	铜压接管 400mm²	个	34.45
1325	291711005	尼龙线卡	个	0.37
1326	291711007	铜接线卡 1.0～2.5	个	1.06
1327	291713001	钢索拉紧装置	套	1.53

续前

序号	材料编码	材料名称	单位	不含税价
1328	292509002	镀锌电缆吊挂 3.0 × 50	套	3.11
1329	292509003	镀锌电缆吊挂 3.0 × 100	套	3.96
1330	292511001	吊盒	个	1.68
1331	292513001	阻燃槽盒	m	5.38
1332	292701004	滑触线支持器	套	3.44
1333	292701005	滑触线支架	副	10.43
1334	292703005	地线装置	套	10.76
1335	292703007	镀锌接地线板 40 × 5 × 120	个	3.04
1336	292705001	电缆敷设滚轮（综合）	个	3.02
1337	292705002	电缆敷设转向导轮（综合）	个	4.30
1338	292707001	电缆敷设牵引头（综合）	只	22.83
1339	292711002	成套附件	套	10.33
1340	303301001	光盘 5″	片	1.17
1341	303503001	控制器	个	780.00
1342	311921001	白滤纸	张	0.88
1343	311921002	滤油纸 300 × 300	张	0.64
1344	311925001	草纸	kg	0.69
1345	330107001	钢管桩	t	6500.00
1346	330109004	钢板桩	kg	3.76
1347	330127004	钢支撑	kg	4.65
1348	330127005	钢模支撑	kg	4.65
1349	330129001	钢帽 ϕ400	个	23.68
1350	330129002	钢帽 ϕ600	个	26.00
1351	330129003	钢帽 ϕ900	个	30.20
1352	330129006	送桩帽	kg	3.76
1353	330129007	桩帽	kg	3.76
1354	330199005	钢护筒	t	6500.00
1355	330199006	钢筋扎头底板	kg	3.76
1356	330199008	钢围檩	kg	3.76
1357	330599002	铸铁坨 5kg	个	28.27
1358	331100001	水箱	kg	4.98
1359	333103001	圆木桩	m^3	1316.04
1360	340101003	铈钨棒	g	2.15
1361	340101004	钍钨棒	kg	399.12
1362	340101005	钍钨棒	g	0.45
1363	340115001	电池	节	2.48
1364	340115002	电池 1#	节	2.80

续前

序号	材料编码	材料名称	单位	不含税价
1365	340115003	电池 5#	节	2.48
1366	340115004	充电电池 5#	节	8.75
1367	340117001	导电嘴	套	4.05
1368	340201001	橡胶密封条	m	0.53
1369	340203005	聚四氟乙烯带	kg	82.83
1370	340203007	聚四氟乙烯生料带（综合）	m	0.44
1371	340203008	聚四氟乙烯生料带 宽 20	m	0.40
1372	340205001	密封圈	个	0.36
1373	340205003	橡胶密封圈 *DN*50	个	2.55
1374	340205004	橡胶密封圈 *DN*80	个	4.37
1375	340205005	橡胶密封圈 *DN*100	个	6.83
1376	340205006	橡胶密封圈 *DN*125	个	7.62
1377	340205007	橡胶密封圈 *DN*150	个	7.80
1378	340205008	橡胶密封圈 *DN*200	个	10.44
1379	340205009	橡胶密封圈 *DN*250	个	10.91
1380	340205010	橡胶密封圈 *DN*300	个	15.08
1381	340205011	橡胶密封圈 *DN*350	个	18.94
1382	340205012	橡胶密封圈 *DN*400	个	23.23
1383	340205013	橡胶密封圈 *DN*450	个	27.27
1384	340205014	橡胶密封圈 *DN*500	个	31.55
1385	340205020	橡胶密封圈（排水）	个	6.15
1386	340205027	遇水膨胀橡胶密封圈	m	38.00
1387	340305002	乳化炸药	kg	8.62
1388	340309001	电雷管	个	3.65
1389	340501002	打印纸 132-1	箱	111.50
1390	340501004	打印纸卷	盒	44.25
1391	340501005	仪表打印纸（综合）	卷	38.23
1392	340501006	复印纸 A4 500 张/包	包	20.35
1393	340503001	草板纸 80#	张	2.10
1394	340505001	牛皮纸	m^2	8.51
1395	340509001	记号笔	支	1.77
1396	340515001	标签纸（综合）	m	8.85
1397	340517001	道林纸	张	1.09
1398	340705004	塑料手套 ST 型	个	2.21
1399	340717001	安全网	m^2	2.52
1400	340799001	脱脂棉	kg	28.19
1401	340903001	弹簧夹	个	0.88

续前

序号	材料编码	材料名称	单位	不含税价
1402	340907006	钢丝刷子	把	9.05
1403	341101001	水	m^3	5.63
1404	341103001	电	kW·h	0.71
1405	341111001	木柴	kg	0.26
1406	341301001	警告牌	个	12.04
1407	341304002	标志牌	个	47.43
1408	341304003	标志牌 塑料扁形	个	3.50
1409	341304004	铝牌	个	3.50
1410	341304005	位号牌	个	10.00
1411	341304006	铅标志牌	个	7.35
1412	341304007	塑料号牌	个	1.33
1413	350101001	木模板	m^3	1921.10
1414	350105001	木脚手板	m^2	30.00
1415	350111006	预制管廊钢模板（精加工）	kg	8.03
1416	350111007	组合钢模板	kg	6.63
1417	350121001	穴模 后张法用	套	5.70
1418	350123002	复合模板	m^2	48.00
1419	350203002	扣件	个	6.30
1420	350203005	钢管脚手架扣件	个	4.93
1421	350203007	铁塔扣	个	1.00
1422	350209001	钢模板连接件	kg	4.90
1423	350219002	零星卡具	kg	10.23
1424	350303001	脚手架钢管	kg	4.55
1425	350303002	脚手钢管 $\phi48$	t	4550.00
1426	350303003	脚手架钢管底座	个	9.78
1427	350304001	挡脚板	m^3	1583.95
1428	350319001	木脚手板	m^3	1495.30
1429	350323001	木支撑	m^3	1746.08
1430	350999003	金属周转材料	kg	4.39
1431	351125001	钢钎 $\phi22$～25	kg	7.42
1432	351131001	风镐凿子	根	5.50
1433	352302001	开孔器 20	个	43.38
1434	352701002	木板标尺 170×85×20	块	460.18
1435	352903001	台秤	个	302.55
1436	354107002	冷拉设备摊销	kg	8.20
1437	370100002	钢轨	m	131.86
1438	370915003	铸铁垫板	kg	3.76

续前

序号	材料编码	材料名称	单位	不含税价
1439	550905002	等电位端子盒安装	个	15.60
1440	550912001	插接式空气开关箱	台	15.00
1441	551305001	刀型开关 手柄式	个	67.00
1442	551305003	刀型开关 操作机构式	个	78.56
1443	551305005	刀型开关 带熔断器式	个	88.62
1444	551307001	胶盖闸刀开关 单相	个	12.92
1445	551307003	胶盖闸刀开关 三相	个	22.04
1446	551309001	铁壳开关	个	60.00
1447	551311001	限位开关	个	33.63
1448	551399001	万能转换开关	个	22.39
1449	551513001	快速自动开关	台	79.68
1450	551513003	自动空气断路器 DZ 型	个	25.77
1451	551513006	自动空气开关 DW 万能式	个	78.00
1452	551513007	自动空气开关 电动	个	15.00
1453	551513009	自动空气开关 手动	个	12.00
1454	551705001	电压互感器	台	750.00
1455	552300001	接触器	台	38.00
1456	552507001	Y～Δ 自耦减压启动器	台	545.50
1457	552900001	继电器	台	35.00
1458	553100001	电阻器	箱	220.00
1459	553111001	绕线电阻 300Ω 15W	个	3.50
1460	553301001	电磁铁	块	34.33
1461	554100001	蓄电池 24AH	块	238.05
1462	554303001	干式安全变压器	台	138.05
1463	554313001	导电杆	只	35.42
1464	554909001	油浸频敏变阻器	台	214.16
1465	554911001	加感线圈	个	13.39
1466	800100003	水泥砂浆 1∶2	m^3	469.03
1467	800100004	水泥砂浆 1∶2.5	m^3	464.60
1468	800100006	水泥砂浆 1∶3	m^3	460.18
1469	800101003	砌筑水泥砂浆 M7.5	m^3	477.88
1470	800109001	防水水泥砂浆 1∶1	m^3	519.47
1471	800605001	干混砌筑砂浆	m^3	477.88
1472	800605004	干混砌筑砂浆 DM M10	m^3	477.88
1473	800607001	干混抹灰砂浆 DP M10	m^3	477.88
1474	800607003	干混抹灰砂浆 DP M20	m^3	486.73
1475	800609001	干混地面砂浆 DS M15	m^3	482.30

续前

序号	材料编码	材料名称	单位	不含税价
1476	800609002	干混地面砂浆 DS M20	m^3	486.73
1477	800613002	预拌混合砂浆 M5.0	m^3	446.90
1478	800903002	石油沥青砂浆 1：2：7	m^3	1367.32
1479	800905002	环氧砂浆 1：0.07：2：4	m^3	14088.70
1480	800907001	水泥基自流平砂浆	m^3	669.03
1481	801103004	素水泥浆	m^3	677.10
1482	801105004	石膏砂浆 1：2	m^3	544.25
1483	801502001	粘结用石膏胶泥	m^3	347.27
1484	801503011	建筑脂（无粘结预应力）	kg	10.00
1485	801509001	防爆胶泥	kg	25.67
1486	801511002	硫黄胶泥	kg	2.14
1487	802101001	混凝土 C15	m^3	345.13
1488	802101003	混凝土 C20	m^3	353.98
1489	802101010	预拌混凝土 C15	m^3	345.13
1490	802101012	预拌混凝土 C20	m^3	353.98
1491	802101015	预拌混凝土 C30	m^3	371.68
1492	802101019	预拌细石混凝土 C20	m^3	389.38
1493	802103002	预拌混凝土 C30 P6	m^3	380.53
1494	802105001	预拌水下混凝土 C20	m^3	402.65
1495	802105003	预拌水下混凝土 C30	m^3	429.20
1496	802113002	喷射混凝土 1：2.5：2	m^3	353.98
1497	803103001	灰土 3：7	m^3	174.07
1498	803301001	三合土碎石 1：4：8	m^3	260.87
1499	803501005	天然级配砂砾	m^3	210.12
1500	803501006	水泥粉煤灰碎石	m^3	475.73
1501	803703004	外加剂 SN-2	kg	3.00
1502	803703005	木质素磺酸钙	kg	2.10
1503	850103002	校验材料费	元	1.00
1504	850103005	其他材料费	元	1.00
1505	850103006	其他材料费（占材料费）	%	0.00
1506	860110007	附件	套	26.55
1507	860113006	压力表 0～1.6MPa（带弯带阀）	套	44.96
1508	860113008	压力表 0～2.5MPa ϕ50（带表弯）	套	59.29
1509	860113013	压力表 25MPa（带弯带阀）	块	118.58
1510	860113014	压力表 25MPa（带弯带阀） YBS-WS	套	118.58
1511	860113019	弹簧压力表 Y-100 0～1.6MPa	块	48.67
1512	860113022	压力表表弯 *DN*15	个	7.08

续前

序号	材料编码	材料名称	单位	不含税价
1513	860116001	测量表计	个	51.33
1514	860116004	计量表箱	台	186.00
1515	860127001	喷射器	个	25.00
1516	860150001	穿墙密封架	个	442.48
1517	860150006	取源部件	套	39.82
1518	860150009	仪表立柱 2″×1500	个	88.50